HARALD FISCHER

Wie man einen Schweißhund macht.

Dieses Buch widme ich meiner Frau,

die vorbehaltlos meine

Nachsuchenleidenschaft unterstützt.

Artus mit meiner Frau. © Oliver Fischer

HARALD FISCHER

Wie man einen Schweißhund macht.

Impressum

ISBN 978-3-7888-2068-8

6. Auflage 2023
Printed in Germany

Erschienen im Ressort Jagd-Praxis
im Auftrag des Verlages
J. Neumann-Neudamm

c/o NJN Media AG
Schwalbenweg 1
D-34212 Melsungen

info@neumann-neudamm.de
www.neumann-neudamm.de

Bildnachweis: Soweit nicht anders angegeben, stammen alle Abbildungen aus dem Archiv des Verfassers. Bild Cover: H. Krieghoff GmbH, Ulm. Illustrationen auf S. 36, 48, 84, 92 u. 102 © J. Krüger

Inhaltsverzeichnis

Grußwort von Christoph Frucht – JGHV-Ehrenpräsident

Es gibt schon eine ganze Reihe sehr aufmerksam beobachteter und nacherlebbar dargestellter, erfolgreicher Jagdbücher über geleistete Nachsuchen. Hier kommt ein neues hinzu, das sich sicherlich glücklich einreihen wird.

In der Entwicklung und Veränderung der Jagd ist leider auch ein gewisser Verfall des jagdlichen Verantwortungsbewusstseins zu beobachten. Obwohl das Tier in unserer Verfassung schon lange von der Sache zum Mitgeschöpf sozusagen „avanciert“ ist, ist – vor allem bei den Jagden nach dem Motto „kill for cash“ – kaum jemand mehr bereit, dem lange und gut gehüteten Begriff der Waidgerechtigkeit auch nur im Geringsten zu folgen.

Zum Glück gibt es Nachsuchenhunde und FührerInnen, die jederzeit bereit sind, mit ihren Hunden menschlich-jagdliche (Ziel-) Fehler so gut zu korrigieren, als es dem jeweiligen Gespann immer möglich ist. So ein Gespann fällt nicht vom Himmel und nur über unverbrüchliches Zutrauen zueinander sind hier solch tolle Leistungen möglich. Das hängt nicht so sehr von der jeweiligen (Nachsuchen-)Hunderasse ab als vielmehr vom Willen der beiden, auf ihrer Fährte weiterzukommen.

Natürlich gibt es für beide sehr viele Beobachtungen sehr aufmerksam zu machen und zu verarbeiten, um sie – letztendlich für den Unglücksschützen positiv – umsetzen und verarbeiten zu können.

Harald Fischer ist hier zum Teil neue Wege gegangen, um dann auf den alten Nachsuchenführer-Wechseln doch zum Ziel zu kommen. Wenn man schon als Retter in der Not sich die Sorgen des Verursachers zu den eigenen Sorgen macht und, so gut es irgend geht, zu helfen versucht, dann macht man dabei eine ganze Reihe von Beobachtungen: an sich selbst (Ob du das noch schaffst?), am Hund (Hoffentlich kann ich ihn nach der Hetze wieder in meinen Arm nehmen!), am Wild (Wenn's ne Sau ist, könnte sie jetzt dort in dem Giebel stecken!) und schließlich aber auch am unglücklichen Jäger (Na, der sieht das aber locker!?).

So hat Harald Fischer für seine aufmerksamen Leser so manche Beobachtung gemacht, die tief in die Seelen aller an der Nachsuche Beteiligten blicken lässt, und seine Berichte aus reinen Erlebnisreportagen heraushebt, um zum Nachdenken über eigenes Tun und Denken anregen zu können.

Ich wünsche diesem Buch so viele zufriedene Leser, wie er sie mit seinem Haupthund „Cliff", einem steirischen Rauhaarbracken-Rüden, glücklich machen kann.

Herzlicher Waidmannsdank für seinen Einsatz!
Christoph Frucht
Ehrenpräsident Jagdgebrauchshundverband e.V.

Grußwort von Mirko Keber

Tiefe Leidenschaft, die Erfahrung unzähliger Nachsuchen und bedingungsloser Finderwillen. So kenne und schätze ich Harald Fischer und seine Hunde Cliff, Arthus und Eras seit etwa zwanzig Jahren.

Ob nach großflächiger Bewegungsjagd, Stöberjagd oder Einzeljagd, egal ob Brombeerverhau oder Fichtenbürstenwuchs, Hitze, Kälte, Nässe. Harald hält die Fährte schonungslos sich gegenüber, im Suchen ist ihm nichts zuviel.

Harald Fischer hat jahrelang die Nachsuchengespanne kreisweit für die Drückjagdsaison organisiert, sowohl für den Jagdtag wie auch die Bereitschaft am Folgetag.

Mit seinem Engagement hat die verantwortungsvolle, professionelle Jagdausübung an Qualität gewonnen.

Neben seiner Erfahrung schätze ich auch seine schonungslose Offenheit zur Sache. Das lässt wenig Raum für Missverständnisse aber viel Raum für Erkenntnis was man jagdlich besser machen kann.

Vielen Dank für die Unvoreingenommenheit vom ersten Tag an, mir als jungem Förster gegenüber.

Vielen Dank für das weitergegebene, umfangreiche Wissen.

Vielen Dank für die jahrelange, vertrauensvolle Unterstützung bei der Ausübung waidgerechter Jagd.

Mirko Keber, Forstrevier Langenau

Grußwort von Christian Liebsch

Jahr für Jahr werden zahllose Bücher geschrieben, auch im oder gerade wegen des Computerzeitalters. Aber nicht immer bringt das Niedergeschriebene die Menschheit weiter. Die Intention reicht vom Festhalten und der Veröffentlichung wissenschaftlicher Erkenntnisse bis zum Bestreiten des Lebensunterhaltes mit netten Erzählungen. Dies trifft auch auf den Bereich der Jagdliteratur zu.

Das vorliegende Werk „Wie man einen Schweißhund ‚macht'" von Harald Fischer, unserem anerkannten Nachsuchenführer im Landesjagdverband Bayern, den ich in der Idee zu diesem Buch begleiten und bestärken durfte, fällt in positiver Hinsicht aus diesem Rahmen. Es ist das Werk eines Praktikers, der im Laufe vieler Jahre bei über 1000 Nachsuchen, darunter vielen erschwerten, Erfahrungen gesammelt hat, die ihn und seine Arbeit mit Schweißhunden weitergebracht und geprägt haben. Auf dieser seiner Fährte war er gewillt, sich immer wieder zu korrigieren und mit tiefer Nase zur Fährte zurückzufinden, wo andere Verleitungen gefolgt sind. Dieser Weg war daher nicht einfach, sondern von Brombeer-Stacheln und anderen Dornen geprägt, die es zu überwinden galt.

Als Nachsuchenführer hat er sich stets zuverlässig und verschwiegen bewährt, aber dann auch das Wort ergriffen, wenn es galt, aus Erkenntnissen zu lernen und Fehler im Interesse des uns anvertrauten Wildes zu vermeiden. Dies ist, insbesondere bei Jägern und Hundeführern, nicht immer einfach und verlangt oft seelsorgerisches Fingerspitzengefühl, um zu erreichen, dass es angenommen wird. Aber nur dieses (Mit-)Teilen der Erkenntnisse bringt uns alle weiter und ist daher notwendig. Ein Schweißhundführer sammelt eine Fülle außergewöhnlicher Erlebnisse, die für viele Jägerleben reichen würden.

Dieses Buch ist daher eine logische Konsequenz und die Fortsetzung von Harald Fischers Fährte. Es richtet sich aber nicht nur an Schweißhundführer und solche, die es werden wollen, sondern sei jedem Jäger, ob alter Hase oder junger Fuchs, wärmstens empfohlen. Es möge jeden auf seiner persönlichen Fährte weiterbringen.

Die umfangreichen, oft unglaublichen Erfahrungen und Erkenntnisse präsentiert Harald Fischer auf die ihm eigene, konsequente, aber sehr humorvoll vorgetragene Art. Ich freue mich, dass er sich diese erfrischende Leichtigkeit trotz mancher Widrigkeiten bewahrt hat.

Neben allem Respekt für Harald Fischer, für seine Passion, seinen Finderwillen und seine Spurtreue, auch zu sich selbst, gilt mein Dank an dieser Stelle auch seiner Frau – stellvertretend für alle Frauen und Partnerinnen unserer Nachsuchenführer – die sich zuverlässig und kurzfristig, ohne Rücksicht auf persönliche, familiäre und gesundheitliche Belange zu allen möglichen und unmöglichen Zeiten in den Dienst der Jägerschaft stellt.

Nicht zuletzt sind an dieser Stelle die Protagonisten zu nennen, denen wir und unser Wild vieles zu verdanken haben: Allen voran sei hier Cliff vom Rieskopf, als Ausnahmehund einer von Tausend, genannt.

Christian Liebsch
1. Vorsitzender der Kreisgruppe Neu-Ulm e.V.
im Landesjagdverband Bayern e.V.

Grußwort von Siegfried Keppler

Während meiner zwölfjährigen Tätigkeit als Kreisjägermeister der Jägervereinigung Ulm habe ich Harald Fischer mit seiner anerkannten Schweißhundestation als hoch motiviertes und engagiertes Mitglied der Jägervereinigung Ulm kennengelernt.

In der Stadt Ulm sowie im Alb-Donau-Kreis und der Region links und rechts der Donau und weit darüber hinaus ist Harald Fischer mit seinem Cliff vom Rieskopf bekannt und verdient unsere Anerkennung und Wertschätzung.

Er hat sich in dieser Zeit mit großem Einsatz dem Jagdhundwesen gewidmet und war stets bereit, seine großen Erfahrungen der Jägerschaft zur Verfügung zu stellen.

Im Jahr 2002 wurde Harald Fischer mit der Verdienstmedaille in Bronze des Landesjagdverbandes Baden-Württemberg geehrt. Mit seinem hervorragenden, außergewöhnlich erfolgreichen Schweißhund „Cliff" bildet er ein zuverlässiges und stets einsatzbereites Team. Sie sind ein lebendiges Beispiel für waidgerechte Jagdausübung, mit anderen Worten:

„Waidgerechte Jagd ist praktizierter Naturschutz."

Dieser Leitsatz hat Sie, lieber Herr Fischer, geprägt. Durch Ihre Grundeinstellung zur Jagd forderten Sie als mahnender Pilot, deutschlandweit Schweißhundestationen einzurichten. Durch Ihre immer wieder anregende Forderung und Ihre Überzeugungsarbeit wurden fast flächendeckend Wildfolgevereinbarungen getroffen.

Auch bei der Schwarzwildbejagung erkannten Sie frühzeitig, dass Bewegungsjagden als eine weitere effektive Jagdart Erfolg versprechend sind.

Ich weiß, dass Sie oft unter schwersten Bedingungen durch Dickungen, Mais- und Rapsfelder im rauen Gelände der schwäbischen Alb oder in den Schilfgürteln der Donauniederungen bis an die Grenze ihrer eigenen Belastbarkeit gehen, um mit Ihrem sehr erfahrenen Cliff vom Rieskopf zum Erfolg zu kommen. So haben Sie viele Nachsuchen mit beispielhafter Konzentration, mit Ehrgeiz und Ausdauer und im Vertrauen auf die Fährtensicherheit und den Spurwillen Ihres Cliffs durchgeführt.

Dankenswerterweise sind Sie trotz Ihrer geschäftlichen Verpflichtungen stets in Leistungsbereitschaft und mit Ihrer Passion, der absoluten Ruhe und Wesensfestigkeit Ihres Hundes ein stets verlässlicher Partner der Jägerschaft.

Diese unermüdliche Leistungsbereitschaft für eine waidgerechte Jagd ist allerdings nur möglich, wenn man eine Frau zur Seite hat, die alles mitträgt und gleichzeitig den Chef vertreten kann. Deshalb soll an dieser Stelle Ihnen, Frau Fischer, ein ganz besonderer Dank gewidmet sein.

Möge dieses Nachsuchenbuch mit den unterschiedlichsten Ereignissen, Erfahrungen und den interessanten Informationen zur Nachsuche dazu beitragen, die Bedeutung und die Vielseitigkeit des Jagd- und Hundewesens deutlich zu machen.

Mit bestem Dank für diese lobenswerte, ehrenamtliche Tätigkeit.

Die oft sehr gefährliche Nachsuchenarbeit möge stets von Erfolg und gesunder Rückkehr für Sie und Cliff begleitet sein.

Verbunden mit den besten Grüßen wünsche ich Harald Fischer mit seinem Cliff weiterhin viel Tatkraft, Suchenglück und Waidmannsheil.

Mit einem kräftigen HORRIDO

Siegfried Keppler
Stadtrat
Ehrenvorsitzender der Jägervereinigung Ulm

Grußwort Markus Stottele Schweißhundestation Langenau

„Wie man einen Schweißhund macht"

Ich habe Harald Fischer und seinen Cliff bei meiner Jägerausbildung in der wunderbaren Jagdschule Alb-Donau 1994 kennenlernen dürfen.

Das Schweißhunde Gespann sollte uns Jagdscheinanwärter zeigen, wie ein Schweißhund arbeitet.

Nach vielen Jahren und einen Jagdterrier später, stand ich dann mit meinem vorgeprüften BGS Rüden Axel im Elektrofachgeschäft Fischer. Voller Tatendrang bat ich darum, in der Schweisshundestation mitmachen zu dürfen.

Und das taten wir, jedoch haben wir von Harald noch sehr viel aus der Praxis lernen dürfen und immer auf seine Unterstützung bauen können. Nach viel zu kurzem Schweisshundeleben ging mein Axel in die andere Welt.

Ohne Hund geht es nicht und so kam unser neuer BGS „CHAPO".

Diesmal hatten wir das Glück, das mein Freund, Harald Fischer die Ausbildung vom ersten Moment plante und nach seiner Methode umsetzte.

Dabei ist der sehr frühe Beginn der Fährtenarbeit besonders hervorzuheben. Man staunt nur so, wie ein so noch tapsiger Welpe der Fährte folgt. Nur aus Interesse, was ihn da geboten wird.

Natürlich gibt es mehrere zielführende Wege der Schweisshundeausbildung, jedoch ist es auf jeden Fall so, dass derjenige, der sich akribisch an den hier im Buch beschriebenen Weg hält, bestimmt nichts Falsches macht und einen jungen „Finder" am Riemen hält.

Ich wünsche Familie Fischer alles Gute, vor allem Gesundheit und Suchenglück.

Ich bin froh und dankbar, dass wir ein Teil der Schweisshundestation Langenau sind.

Waidmannsheil

Markus Stottele, Luizhausen im März 2021

Grußwort Josef Uhl

Es ist fast 25 Jahre her ,da hörte ich von einem Hundeführer aus der Region Ulm. Das Gespann sollte außerordentlich gut sein.

Telefonnummer besorgt und angerufen.

Pünktlich traf das Gespann im Schlosshof von Babenhausen ein.

Mit einer beeindruckenden Ruhe nahm der steirische Rauhaarbrackenrüde Cliff die Arbeit auf.

Abteilung um Abteilung wurde durchquert .Pirschzeichen so gut wie keine. Anscheinend hatte der Überläufer „zugemacht“.

Wiesen und Wege wurden passiert.

In der nächsten Fichtenkultur fanden wir Schweiß.Und nach weiteren hundert Metern waren wir am inzwischen verendeten Stück.

Über 10 Jahre haben Cliff und Harald in den fürstlichen Revieren großartige Leistungen gezeigt. Oft begannen wir am frühen Morgen und standen nach kilometerweiter Arbeit erst Abends am Stück.

Nach dem Tod von Cliff folgte der nächste steirische Rüde Artus.

Und wieder das gleiche Bild. Stoisch ruhiges Arbeiten. Stunden und kilometerlange Nachsuchen habe ich als Begleiter erlebt. Allzu früh verstarb dieser Hund und hinterließ eine große Lücke.

Heute führt Harald den steirischen Rüden Erasmus vom Lärchenrot.

Herangereift hat er auch dieser Hund bei einer Rehwildnachsuche in unseren Revieren Großartiges geleistet.

Man erkennt bei allen 3 Hunden die Handschrift des Ausbilders.

Die Hunde laufen sehr ruhig, verweisen ausdrucksvoll und ihre Körpersprache ist identisch.

Das muss etwas mit der Ausbildungsmethode vom Harald zu tun haben.

Trotz seines inzwischen hohen Alters hängt Harald noch am Riemen.

Ich wünsche ihm noch lange Suchenheil und das er immer mit seinen Hunden gesund nach Hause kommt.

Josef Uhl

Revierleiter der Fuggerschen Wälder Babenhausen

Vorwort

Über 40 Jahre ist es her, seit ich in der Ulmer Altstadt das Waffengeschäft Honold betrat. Ein kleines, mit Waffen und jagdlicher Ausrüstung gut sortiertes Fachgeschäft, wie es heute kaum noch welche gibt. In einem kleinen Bücherregal fiel mir der Titel eines Buches auf. „Das magische Gespann“ von P. J. Hopp. In großartiger Erzählkunst beschreibt der Schweißhundführer P. J. Hopp seine Erlebnisse rund um schwierige Nachsuchen mit Wachtelhunden in den Revieren um Burg Joss im Spessart. Ein Buch, welches man immer wieder zur Hand nimmt, um darin zu schmökern.

Damals noch Jungjäger, stand für mich fest: Einen solchen Hund wollte ich auch am Riemen führen.

18 Jahre später zog der Steirische Brackenrüde Cliff vom Rieskopf als Welpe in mein Haus ein. Dieser Hund hat in unserer Region und auch weit darüber hinaus auf der Wundfährte Spitzenleistungen gezeigt. Stunden und manchmal Tage hingen wir auf der Wundfährte dem kranken Wild in den Revieren der schwäbischen Alb nach. Nicht nur bei Reh- und Schwarzwild in heimischen Gefilden zeigte der Hund seine Klasse, sondern auch im Bundesland Sachsen und bei Auslandsjagdreisen in Rumänien, wo erfolgreich Rotwild zur Strecke kam. Ihm folgte der kapitale Steirische Brackenrüde Artus vom Mörntal, der nahtlos an die Leistungen von Cliff anknüpfte.

Meine beiden vorherigen Hunde, der DD-Rüde „Condor vom Tannbach“ und die ihm folgende DD-Hündin „Hora von der Diamantenen Aue“, konnten die Nachsuchenerwartungen, die ich an sie stellte, nicht erfüllen. Gerechterweise muss ich mir die Frage stellen, ob nicht die Art der Ausbildung statt der mangelnden Veranlagung daran schuld war, dass die erwartete Leistung nicht vollbracht wurde. Im Nachhinein kann diese Frage für meine vorhergehenden Hunde natürlich nicht mehr beantwortet werden.

Bei der Ausbildung des Rüden Cliff beschloss ich jedenfalls, einiges anders zu machen. Inzwischen sind nach dieser neuen Methode in den letzten Jahren weitere Jagdhunde verschiedener Rassen ausgebildet worden und all diese Hunde haben sich in der rauen

Nachsuchenpraxis bewährt. Die in späteren Nachsucheneinsätzen gezeigten Leistungen dieser Hunde reichen von gut bis sehr gut und sind im Wesentlichen vom Einsatz des Hundeführers, der Veranlagung seines Hundes und letztlich von den gegebenen Einsatzmöglichkeiten während der Ausbildungszeit abhängig.

Dazu gehört auch die strikte Einhaltung der Ausbildungsvorschriften. Die Erfolge meiner Schweißhunde Cliff vom Rieskopf, Artus vom Mörntal und Erasmus vom Läechenrot geben mir, so denke ich, das Recht zu sagen: „Es führen viele Wege nach Rom, doch wer uns folgt, macht mit Sicherheit keinen Fehler!“

Vorwort zur 6. Auflage

Im März 2010 verstarb im Alter von fast 14 Jahren mein Steirischer Rauhaarbrackenrüde Cliff vom Rieskopf. Um seine Ausbildung und die Erlebnisse mit diesem Spitzenhund ging es bereits ich in den ersten beiden Auflagen dieses Buches.

Viele begeisterte Mails, Briefe und Anrufe waren die Resonanz darauf. Nicht verschwiegen werden soll aber, dass wertvolle Hinweise und Fragen zur Erweiterung der Ausbildungsmaßnahmen führen mussten. Deshalb sind in dieser 6. Auflage noch einige Maßnahmen

Verfasser mit Artus vom Mörntal.

der Ausbildung der Cliff-Nachfolger Artus vom Mörntal und Erasmus vom Lärchenrot eingeflossen.

Mein Dank gilt allen, die mir mit ihren eigenen Erfahrungen geholfen haben.

Inzwischen wurden schon viele Hunde aller Rassen erfolgreich nach meinen Ideen im Fachgebiet Schweiß ausgebildet. Die Grundidee meiner Ausbildungsmaßnahmen ist, dass eine einmalige Information in einem bestimmten Lebensabschnitt des Hundes nie mehr vergessen wird. Diesen Vorgang bezeichnet man als Prägung.

Anschließend wird der Hund an verschiedene, auf ihn einwirkende Reize, z. B. Weidevieh, Lärm oder andere Hunde, mit allmählicher Steigerung gewöhnt. Weiterhin lernt er seine bevorstehenden Arbeitsgebiete, wie Wasser, Dickungsbereiche, Maisfelder usw., im frühesten Alter ohne Zwang kennen.

Letztendlich wird durch regelmäßig stattfindende Wiederholungen das Erlernte gefestigt.

Die Steuerung der auf den Hund einwirkenden Reize erfolgt grundsätzlich ohne Zwang.

Die letzten 3 Jahre waren für die Schweißhundestation Langenau von Rückschlägen geprägt. Bei einer Routine Untersuchung meines Artus bei meinem Tierarzt Jörg Ludwig wurde eine Gewebeveränderung am Bauch entdeckt.3 Tage später erhielten wir die Diagnose Mastzellentumor.Er lebte nur noch 2 Monate. Noch bis 10 Tage vor seinem Tod hat Artus nachgesucht.

Noch heute sprechen die Jäger über die Leistungen des unvergessenen Rüden. Im folgte Erasmus (Eras)vom Lärchenrot gezogen vom Zuchtwart des Österreichischen Brackenvereins Dr. Johannes Plenk.

Monate später verloren wir den BGS Axel Mokransky von Markus Stottele bei einem Nachsucheneinsatz im Leipheimer Naturschutzgebiet. Ein 145 kg Keiler schlug den tapferen Axel tödlich.

Ein weiterer Nachsuchenhund unserer Schweißhundestation fiel durch Verletzung monatelang aus und der Einsatz des 4. Hundes war aus z.Zt.beruflichen Gründen des Führers in diesem Zeitraum nicht immer gewährleistet.

Somit stand die Schweißhundestation Langenau fast vor dem Aus.

In dieser schwierigen Situation haben uns dankenswerter Weise benachbarte Nachsuchenführer ausgeholfen.

Wir waren gezwungen unsere Hunde so schnell wie möglich zur Höchstleistung zu bringen. Als erster schaffte es Eras im Alter von 11 Monaten.

Eras wurde als anerkannter Nachsuchenhund des LJV Bayern betätigt.

Er steht voll im Nachsucheneinsatz und hat sich sehr gut entwickelt.

Axels Nachfolger wurde der BGS Rüde Maxwell vom Landgraben (Rufnahme Chapo). Seine Ausbildung wird in diesem Buch geschildert.

Schon im Alter von 6 Monaten hatte er das erforderliche Prüfungsniveau weit überschritten.

Die Coronakrise und dadurch ausfallende Prüfungstermine verhinderten die Teilnahme an der zur Anerkennung vorgeschriebenen Prüfung.In wenigen Wochen wird Chapo diese abgelegt haben und somit die Zulassung als anerkannter Nachsuchenhund erreichen.

Hunde in frühester Jugend zur Höchstleistung im Fach Schweißarbeit zu bringen ist einfach.

Lesen und folgen Sie dem Ausbildungsplan,nehmen Sie ihren Welpen,gehen Sie mit ihm hinaus ins Revier und erleben Sie hautnah was in ihm steckt .

Mein Dank auch an Joachim Krüger für seine wunderbaren Zeichnungen und Allen die mir ihre Reviere für Übungszwecke zur Verfügung gestellt haben.

Viel Erfolg und Waidmannsheil
wünscht Ihnen HARALD FISCHER
Langenau,im Frühjahr 2021

Die Ausrüstung

Ein Nachsuchenführer benötigt andere Kleidung und Ausrüstungsgegenstände als der normale Jäger mit Hund.

Halsung und Riemen

Die ideale Schweißhalsung ist breit, gepolstert und mit einem Drehwirbel versehen.

Die Schweißhalsung ist mit einem Drehwirbel versehen, damit sich der lange Riemen nicht zusammendreht und eine Schlaufe bildet, die leicht hängen bleibt.

Der Riemen ist untrennbar mit der Halsung verbunden. Rechts: handelsüblicher Schweißriemen mit Halsung. © Oliver Fischer

Traditionell besteht der Schweißriemen aus Leder, ist an einem Stück gefertigt und je nach Größe des Hundes zwischen 20 und 25 Millimeter breit, 8 bis 14 Meter lang und hat am Ende eine Schlaufe, die durch Aufschärfen beseitigt wird. Lederne Schweißriemen und -halsungen müssen allerdings nach Gebrauch, insbesondere bei Nässe und Schnee, gereinigt und gefettet werden.

Heutzutage sind jedoch signalfarbene Kunststoff-Schweißriemen (Biothane) zu empfehlen. Bei Nässe saugen sie sich nicht voll und gleiten leicht an Hindernissen vorbei.

Traditionell ist der Schweißriemen aus Leder gefertigt, heute sind aber signalfarbene Kunststoff-Schweißriemen, z. B. aus Biothane, zu empfehlen, da sie pflegeleichter sind. Außerdem erleichtert dem Begleiter beim Vorgreifen die Signalfarbe das Auffinden des Riemens in dunklen Dickungsbereichen.

Ein signalfarbener Kunststoff-Schweißriemen aus Biothane ist zu empfehlen.

Der Riemen gleitet bei der Schweißarbeit lose durch die Hand. Eine fühlbare Markierung ca. drei Meter vor Ende verhindert ein Aus-der-Hand-gleiten.

Zusätzlich zur Schweißhalsung sollte der Hund eine signalfarbene Nylonhalsung mit Klettverschluss tragen. Auf der Halsung sollten Handynummer des Halters und Name des Hundes wetterfest angebracht sein. Somit kann bei Verlust und Auffinden des Hundes der Nachsuchenführer informiert werden.

Bei der Handhabung gleitet der Riemen lose durch die Hand. Man fühlt nach der Markierung, die sich etwa drei Meter vor dem Ende befindet und greift dann wieder etwas vor. Der Hund spürt dadurch kaum Zug am Riemen und wird nicht behindert.

Über die Schweißhalsung und den dadurch verursachten Zug am Riemen erhält der Hund meiner Meinung nach eindeutigere Signale vom Hundeführer als über ein Brustgeschirr.

Beim Schnallen des Hundes wird die Halsung am Hund gelöst.

Springt der Hund vor aufstehendem Wild ein, wird er durch Schließen der Hand an der Markierung gestoppt. Sollte der Hund sich trotzdem losreißen, würde er sich mit einer Schlaufe am Ende des Schweißriemens mit hoher Wahrscheinlichkeit verhängen.

Kleidung

Es empfiehlt sich vor Wasser, Dornen und angreifendem Schwarzwild schützende, signalfarbene **Arbeitskleidung**. Ich bevorzuge

Arbeitskleidung schützt vor Wasser und Dornen. Durch die Signalfarbe ist man im Wald leicht zu sehen.

hier die Produkte der Firma Pfanner. Im Winter **Thermounterwäsche**.

Gore-Tex Wanderstiefel. Diese sind leicht und wasserdicht und haben ein gutes Profil.

Gummistiefel nur, wenn das Gelände keine Bäche oder größere flache Tümpel aufweist, welche durchquert werden müssen, denn sonst besteht die Gefahr des Rutschens bzw. Volllaufens der Stiefel. Letzteres macht diese bleischwer.

Gummistiefel sind nur zu empfehlen, wenn nicht die Gefahr besteht, dass sie, z. B. in Bächen, voll Wasser laufen können.

Im steilen, unwegsamen Gelände, bei Glatteis und Schnee kann es ratsam sein, Spikes unter die Schuhe zu schnallen, um guten Halt zu haben.

6 Point Rödel

Feste, wasserdichte **Fingerhandschuhe** und für steiles, rutschiges Gelände ein **Schutzhelm**. Das herabklappbare Plexiglasvisier dient dem Schutz der Augen.

Das herabklappbare Plexiglasvisier dient in Maisfeldern oder bürstendichten Dickungsbereichen dem Schutz der Augen.

Technik

Inzwischen hat auch die Technik im Nachsuchenwesen Einzug gehalten. Sie dient der Sicherheit aller Beteiligten und dem Tierschutz.

Funkgeräte

Mindestens 4 Funkgeräte im CB-Bereich sollten einsatzbereit sein. Ein Gerät befindet sich beim Nachsuchengespann, eins im vorgezogenen KFZ auf der nächsten Abteilungslinie und eins evtl. bei Vorstehschützen. Das vierte dient bei Ausfall als Reserve.

Die Reichweite sollte im Wald mindestens 500 bis 1000 Meter betragen (je nach Bestandsdichte und Topographie), was beim Kauf unbedingt zu testen ist.

Der Vorteil der Funkgeräte ist die gebührenfreie Kommunikation und die sofortige Verbindungsherstellung zwischen allen Beteiligten. Das ist insbesondere in Straßennähe, wenn der Hund nicht zur Hatz geschnallt werden kann, ein unschätzbarer Vorteil, da die Vorstehschützen über das Anwechseln der Sau sofort informiert werden können. Fast immer kam das Stück so ohne die mit allen Risiken behaftete Hatz zur Strecke.

Funkgeräte bieten den Vorteil einer blitzschnellen direkten Kommunikation zwischen allen Beteiligten.

(Outdoor-)Handy

Outdoor-Handys sind robust und unempfindlich gegen Nässe und mechanische Einwirkungen. Mindestens eins muss sich beim Nachsuchengespann befinden, unbedingt erforderlich ist auch, dass der im KFZ vorgezogene Beobachter mit einem Handy ausgestattet ist, denn im häufig vorkommenden Fall, dass im Revier kein Empfang herrscht, kann er in einer Notsituation über das Funkgerät informiert werden und an eine Stelle fahren, wo er einen Notruf absetzen kann. Bei Verletzungen von Hund oder Führer kann jede Minute, die Hilfe früher eintrifft, lebenswichtig sein.

(Siehe „Gefährliche Begegnung“).

Der KFZ-Führer muss mit Handy und Funkgerät ausgestattet sein, um im Notfall sofort Hilfe holen zu können.

Funkpeilgeräte

Der Hund wird mit einem Senderhalsband versehen. Wird er zur Hatz geschnallt, kann der Führer mit einer Antenne die Hatzrichtung orten und am Ortungston und der Feldstärke die Entfernung zwischen Hund und Führer schätzen. Allerdings ist die Genauigkeit sehr stark abhängig von der Geländebeschaffenheit und dem Bewuchs, z. B. führen gefrorene Böden an Hängen infolge von Reflexionen zu Fehlmessungen.

Deshalb sind Funkpeilgeräte für die Nachsuche m. E. nicht mehr der neueste Stand der Technik.

GPS-Ortungsgeräte

GPS-Ortungsgeräte sind zurzeit das Nonplusultra der Ortungstechnik im Nachsuchenwesen, denn damit kann der stellende oder verletzte Hund fast metergenau geortet werden.

GPS-Ortungsgeräte werden am Halsband des Hundes befestigt und ermöglichen die metergenaue Ortung.

Nachsuchenroute auf dem Display des GPS-Geräts.

Außerdem ist es möglich, die Revierkarte samt Hatzfährte darstellen zu lassen, was Übersicht und Informationsgehalt wesentlich erhöht.

Das Schicksal vieler hervorragender Schweißhunde wäre aufgeklärt worden, hätte bereits vor Jahren eine solche Technik zur Verfügung gestanden. Jeder Schweißhundeführer hängt an seinem Hund, Leid und Sorgen, wenn der Hund von einer Hatz nicht zurückkommt, sind nicht zu beschreiben. Schon allein, um im Falle des Todes des Hundes wenigstens Klarheit zu schaffen, lohnt sich die Investition eines GPS-Gerätes.

Was das verletzte Wild betrifft, gilt es stets zu bedenken: Jede Stunde, die es früher erlegt werden kann, bedeutet eine Verkürzung des Leidens.

Farbige Signal- und Markierungsbänder

Mithilfe von farbigen Bänden, z. B. neonfarben rot oder blau, werden Pirschzeichen, Übergangspunkte an Rückegassen, Wegen, Straßen usw. markiert.

Farbige Markierungen erleichtern das Zurückgreifen. Hier hat die kranke Sau Losung hinterlassen.

Mit farbigen Bändern werden Pirschzeichen markiert.

Treten bei der Riemenarbeit Unsicherheiten auf, kann mithilfe der Markierungen bis zum letzten bestätigten Pirschzeichen zurückgegriffen werden.

Ausdrücklich schreibe ich markieren, da das traditionelle Verbrechen mit grünen Brüchen im grünen Wald hanebüchener Unsinn ist (Den Hundeführer möchte ich kennenlernen, der in der Lage ist, einen Fichtenzweig im Waldboden einen Kilometer zurückgreifend zu finden).

Farbige Markierungsbänder sind im Wald leichter zu finden als brauchtumsgerechte Brüche.

Verpflegung

Nachsuchenhunde werden unterschiedlichsten Belastungen ausgesetzt. Kurzen Totsuchen stehen stundenlange Riemenarbeiten mit kilometerweiten Hatzen und langem Stellen gegenüber. Eine schwere Nachsuche darf niemals mit einem ungefütterten Hund durchgeführt werden, denn dann besteht die Gefahr, dass er wegen Unterzuckerung kollabiert. Genauso falsch ist es allerdings auch, dem Hund vor der Nachsuche die volle Tagesration an Futter zu verabreichen, denn mit vollem Bauch wird er keine wirkliche Leistung zeigen. Das sollte man auch bei bevorstehender Schweißprüfung beachten.

Die meisten telefonischen Nachsuchenaufträge kommen morgens bis 11 Uhr. Deshalb bekommen meine Hunde 50 % ihrer Tagesration gegen 14 Uhr, die restlichen 50 % gegen 20 Uhr. Damit wird leicht verhindert, dass der Hund morgens vollgefüttert zur Nachsuche antreten muss.

Vor der Nachsuche darf der Hund weder nüchtern noch sattgefüttert sein, damit seine Leistung nicht eingeschränkt wird.

Steht eine Nachsuche für den kommenden Morgen bereits am Abend fest, bekommt der Hund vor Arbeitsbeginn eine Handvoll energiereiches Vollfutter (z. B. Bosch Energy Extra). Dieses enthält die für höchste Belastungen notwendigen hochverdaulichen Fette inkl. Fettsäuren.

Bei langen, kräfteraubenden Nachsuchen werden bei Pausen regelmäßig geringe Mengen (knappe Handvoll) nachgefüttert. Nach Trockenfuttergabe darf das Angebot an Trinkwasser nicht vergessen werden. Beides wird im Begleitfahrzeug mitgeführt.

Die Fütterungsempfehlungen der Hersteller sind ein gewisser Richtwert, sollten aber je nach Einsatzhäufigkeit und Alter des Hundes individuell in Art und Menge angepasst werden. Streicht man seinem Hund über den Brustkorb und spürt die Rippen nicht, dann ist mehr Bewegung und weniger kalorienhaltiges Futter angesagt, ist er zu rippig, muss mehr oder energiereicheres Futter gegeben werden.

Vor allem lange Nachsuchen erfordern Wasser, energiereiches Futter und Verpflegung für die Mannschaft.

Verbandszeug

Verbandszeug für Mensch und Hund wird vom Begleitfahrzeug mitgeführt. Für unterwegs sind Mullbinden, Wasser, eine Packung Taschentücher und Desinfektionsmittel ausreichend.

Es kann stets zu Verletzungen kommen. Deshalb muss Verbandszeug zur Hand sein.

Bewaffnung

Nachsuchenrepetierer mit kurzem Lauf werden von verschiedenen Herstellern angeboten. Gebrauchte Repetierer im Kaliber 8 x 57 sind im Waffenhandel häufig sehr günstig zu bekommen.

Für Nachsuchen sind Repetierer mit kurzem Lauf zu empfehlen.

Eine offene Visierung mit Leuchtfarben ist vorteilhaft.

Ob man Vollmantel- oder Teilmantelgeschosse verwendet, muss jeder Nachsuchenführer selbst entscheiden. Auch ein

Mein alter 98er-Repetierer, der Vorgänger meines Krieghoff Semprio, eine preisgünstige, robuste Alternative.
© Oliver Fischer

Der Krieghoff Semprio hat meinen alten 98er abgelöst. Hervorragendes Handling, blitzschnelles Repetieren (wichtig bei annehmenden Sauen) und keine Gefahr des Öffnens des Kammerstengels oder Verändern der Sicherungsposition selbst im dichten Bewuchs zeichnen ihn aus.

Vollmantelgeschoss kann im dichten Bestand abgelenkt werden. Inzwischen gibt es spezielle, für den Fangschuss konstruierte Geschosse mit geringem Abprallverhalten und wenig Splitterwirkung. Das Geschossgewicht sollte um die 12 Gramm betragen.

Für Nachsuchen eignen sich besonders Geschosse mit geringem Abprallverhalten und wenig Splitterwirkung.

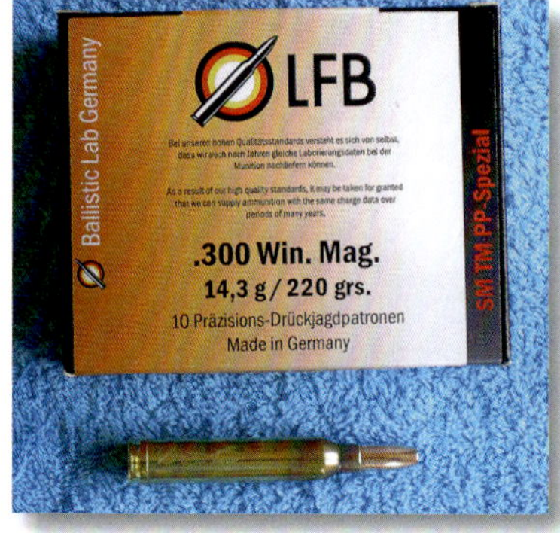

Nachsuchenmunition.

Persönlich habe ich immer ein Teilmantelgeschoss verwendet, denn dafür sprechen einerseits gesetzliche Vorschriften und andererseits die blitzschnelle Tötungswirkung.

Beim Fangschuss muss der Hund seitlich vom gestellten Stück stehen, damit der Schusswinkel zwischen der Flugbahn des Geschosses, dem Auftreffpunkt auf dem Wild und und dem Hund weniger als 90° beträgt (Geschosssplitter werden kaum entgegengesetzt der Schussrichtung abgelenkt).

Zum Abfangen von Rehwild benötigt man ein **Jagdmesser** mit mindestens 15 Zentimeter Klingenlänge. Schwer krankes, von Hunden gehaltenes Schwarzwild wird mit dem **Waidblatt** oder der **Saufeder** abgefangen.

Der Gehorsam

„Zwischen Führer und Hund besteht eine Rangbeziehung. Dabei ist eine soziale Beziehung nie etwas Statisches, sie unterliegt vielmehr einem ständigen Wandel, wobei zwei weit auseinanderliegende Extremformen den Rahmen angeben, in dem die Beziehung angesiedelt sein kann: einerseits die völlige Unterdrückung jeglicher Bewegungsfreiheit und Initiative des einen Partners, andererseits das Fehlen jeder hierarchischen Abstufung. In der Mitte liegt ein breiter Bereich fein differenzierter und relativ stabiler Beziehungen, die vor allem durch verhältnismäßig häufige freundliche Kontaktaufnahmen und das Fehlen schwerer aggressiver Auseinandersetzungen gekennzeichnet sind. Der vernachlässigte und vor allem unterdrückte Hund gibt seine Bindung zum Ranghöchsten (dem Hundeführer) auf." (Erik Zimen: Der Hund. Abstammung • Verhalten • Mensch und Hund. C. Bertelsmann Verlag, München 1988, S. 223.)

In der Ausbildung muss immer der Mittelweg zwischen völliger Unterdrückung und absoluter Freiheit gefunden werden.

Diese Erkenntnis sollte man sich bei der Ausbildung seines zukünftigen Schweißhundes stets vor Augen halten.

Gegenüber einem Gebrauchshund sollte dem Schweißhund nur ein Grundgehorsam abverlangt werden. Ein vielseitig einsetzbarer Gebrauchshund muss sich z. B. hinter Reh und Hase abpfeifen lassen. Bei aufstehendem Wild muss der Hund auf Trillerpfiff blitzschnell in Down-Lage gehen. Im Gegensatz dazu muss der Schweißhund beim Ansichtigwerden des vor ihm aufstehenden Wildes hetzen, bis das Stück vor Erschöpfung stehen bleibt und sich stellt. Für die Abrichtung des Gebrauchshundes benötigt man Korallenhalsband und Trillerpfeife. All diese Abrichtgegenstände sind bei einem Schweißhund tabu.

Starker Druck oder rabiate Dressurmethoden sind bei zukünftigen Schweißhunden schädlich. Genauso falsch ist es aber, dem Hund überhaupt keinen Gehorsam abzuverlangen. Der Grundgehorsam muss gegeben sein.

Den grundlegenden Befehlen muss auch er Folge leisten, wobei außer der Leinenführigkeit alle Übungen auf einem umzäunten Grundstück und niemals im Revier durchgeführt werden sollten.

Der Befehl „Sitz"

Der Hund ist angeleint.

1. Die Führerleine wird angehoben, bis sie sich spannt.
2. Die linke Hand drückt die Hinterhand des Hundes bis zur sitzenden Position nach unten. Will der Hund aufstehen, verstärkt man den Druck auf die Hinterhand.
3. Bleibt der Hund auch nach Loslassen der Hinterhand sitzen, wird der Hund mit einem Leckerbissen belohnt.
4. Steht der Hund vorzeitig auf, wird die Prozedur von Anfang an wiederholt.

Der Befehl „Sitz" ist später für die Korrektur der Arbeitsgeschwindigkeit notwendig.

Diese Übung wird Tag für Tag wiederholt, bis der Hund 30 Minuten sitzen bleibt.

Der Befehl „Ablegen"

Der Hund ist angeleint.

1. Die Führerleine ist anzuheben, bis sie sich spannt.
2. Die linke Hand drückt die Hinterhand des Hundes bis zur sitzenden Position nach unten. Will der Hund aufstehen, verstärkt man den Druck auf die Hinterhand.
3. Dann zieht man beide Vorderläufe nach vorn, sodass der Hund in eine liegende Position kommt.
4. Bleibt der Hund liegen, wird er mit einem Leckerbissen belohnt.

Am Anschuss muss sich der Hund zur ersten Anschusskontrolle durch den Führer ablegen lassen.

Die Leinenführigkeit

Der Hund läuft an der Führerleine. Prellt er vor, erfolgt der Befehl „Sitz". Der Hund wird bald merken, dass er sich setzen muss, sobald er über das Knie des Führers hinausläuft. Beim Laufen im Bestand wird genauso verfahren. Verhängt sich der Hund an dicht neben dem Führer befindlichen Bäumen, geht man einfach weiter. Der entstehende „Reibungskoeffizient" wird dem Hund zeigen, dass er dicht neben dem Führer laufen muss.

Die Gehorsamsübungen sind mit großer Geduld, vielen Wiederholungen und immer mit anschließender Belohnung durchzuführen.

Die Ausbildung

Liest man die Literatur über die Ausbildung des Jagdhundes im Fachgebiet Schweiß, wird man feststellen, dass fast jeder Autor einen anderen Weg vorgibt, was die Herstellung der Übungsfährten, die Ausbildungszeit und den Ausbildungsbeginn betrifft.

Ein Schweißhund, der sich, nur über die Motivation und seine vorhandenen Anlagen gesteuert, freiwillig in den Dienst seines Führers stellt, reagiert sehr empfindlich auf Druck und Dressur.

Wissenschaftliche Untersuchungen haben ergeben, dass alles, was der Hund, seinen angeborenen Trieben folgend, bis zur 16. Lebenswoche lernt, für immer in seinem Gehirn gespeichert wird. Aus diesem Grund beginnt die Ausbildung des Schweißhundes bereits in der 9. Lebenswoche.

Der Hund ist von Natur aus mit Trieben ausgerüstet, die sein Überleben und den Erhalt seiner Art sichern.

Diese Erkenntnis spielt in der Ausbildung des Jagdhundes im Fachgebiet Schweißarbeit eine gewichtige Rolle.

Was der Hund bis zur 16. Lebenswoche lernt, bleibt sein Leben lang erhalten.

Cliff kommt ins Haus

Es war der 4. August 1996, als Cliff zu mir kam. Ich fuhr in den Schwarzwald nach Simmersfeld-Fünfbronn, wo der Forstbeamte Klaus Ölßner lebt. Bei ihm lag ein Wurf Steirischer Bracken, von denen zwei Rüden zur Auswahl standen. Die Entscheidung fiel mir schwer und letztendlich wurde sie mir von Christel Ölßner abgenommen.

Sie nahm einen der Welpen auf den Arm und sagte: „Nehmen Sie den hier, der knurrt, wenn man ihn auf den Arm nimmt.“ Mit diesem sehr eigenartigen Auswahlkriterium war die Entscheidung gefallen und Cliff wurde mein treuer Begleiter.

Der Hund aus Wurmannsquick – Artus vom Mörntal

Nachdem Cliff vom Rieskopf im März 2010 verstarb, sollte der Nachfolger wieder eine Steirische Bracke sein. Spurlaut, hartnäckig am Riemen die Wundfährte haltend und mutig wehrhaftes Wild stellend – wie sein Vorgänger Cliff.

Krüger
Sexualität
Hunger
Beute

Erst im 5. Anlauf gelang es mir, einen passenden Wurf ausfindig zu machen. In Niederbayern lagen drei Welpen, zwei Rüden und eine Hündin.

Also überquerten meine Frau und ich in der 5. Lebenswoche der Welpen bei schönstem Wetter frohgemut mit dem Auto die württembergisch-bayerische Grenze.

Wir fanden ideale Bedingungen vor: ein Riesengrundstück, auf dem die Welpen herumtollten. Ruhig, gelassen und selbstbewusst musterte uns die Hündin. Auffällig war auch die freundliche selbstbewusste Kontaktaufnahme der Welpen zu Kindern und Erwachsenen. Man erkannte sofort: Das sind keine ausschließlich im Zwinger isoliert gehaltenen Hunde. Diese Hunde waren nicht nur auf eine Bezugsperson geprägt, sondern hatten häufig Kontakt mit verschiedenen Menschen.

Ein entscheidendes Kriterium bei der Welpenauswahl ist die Sauberkeit der Zwingeranlage sowie das Sozialverhalten der Hündin und der Welpen gegenüber Fremden.

Diese Welpen kamen auf uns zu und begannen mit uns zu spielen. Ein kapitaler Welpe fiel uns auf. Seine Behänge waren dunkel und er hatte eine schwarze Gesichtsmaske – typisches Schweißhundeerbe aus der Zeit, als der Bergwerksbetreiber Peintinger in der Steiermark eine Hannoversche Schweißhündin mit einem Istrianer Brackenrüden kreuzte, woraus die Rasse Steirische Gebirgsrauhaarbracke entstand.

Ängstliche Elterntiere übertragen ihr Verhalten auf die Welpen, deshalb sollten genaueste Beobachtungen vorgenommen werden, was ihr Verhalten betrifft.

Ruhig und gelassen betrachtet die Hündin die Besucher. Die Zwingeranlage ist blitzsauber – denkbar beste Voraussetzungen für den Welpenkauf.

Der oder keiner! Der 5 Wochen alte Artus.

Artus Nachfolger Erasmus vom Lärchenrot.

Uns war klar: Der oder keiner. So war die Entscheidung auf Artus vom Mörntal gefallen.

Mit dem Züchter wurde vereinbart, einen Teppichrest in der Schlafkiste der Welpen zu platzieren, der in den verbleibenden 3 Wochen bis zum Abholen des Welpen den vertrauten Geruch von Hündin und Geschwistern annehmen sollte. Beim Abholen würden wir diesen mitnehmen, damit Artus beim Transport und in den ersten 10 Tagen in seiner neuen Umgebung etwas Vertrautes hatte.

Vorher abgegebene Teppichreste können den vertrauten Geruch der ersten Wochen annehmen und dem Welpen in der neuen Heimat anfangs Sicherheit geben.

Drei Wochen später erreichten wir in den späten Nachmittagsstunden das Anwesen des Züchters.

Das Abholen des Welpen

Frühestens im Alter von 8 Wochen (Tierschutzgesetz) und spätestens bis zur 10. Lebenswoche sollte der Welpe abgeholt werden, schließlich hat man nur bis zur 16. Lebenswoche Zeit, den Welpen auf all das zu prägen, was für sein späteres Leben als Schweißhund wichtig ist.

Das Abholen des Welpen erfolgt zwischen der 8. und 10. Lebenswoche.

In dieser Zeit lernt der Welpe noch leicht, mit der ausgehenden 24. Lebenswoche ist das Ende der Prägungsphase erreicht. Dieser kurze Zeitabschnitt ist mit der wichtigste im Leben des zukünftigen Jagdhundes, denn jetzt stellt der Ausbilder die Weichen für ein erfolgreiches Miteinander zwischen Jäger und Hund, indem dieser auf Bezugsperson, Umwelt, Ruheplatz, zukünftige Arbeitsgebiete und das nachzusuchende Wild geprägt wird.

Von Wurfgeschwistern und dem Muttertier getrennt zu werden, ist ein harter Einschnitt im Leben des Welpen.

Da die Trennung von den Wurfgeschwistern und dem Muttertier einen harten Einschnitt im Leben des Welpen darstellt, ist ratsam, ihn in den späten Nachmittagsstunden abzuholen. Denn dann hat er den ganzen Tag schon mit seinen Geschwistern gespielt, herumgetollt und gerauft. Noch einmal gefüttert, wird sich alsbald die Müdigkeit einstellen.

Welpen soll man in den Abendstunden abholen, damit sie vom Tag schon müde sind.

Die Fahrt in seine zukünftige Heimat erfolgt nicht in der Hundebox im Kofferraum, sondern mit direktem Kontakt mit seinen zukünftigen Bezugspersonen.

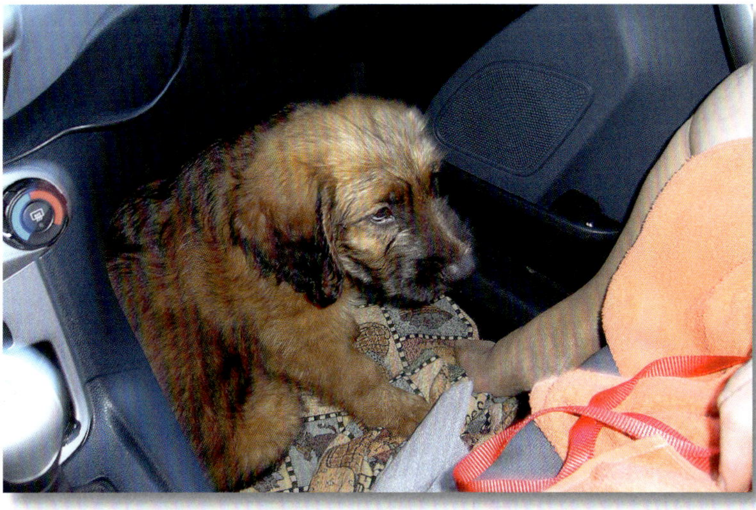

Artus im Auto. Im Fußraum des KFZ oder auf dem Schoß der Begleitperson erfolgt die Reise in das neue Leben.

Artus lag auf dem Teppich, den er schon 3 Wochen vorher kennengelernt hatte, und schlief nach 20 Minuten Autofahrt, friedlich am den Fingern meiner Frau nuckelnd, ein. Zweimal wurde er unruhig und bei einer auch dem Fahrer guttuenden Pause ließen wir ihn – natürlich angeleint – nässen und sich lösen.

Zu Hause angekommen, stellte ich eine stabile Holzkiste an seinen zukünftigen Schlafplatz neben meinem Bett auf. Der Ruheplatz sollte zugfrei, hell bei Tageslicht und fern von Heizkörpern sein. Die Außenwände müssen so hoch sein, dass der Welpe nicht herausklettern kann. Der besagte Teppichrest wird hineingelegt und der Welpe wird alsbald in der Kiste weiterschlafen. Normalerweise verschlafen Welpen die Nacht mit nur kleinen Unterbrechungen. Wird er unruhig, trägt man ihn ins Freie, damit er sich lösen kann.

Zugegeben, es ist kein besonderes Vergnügen nachts mehrfach durch das Winseln des Welpen geweckt zu werden und aufstehen zu müssen, aber es ist auf jeden Fall auf Dauer gesehen besser, als bei einer Zwingerhaltung diesen jeden Tag mit Besen, Kehrschaufel und Wasserschlauch zu reinigen.

Der Ruheplatz sollte zugfrei, hell bei Tag und fern von Heizkörpern sein.

Artus wählte sich in kurzer Zeit unter einer dichten Hecke im Garten eine Stelle aus, um sich zu lösen und war innerhalb von 10 Tagen fast stubenrein. Tagsüber drängt er vor der Balkontür winselnd hinaus und zeigt unmissverständlich an, dass ein dringendes Bedürfnis vorliegt.

Prägung auf Umwelt und Revier

Hunde sind Rudeltiere. Sozialkontakt ist deshalb wichtig.

Die Schweißarbeit verlangt einen besonders innigen Sozialkontakt zwischen Hund und Führer. Deshalb ist es nicht zweckdienlich, einen Welpen nach Ankunft im Zwinger einzusperren und darin zu halten. Alle meine Hunde habe ich in der Wohnung gehalten und bin dabei trotz mancher sich naturgemäß ergebender Widrigkeiten gut gefahren.

Früheste Gewöhnung an Wasser ist notwendig.

Wenige Wochen später schwimmt Artus im tiefen Wasser.

Fressen, Spielen und Schlafen bestimmen anfangs den Tagesablauf des Welpen.

Wird jedes Herankommen nach dem Rufen des Namens belohnt, wird der Hund bald bei diesem Klang freudig herbeieilen.

Ideal ist es, wenn man nach dem Abholen einige Tage Urlaub anhängen kann. So hat der Welpe in den nächsten Tagen ausreichend Gelegenheit, Bezugspersonen, Haus und Garten kennenzulernen.

Wichtig für den jungen Hund ist es auch, Spielzeug zur Verfügung zu stellen, denn Fressen, Spielen und Schlafen bestimmen seinen Tagesablauf. Als Spielzeug genügen schon ein kleiner Plastikeimer, ein alter Schuh und eine ausrangierte Gießkanne. Ein im Garten aufgestellter und mit Wasser gefüllter Plastik-Sandkasten vervollständigt das notwendige Mobiliar.

Zumindest bis zur 16. Lebenswoche sollte das Füttern grundsätzlich nur durch eine Bezugsperson erfolgen. So konnte ich die Gelegenheit nutzen, um Artus jedes Mal beim Füttern die Futterschüssel zu zeigen und seinen Namen zu rufen. Dadurch reagiert er innerhalb einer Woche erfreut beim Rufen seines Namens und eilt, mit der Rute wedelnd, herbei.

Wenn im Freien der Name gerufen wird, belohnt man das Herankommen mit einem kleinen Leckerbissen und liebelt den Welpen

Der Welpe darf nicht aus dem Wagen herausspringen, sondern er wird herausgehoben. Bänder, Gelenke und Knochengerüst sind bei einem Welpen nicht für hohe Belastungen ausgelegt. Wer das nicht beachtet, kann seinem Hund körperliche Schäden zufügen.

stets ab. Auf einfache Art und Weise wird so der Name gelernt und außerdem das Herankommen mit einer Belohnung verknüpft.

Die ersten zwei Tage kann man mit dem Welpen kurze Strecken auf Wald- und Feldwegen laufen. Es folgen erste kurze Reviergänge. Es ist dabei unbedingt darauf zu achten, den Welpen nicht zu überanstrengen.

Niemals darf der widerstrebende Hund an der Leine hinterhergezogen werden.

Setzt er sich, legt sich hin und will nicht mehr weiterlaufen, ist die Übung beendet und der Welpe wird zurückgetragen. Bereits ab dem ersten Tag wird er daran gewöhnt, nicht selbstständig aus dem oder ins Auto zu springen. Dadurch wird er auch später beim Öffnen der Heckklappe im Wagen sitzen bleiben, sich Halsung und Navi anlegen lassen und dann erst auf Befehl herausspringen.

Der Hund muss lernen, im Wagen sitzen zu bleiben, sich Halsung und Navi anlegen zu lassen und dann erst auf Befehl herauszuspringen.

Schon ab dem 3. Tag ist es möglich, mit dem Hund abseits aller Wege durch Wald, Wiesen und Flachwasserzonen zu laufen, wobei Brennnessel- und Brombeerbereiche natürlich zu meiden sind. Wichtig ist es, diese Reviergänge nicht immer am gleichen Ort und an gleicher Stelle durchzuführen, denn jeder Reviergang

Unterschiedliche Umgebungen (Mais wird später ein Hauptarbeitsgebiet) vermitteln dem Hund neue Eindrücke und bereiten ihn auf seine spätere Arbeit vor.

soll dem Hund neue Eindrücke vermitteln, die verarbeitet werden müssen. Nur so wird er auf die Vielfältigkeit seiner zukünftigen Einsatzgebiete geprägt. Immer ist sein Herankommen mit einem kleinen Bissen zu belohnen.

Artus bei der Gewöhnung an den späteren Schweißriemen mithilfe einer 3 Meter langen Suchleine.

Bei jedem Reviergang ist darauf zu achten, den Hund zwar körperlich und geistig zu fordern, aber nie zu überanstrengen.

Vier Wochen später läuft man schon durch Schilf, Sumpf, Flachwasserzonen und Fichtennaturverjüngungen. So lernt der junge Hund, mit allen zukünftigen Widrigkeiten auf natürliche Art und Weise spielerisch umzugehen. Sein Selbstbewusstsein steigt von Mal zu Mal. Das mitzuerleben und vor allem mitzugestalten, macht große Freude. Richtig ausgebildet, zeigt der Hund schon im frühesten Alter Wechsel an. Dabei ist er leise zu loben.

Das Gewöhnen an Wasser ist wichtig, denn bei der zukünftigen Schweißarbeit muss der Hund z. B. Bäche und freie Wasserflächen überwinden.

Durch das Nachschleppen einer kurzen Suchleine gewöhnt sich der Hund an den Umgang mit dem später nachschleifenden Schweißriemen.

Um ihn an den Schweißriemen zu gewöhnen, schleppt er früh schon eine kurze Suchleine hinter sich her. So lernt er das später notwendige Übersteigen des Schweißriemens von selbst und es stört ihn kaum, wenn er sich einmal darin verheddert, wodurch anfängliche Probleme bei den ersten zukünftigen Übungen auf der Kunstfährte verhindert werden.

Weidevieh stellt bei Nachsuchen für unerfahrene Hunde eine große Herausforderung dar. Stürmt zum Beispiel eine Herde Kühe, nur durch einen Elektrozaun getrennt, auf den jungen Hund zu, hält man ihn an der Leine fest und beruhigt ihn durch Streicheln und leises, lobendes Zureden.

Wichtig ist das Gewöhnen an plötzlich auftretenden Lärm oder andere Störungen.

Im Ortsbereich läuft man gezielt an lauten Baustellen vorbei und verfährt auf gleiche Weise. Ebenso ruhig verhält man sich bei der Begegnung mit Hunden, Spaziergängern, Radfahrern und anderen plötzlich auftretenden Störungen.

Zukünftiges Arbeitsgebiet: Das Langenauer und Leipheimer Naturschutzgebiet – eine Herausforderung für Hund und Führer.

Ab dem 4. Lebensmonat werden die Übungen auch bei beginnender Dunkelheit absolviert.

Jeder Einzelfall ist so lange zu üben, bis der Hund bei der jeweiligen Situation Selbstbewusstsein zeigt und nicht angstvoll zurückweicht.

Westlich von Langenau beginnen die steilen Höhenzüge der schwäbischen Alb und in östlicher Richtung das Langenauer und Leipheimer Moor. In den Dreißigerjahren wurde das Gebiet trockengelegt und bis 1990 intensiv landwirtschaftlich genutzt. Schließlich wurde es renaturiert und in großen Teilen wieder in seinen Urzustand zurückversetzt. Biber und Störche sind wieder heimisch geworden und zum Leidwesen der Landwirte findet auch das Schwarzwild hier sichere Einstände. Deshalb muss ein zukünftiger

Nachsuchenhund mit solchen widrigen Verhältnissen noch in der Prägungsphase vertraut gemacht werden.

Bei einem Reviergang entdeckte ich einen mit Elektrozaun gesicherten Schilf- und Moorbereich von mehreren Hektar Größe. Das konnte ich mir nicht erklären, da normalerweise nur Maisfelder von den Jägern gegen Sauen eingezäunt werden. Sauen in ihren Einständen mit einem Elektrozaun einzusperren, ist vielleicht eine neue Methode zur Wildschadensabwehr, dachte ich noch, als es vor uns im Schilf stampfte und krachte. Ein drohendes heiseres Brummen war zu hören.

Das Zurückweichen vor unbekannten lauten Geräuschen ist ein angeborener Instinkt. Diese Situationen gilt es zu üben, um den Hund mutig für das Leben zu machen.

Artus wich zurück, ich folgte ihm schnell und leinte ihn an. Und da stand er schon: ein 800 Kilogramm schwerer rumänischer Wasserbüffel! Riesig, kohlrabenschwarz, mit weitausladenden Hörnern sah er äußerst bedrohlich aus. Vom Naturschutz wird diese Rasse neuerdings zur Entbuschung eingesetzt, da die im rumänischen Donaudelta häufig halbwild lebenden Rinder unempfindlich gegen Klauenerkrankungen in Sumpfgebieten sind.

Artus folgte seinem angeborenen Instinkt, vor unbekannten lauten Geräuschen oder großen auf ihn zukommende Lebewesen zurückzuweichen.

Diese Situationen werden jetzt angeleint in sicherem Abstand trainiert. Es genügen meistens wenige Übungen, bis der Hund seine anfängliche Zurückhaltung überwindet und Laut gebend in den Pferch will. Artus wollte es am dritten Tag in totaler Missachtung von Vernunft und absoluter Überschätzung seiner physischen Möglichkeiten mit dem Wasserbüffel aufnehmen. Wütend sprang er Laut gebend in die Leine.

Zur körperlichen Entwicklung und für die notwendige Kondition benötigt der Hund viel Bewegung.

Zur körperlichen Entwicklung und dem Konditionsaufbau ist Bewegung wichtig. Ein großes Grundstück ist von Vorteil, um dem Hund den nötigen Auslauf bieten zu können. Ab seinem 6. Lebensmonat kann die Kondition verbessert werden, indem der Hund seinen Führer bei täglichen Fahrradtouren begleitet. Dabei ist darauf zu achten, dass der Hund mit langer Leine vor dem Rad läuft, damit man erkennt, wann er müde wird und somit keine schädliche Überbelastung eintritt.

Der Hund darf im täglichen Training nie überanstrengt werden.

Ruhig und gelassen betrachtet der Welpe die anlaufende Wasserbüffelfamilie.

Wau-
riecht die gut
Krüger

Prägung auf das nachzusuchende Wild

Die Prägung auf nachzusuchendes Wild erfolgt zwischen der 8. und der 16. Lebenswoche.

Von anderen caniden Arten wie Fuchs und Wolf wissen wir, dass die Elterntiere den Welpen am Bau Beute zutragen. Das dient nicht nur der notwendigen Beschaffung von Nahrung, sondern die Welpen lernen dadurch auch ihr zukünftiges Beutespektrum kennen. Sie werden durch das Füttern auf ihre Beute geprägt.

Bei Junghunden ist dasselbe Verhaltensmuster zu beobachten. Wenige Tage nach der Ankunft des Welpen wird man feststellen, dass er bei Reviergängen sehr interessiert mit tiefer Nase frische Fährten, Spuren und Geläufe markiert und diesen sogar rutenwedelnd folgen will. Der Hund reagiert also auf verschiedene Wildarten. Ohne dass er diese kennt, wird im Alter von wenigen Wochen durch den angewölften Beutetrieb das Suchverhalten ausgelöst.

Der Beutetrieb und damit das Suchverhalten sind angewölft. In der Ausbildung muss der Hund vorläufig auf eine Wildart beschränkt und der Beutetrieb gezielt verstärkt werden.

Der Beutetrieb ist neben Sexual- und Hungertrieb einer der drei Urinstinkte des Hundes. Es ist jetzt Aufgabe der Ausbildung, den Beutetrieb vorläufig auf eine einzige Wildart zu beschränken und gezielt zu verstärken. Bei seiner Arbeit als Nachsuchenhund soll er vor allem Schwarz- und Rotwild, später auch Rehwild nachsuchen und alles andere Wild ignorieren. Deshalb muss der Hund – je nach Revierstruktur – entweder auf Schwarzwild oder Rotwild geprägt werden.

Zeigt der Welpe Angst und geht nicht zum Stück, geht man zum Stück und lockt den Welpen leise heran. Funktioniert das nicht, ist die Prägung so bald wie möglich an einer anderen Sau zu wiederholen.

Artus sollte wie sein Vorgänger Cliff hochspezialisiert zum Nachsuchenhund ausgebildet werden. Seit 1990 steigen in unserer Region die Schwarzwildbestände, sodass auf diese Wildart viele Nachsuchen sein werden. Deshalb und auch um Verleitungen durch Rehwild zu vermeiden, muss Artus in der Prägephase mit frisch erlegtem Schwarzwild konfrontiert und auf dieses geprägt werden. In Revieren, in denen das Rotwild vorherrscht, wird natürlich anstatt mit einem Stück Schwarzwild mit Rotwild gearbeitet.

Der Hund wird auf die Wildart geprägt, auf die später – abgesehen von Rehwild – die meisten Nachsuchen anfallen werden.

Jagdfreunde, Forstämter und Eigenjagdbesitzer werden informiert, damit ich Artus an einer relativ gut zugänglichen Stelle eine frisch erlegte Sau zeigen kann. Geeignet sind Örtlichkeiten mit wenig Unterwuchs wie Bewirtschaftungswege, Wiesen, Stoppeläcker oder Altholzbestände. Mit Brennnesseln oder Brombeeren bewehrte Bestände sind ungeeignet.

Für die erste Annäherung zum Wild wird ein frisch erlegtes Stück Schwarzwild unaufgebrochen an einer gut zugänglichen Stelle belassen.

Endlich klingelt nachts um 23 Uhr das Telefon. Ich fahre sofort zum Ort des Geschehens. Die Sau liegt unaufgebrochen als großer, schwarz erscheinender Hügel gut erkennbar im Mondlicht auf den Getreidestoppeln.

Unangeleint folgt mir der 12 Wochen alte Welpe, während ich voran zum Stück laufe und es als Erster erreiche. Vorsichtig, aber nicht die Rute einklemmend, beginnt Artus, die Sau an Wurf, Einschuss und den Schalen zu beriechen. Dieses Verhalten ist angewölft.

In den meisten Fällen ist zu beobachten, dass der Welpe zuerst die Schalen und erst dann andere Körperteile des frisch erlegten Wildes bewindet. Dann fängt er an, Laut zu geben, um schließlich zaghaft an einem Teller der Sau zu fassen. Das genügt. Nach 5 Minuten trage ich Artus lobend ab.

Niemals einen sich sträubenden Welpen an der Leine zum Stück ziehen oder den Welpen voraus zum Stück schicken!

Ich helfe noch beim Aufbrechen und dem Abtransport und lasse mir die Lunge für die spätere Einarbeitung aushändigen.

Zwei Stunden später höre ich, wie Artus in seinem Korb träumt. Er gibt im Schlaf Laut, seine Läufe bewegen sich und manchmal ist ein tiefes Knurren zu hören. Mit Sicherheit träumt er von der Sau. Dieses Erlebnis hat den Hund sichtlich beeindruckt. Ab diesem Tag ist mein Hund auf Schwarzwild geprägt.

Für die spätere Ausbildung sind Lunge, Schwarte, Haupt und Schalen der Stückes vonnöten, mit dem die erste Annäherung des Hundes erfolgte.

Am nächsten Abend hole ich beim Schützen noch die Schwarte mit Haupt und die Schalen des erlegten Stückes ab und friere alles zur Konservierung ein. Damit sind die Vorbereitungen bis auf das Auszeichnen der Übungsfährte abgeschlossen.

Die Übungsfährten

Ist der Hund nun auf das Schwarzwild geprägt, kann mit der eigentlichen Ausbildung begonnen werden.

In der Fluchtfährte erhält der Hund über Schweiß, Borsten/Haare, Speichel und Bodenverwundungen eine Vielfalt von Informationen.

Ein beschossenes Stück verliert auf der Flucht Schweiß, Borsten/Haare, Schuppen und Speichel. Weiterhin verursachen die Schalen Bodenverwundungen, deren Stärke abhängig von der Beschaffenheit des Bodens (trocken oder feucht, weich oder hart) und dem Gewicht des beschossenen Stückes ist. Nach einer längeren Fluchtstrecke, wenn das Stück krank geworden ist, überträgt es die Krankwittrung mit seinen Schalen auf den Boden. Werden Dickungen, Schilf oder Getreide durchquert, streift es mit seinem Körper Eigenwittrung und Schweiß ab. Der Schweißhund bekommt deshalb eine Vielfalt von Informationen auf der Wundfährte.

Eine Übungsfährte mit all den Informationen einer realen Krankfährte herzustellen, ist unmöglich.

Da es unmöglich ist, eine künstliche Übungsfährte mit all diesen Informationen herzustellen, muss der Hundeführer versuchen, eine möglichst realitätsnahe Fährte zu schaffen.

Es stellt sich hier die Frage: Welche Einarbeitungsmethoden kommen einer natürlichen Wundfährte am nächsten?

Übungsfährten können gespritzt, getupft oder mit dem Fährtenschuh hergestellt werden, außerdem können Naturfährten ausgearbeitet werden.

Übungsfährten können gespritzt, getupft oder mit dem Fährtenschuh gelegt werden. Außerdem kann die Naturfährte von Hochwild genutzt werden, um den Hund einzuarbeiten.

Jeder Ausbilder steht vor der Entscheidung, mit welcher Methode er seinen Hund einarbeiten will.

Dazu ein Test: Von einem Ausgangspunkt aus wird je eine Fährte gespritzt, getupft und mit dem Fährtenschuh getreten. Wird der Hund angesetzt, wird er immer der gespritzten bzw. getupften Fährte folgen wollen. Die Schlussfolgerung daraus ist, dass Schweiß einen viel stärkeren Beutetrieb hervorruft als die reinen Bodenverwundungen mit dem Geruch der Schalen.

Innerhalb der Übungsfährte muss eine Motivationssteigerung erfolgen.

Jede Nachsuche besteht jedoch aus drei Teilabschnitten: erstens das Aufnehmen der Fährte, zweitens das Folgen derselben und drittens die Ankunft am Stück bzw. die Hatz mit Stellen und/oder Niederziehen des verfolgten Stückes.

Und hier liegt der entscheidende Unterschied: Bei jeder realen Nachsuche liegt zwischen Anschuss und Hatz eine große Motivationssteigerung. Wird die Fährte aber mit viel Schweiß gespritzt oder getupft und liegt am Ende eine getrocknete Rehdecke oder Sauschwarte, wird man schwerlich eine Motivationssteigung beim Hund hervorrufen. Das ist auch der Grund, warum viele Hunde nach einigen auf diese Art und Weise hergestellten Übungsfährten die Arbeit verweigern.

Es ist unbedingt notwendig, dass die für die Übungsfährte verwendeten Hilfsmittel (Schalen, Lunge und Schwarte bzw. Decke mit Haupt) von ein und demselben Stück stammen, damit der Hund das korrekte Beutestück findet.

Wichtig ist also, den Hund bei der Arbeit stets zu motivieren und am Ende der Übungsfährte ein wirkliches Ziel der Begierde in Form der Beute bereitzuhalten.

Die Tupfmethode

Fährte tupfen: Material: Tupfstock mit ca. 2,5 x 2,5 Zentimeter großem Schaumgummistück am Ende, Gefäß (z. B. Plastikschale), Schweiß (Rot- oder Schwarzwild). Vorgehen: Schwamm in das Gefäß mit Schweiß eintauchen, beim Laufen leicht auf den Boden aufsetzen, Schwamm immer wieder anfeuchten, Fährte unterwegs markieren.

Um eine Fährte zu tupfen, wird an einem Stock ein etwa 2,5 x 2,5 Zentimeter großes Schaumgummistück befestigt. Der Schwamm wird in ein Gefäß mit Schweiß eingetaucht und beim Laufen leicht auf den Boden aufgesetzt. Wird der Schwamm trocken, muss er wieder eingetaucht und der Vorgang bis zum Ende der Fährte wiederholt werden.

Es wird nicht ausbleiben, dass am Anfang reichlich und bis zum Wiedereintauchen des Schwammes immer weniger Schweiß in der Fährte liegt.

Das bedeutet, dass der Hund zu Beginn der Fährte eine starke, mit jedem weiteren Tupfer schwächer werdende Geruchsinformation aufnimmt, bevor die Fährte nach erneutem Eintauchen des Schwammes wieder intensiver wird. Schon diese gleichförmig ab- und ansteigenden Geruchsinformationen kommen bei einer natürlichen Wundfährte nicht vor.

Fährte: 1000 Meter, Stehzeit bis zu 20 Stunden, ¼ Liter Schweiß

Bei solchermaßen hergestellten Fährten mit einer Stehzeit von bis zu 20 Stunden und einem viertel Liter Schweiß auf einem 1000 Meter langen Weg bekommt der Hund weit mehr Schweiß angeboten, als er zu riechen in der Lage ist.

Befürworter der Tupfmethode argumentieren, dass der Hund durch den auf den Boden getupften Schweiß gezwungen wäre, die

Nase herunterzunehmen, was jedoch mit Sicherheit nicht der Fall ist. Eine solche Fährte ist für den Hund sehr leicht zu halten, sodass er zu schnell mit hoher Nase neben der Fährte schräg unter Wind arbeitet. Auf diese Weise kann das Ausbildungsziel eines langsam mit tiefer Nase genau auf der Wundfährte arbeitenden Hundes eben genau nicht erreicht werden.

Die getupfte Fährte ist für den Hund aufgrund der großen Menge Schweiß leicht zu halten. Das Ausbildungsziel eines langsam mit tiefer Nase genau auf der Wundfährte arbeitenden Hundes kann damit nicht erreicht werden.

Deshalb ist das Arbeiten von künstlich mit Schweiß hergestellten Fährten kritisch zu beurteilen, sodass für mich die Tupfmethode als Einarbeitung des zukünftigen Schweißhundes ausscheidet.

Die Spritzmethode

Bei der Spritzmethode wird eine Plastikflasche mit Schweiß gefüllt, welcher dann mehr oder weniger gleichmäßig durch ein Röhrchen auf der Übungsfährte verteilt (= verspritzt) wird. Der Schweiß wird in unregelmäßiger Höhe an Blättern, Gräsern und am Boden verteilt. Das entspricht durchaus natürlichen Gegebenheiten, jedoch mit einer Einschränkung: Sehr selten ist in der gesamten Wundfährte Schweiß zu finden.

Fährte spritzen: Material: Plastikflasche mit Röhrchen, Schweiß (Rot- oder Schwarzwild). Vorgehen: Schweiß in unregelmäßiger Höhe in der Fährte verteilen, Fährte unterwegs markieren.

Wie oft hört man in Jägerkreisen: Die Wunde hat sich geschlossen und das Stück hat aufgehört zu schweißen, sodass die Nachsuche erfolglos war. Solche Fehlsuchen sind nur zu häufig die Folge von falscher Einarbeitung des Hundes mit Schweiß.

Beschossenes Wild verliert sehr selten auf der gesamten Wundfährte Schweiß.

Aus diesem Grund erweist sich auch diese Methode für die Ausbildung eines zukünftigen Schweißhundes als ungeeignet.

Wird nach den einschlägigen Prüfungsordnungen der Länder oder der Zuchtvereine gespritzt oder getupft, ist – wie bereits bemerkt – festzustellen, dass die Menge des verwendeten Schweißes viel zu groß ist, da ein Hund bereits in der Lage ist, 0,002 Gramm Schweiß zu riechen. Bei der Verbandsschweißprüfung werden auf 1000 Meter 0,25 Liter Schweiß gespritzt oder getupft. Dem Hund wird demnach pro Meter 125-mal mehr Schweiß angeboten, als für seine Wahrnehmung nötig ist. Dadurch neigen die Hunde dazu, die Fährte zu schnell zu arbeiten. Die notwendige Kontrolle der Fährte und Arbeitsweise des Hundes wird so für den Führer erschwert. Die Körpersprache des Hundes ist wenig ausgeprägt oder überhaupt nicht zu deuten, ein Verweisen von Pirschzeichen durch den

Verbandsschweißprüfungen werden mit deutlich mehr Schweiß gelegt, als der Hund zum Halten der Fährte benötigt.

Schalenriss.Beim Aufschlag der Kugel auf den Wildkörper reissen die Schalen des getroffenen Wildes den Boden auf

Bei zu leichten Fährten arbeitet der Hund zu schnell und eine Kontrolle seiner Arbeit anhand von Körpersprache und Pirschzeichen wird erschwert.

Hund bleibt mehr oder weniger dem Zufall überlassen und die in der Wundfährte liegenden Pirschzeichen werden vom Führer auf die Schnelle nicht erkannt. Damit kann es beim Abkommen von der Fährte schwer werden, bis zum letzten Pirschzeichen (Schweiß oder Trittsiegel) zurückzugreifen.

Damit der Hund langsam, hochkonzentriert und mit tiefer Nase genau auf der Übungsfährte arbeitet, muss die Menge des verwendeten Schweißes gegenüber den einschlägigen Prüfungsordnungen drastisch reduziert werden! Allerdings dürfte es schwierig werden, 10 Gramm Schweiß – eine Menge, die für den Hund immer noch mehr ist, als zum Halten der Fährte benötigt – gleichmäßig auf 1000 Meter zu verteilen.

Tupf- und Spritzmethode sind nicht optimal.

Zusammenfassend betrachtet sind Tupf- und Spritzmethode für die Einarbeitung von Schweißhunden nicht optimal.

Die Schleppmethode

Schleppfährte legen: Material: Knapp faustgroßes Stück Lunge, Nylonnetz, Seil. Vorgehen: Lunge wird im Nylonnetz über die Fährte gezogen, Fährte unterwegs markieren.

Um möglichst wenig Substanz auf der Fährte zu haben, wird mit einem weniger als faustgroßen, abgetrockneten Stück Lunge in einem Nylonnetz eine Schleppe gezogen. Der Substanzverlust beträgt so auf 1000 Meter nur ca. 10 Gramm. Bei einer so geringen Menge

Grundausstattung – Moderner Fährtenschuh,Markierungsband und Lunge mit Schnur zum Schleppen

muss der Hund die Nase herunternehmen und langsam bzw. zentimetergenau arbeiten, um den „roten Faden“ nicht zu verlieren.

Durch die verwendete geringe Menge an Schweiß ist die Körpersprache des Hundes eindeutiger zu beobachten. Der Unterschied, ob er auf der Fährte arbeitet oder abkommt und sich wieder einbögelt, ist klar erkennbar und für den Hundeführer eine große Hilfe.

Schleppfährten sollen von Anfang an in Kombination mit dem Fährtenschuh gelegt werden.

Es liegt im Urinstinkt des Hundes, einer Schweißfährte zu folgen. Dieses Verhalten ist nicht abhängig von der Menge des verwendeten Schweißes.

Fährte: 1000 Meter, 20 Stunden Stehzeit, ca. 10 Gramm Lungensubstanz.

Die Fährtenschuhmethode

Fährtenschuhe gibt es im einschlägigen Fachhandel. Mit etwas handwerklichem Geschick lassen sie sich aber auch günstig selbst herstellen.

Wichtig ist, dass Schalen und Ballen wie bei einem in der Wildbahn ziehenden Stück im Boden abgedrückt werden. Zum Teil handelsübliche Fährtenschuhe, bei denen nur die Schalenspitzen in den Boden einstechen, sind nicht zu empfehlen.

Bei der Fährtenschuhmethode lernt der Hund, dass er sich immer nur bis zum nächsten Schalenabdruck orientieren muss (also 40 bis 70 Zentimeter, je nach Art, Größe und Fluchtgeschwindigkeit des beschossenen Wildes).

Fährte treten: Material: Schalen eines Rot- oder Schwarzwildes, Fährtenschuh zum Einspannen. Vorgehen: Schalen in den Schuh spannen, Fährte treten, sodass Schalen und Ballen abgedrückt sind, Fährte markieren.

Hat der Hund gelernt, von Schalenabdruck zu Schalenabdruck zu arbeiten, kommt er auch ohne Schweiß aus.

Markierungen mit Fährtenband helfen dem Hundeführer, die Arbeit seines Hundes zu kontrollieren.

Sobald der Hund sich auf diese Methode eingestellt hat, ist das Arbeiten der Fährte von Schalenabdruck zu Schalenabdruck relativ einfach.

Jedes Wild hinterlässt durch unterschiedliche Belastung der Schalen ein anderes Fluchtbild.

Es ist davon auszugehen, dass ein beschossenes Stück seine Läufe aufgrund der Schussverletzung ungleich belastet, um dem Schmerz auszuweichen. Dadurch registriert der Hund ein bestimmtes, dem Stück eigenes Fährtengeruchsbild. Der Hund ist deshalb in der Lage, diese Krankfährte zu erkennen und sie beim Abkommen oder bei Verleitungen wiederzufinden. Läuft das beschossene Stück, was häufig vorkommt, anfänglich mit der Rotte mit, wird der auf den Fährtenschuh eingearbeitete Hund, insbesondere wenn kein Schweiß in der Fährte liegt, den Abgang leichter herauslesen können.

Die Bodenverwundung riecht nur schwach. Deshalb muss der Hund mit tiefer Nase arbeiten.

Die Körpersprache des Hundes auf einer Fährte, die mit dem Fährtenschuh hergestellt wurde, erscheint beim Arbeiten und Abkommen wesentlich ausdrucksvoller als bei der Spritz- oder Tupffährte.

Dazu kommt noch ein weiterer entscheidender Vorteil: Der Hund lernt bei der Fährtenschuhmethode, der Krankfährte in der richtigen Richtung zu folgen, denn er kann nasenmäßig feststellen, dass sie in Fluchtrichtung eine geringere Stehzeit hat als in Richtung Anschuss (vgl. Eberhard Trumler: Mit dem Hund auf du, Piper Verlag 1984).

Bei der Fährtenschuhmethode lernt der Hund, dass eine Fährte in Fluchtrichtung eine geringere Stehzeit hat als in Richtung Anschuss.

Das ist gerade bei der Ausarbeitung von Widergängen des beschossenen Wildes ein unschätzbarer Vorteil gegenüber der Tupf- oder Spritzmethode.

Die Arbeit mit dem Fährtenschuh führt am Ende der Fährte, wo Decke und Haupt liegen, zu einer großen Motivationssteigerung, weshalb diese Einarbeitungsmethode besonders zu empfehlen ist. Zusätzlich wird dem Hund eine kleine Handvoll Lieblingsfutter gereicht. Durch diese „Duale Motivation“ (Haupt/Schwarte und Futter) wird der Hund stets hochmotiviert die Fährte arbeiten.

Decke und Haupt am Ende stellen eine große Motivationssteigerung dar.

Das Markieren der Übungsfährten

Es ist unbedingt zu beachten, die Fährte so auszuzeichnen, dass die Arbeit des Hundes jederzeit kontrollierbar ist. Besonders geeignet sind dazu im Forsthandel erhältliche Markierungsbänder mit Leuchtfarben (rot, gelb o. blau). Sie zerfallen nach kurzer Zeit und sind somit umweltfreundlich.

Markierungen in Leuchtfarben sind besonders geeignet.

Die Markierungen werden anfangs so angebracht, dass die nächste Markierung sichtbar ist, wenn der Hund an einem Band vorbeiläuft. Stumpfwinklige Richtungsänderungen sind extra zu kennzeichnen, z. B. mit zwei sichtbar angebrachten verschiedenfarbigen Bändern.

Je weniger Markierungen sichtbar sind, desto mehr muss der Führer seinen Hund beobachten und dessen Körpersprache richtig beurteilen.

Im weiteren Verlauf der Ausbildung wird die Fährte nur noch mit 1 x 1 Zentimeter großen, am Boden liegenden Farbbandstücken gekennzeichnet.

Haben Hund und Führer die notwendige Sicherheit im Verlauf der Ausbildung erreicht, entfällt auch diese Hilfsmaßnahme.

Fährten im Verlauf der Ausbildung

Die Arbeit auf der Gesundfährte (Hirschmannmethode)

Eine der besten Schulungen des Hundes und auch des Hundeführers für zukünftige Einsätze ist die Arbeit auf der kalten Gesundfährte.

Gesundfährte arbeiten: Schwarz- oder Rotwild beobachten, Einwechsel und Fährtenverlauf merken, auf Trittsiegel kontrollieren, Hund 5 Stunden später ansetzen und 100 Meter nacharbeiten lassen, loben.

Hat man ein Stück Schwarz- oder Rotwild beobachtet und sich den Einwechsel oder Fährtenverlauf genau gemerkt, setzt man den Hund auf der Fährte an, solange diese auf Wegen, Rückegassen oder im feuchten Untergrund durch Pirschzeichen (Trittsiegel) bestätigt werden kann. Es genügt für den Anfang, eine solche Fährte unter 100 Meter zu arbeiten, um den Hund dann unter Lob abzuziehen.

Grundsätzlich ist aber zu bemerken, dass die Gelegenheit, einzeln ziehende Stücke zum passenden Zeitpunkt zu beobachten, für die meisten Jäger sehr gering ist. Viel häufiger bieten sich nach Bewegungsjagden Gelegenheiten, Gesundfährten von Schwarz- oder Rotwild zu arbeiten.

Eine ideale Ausgangslage ist beispielsweise, wenn ein Stück Schwarzwild unbeschossen über eine Schneise wechselt und beim Auswechseln aus der Abteilung erlegt wird. Arbeitet der junge Hund eine solche Fährte und findet am Ende erst Schweiß, dann das Stück oder zumindest den Aufbruch desselben, wird er mit hoher Motivation in Zukunft seinem Führer bei Reviergängen Gesundfährten anzeigen und damit Wild bestätigen.

Auf Gesundfährten eingearbeitete Hunde sind in der Lage, Wild langsam aus der Dickung herauszudrücken (lancieren).

So eingearbeitete Hunde sind auch in der Lage, ohne jegliche Hilfe von Treibern und anderen Hunden bestätigtes Wild aus der Dickung herauszudrücken. Wenige an den voraussichtlichen Wechseln postierte Schützen können das meist langsam (der Hund wird vor aufstehendem Wild nicht geschnallt) anwechselnde Wild erlegen. Leider ist diese Art zu jagen (das „Lancieren“) fast in Vergessenheit geraten.

Einem auf einer Gesundfährte arbeitenden Hund zu folgen, ist auch eine besondere Herausforderung für den Hundeführer. Ohne Schweiß in der Fährte andere Pirschzeichen (z. B. Trittsiegel, abgestreiftes Moos an liegenden Baumstämmen, umgedrehte hell leuchtende Blätter) zu finden, ist eine hervorragende Schulung für die spätere Praxis.

Das Lancieren

Lancieren bedeutet, ein Stück gesundes Hochwild (z. B. Keiler oder Hirsch), das in einem Einstand bestätigt wurde, mit dem Hund am langen Riemen herauszudrücken. Das war für unsere Altvorderen die Krone der Jagd! Leider wird dieses uralte jagdliche Handwerk kaum noch praktiziert.

Der große Vorteil des Lancierens ist, dass das Wild den Schützen in der Regel langsam anwechselt.

Zum Lancieren werden leise die bekannten Ein- und Auswechsel besetzt. Die Riemenarbeit beginnt auf der kalten Fährte am Einwechsel. Steht das Stück vor dem Gespann auf, ist ein jetzt auch auf der warmen Fährte ruhig weiterarbeitender Hund gefragt.

Keiler kommen den Schützen meistens am Einwechsel und machen vor Verlassen des Einstandes häufig Widergänge. Deshalb empfiehlt es sich, schon vorher im Winter bei Schneelage alle gut sichtbaren Wechsel an Bewirtschaftungswegen und Rückegassen zu kennzeichnen. Ein mir bekannter Forstbeamter im Neu-Ulmer Raum praktiziert dies seit Jahren, sodass in seiner Revierkarte ein sehr interessantes Wegenetz von Schwarzwildwechseln entstand. Diese hat ihm bereits mehrmals bei Nachsuchen geholfen.

Für das Lancieren empfiehlt es sich, vorher (am besten bei Schnee) Wechsel zu markieren.

Mein Jagdfreund Hermann rief an einem Januarmorgen an. Nachts gegen 24 Uhr sei ihm im Schatten von niedrigen Fichten röchelnd und schnaubend eine größere Sau gekommen. Die Lichtverhältnisse waren schlecht – er konnte keinen Schuss antragen.

Die rechts im Bild befindliche Sau mit Gebrechschuss wurde von meinem Artus im Alter von 7 Monaten gekonnt lanciert.

Wir beschließen, der Sache auf den Grund zu gehen und gegen 9 Uhr setze ich meinen erst 7 Monate alten Artus an. Ruhig arbeitet mein Kleiner durch die bürstendicke Dickung.

Nach 500 Metern bleibt der Hund stehen. Vor uns entfernt sich leise knackend schweres Wild. Den Hund beruhigend, warte ich.

Fünf Minuten später bricht ein Schuss. Hermann hatte sich clever am Auswechsel postiert und das Stück gekonnt erlegt. Es hatte einen alten Gebrechschuss.

Die traditionelle Jagdart des Lancierens ist leider fast in Vergessenheit geraten. Dabei bietet das Lancieren viele Vorteile. Kaum Beunruhigung des Revierteiles, in dem das Stück sich eingeschoben hat. Ebenso können Wechsel in Straßennähe abgestellt werden.

Das Bestätigen

Werden heutzutage angehende Jungjäger bei der Jägerprüfung aufgefordert: „Nennen Sie Hunderassen, die Arbeiten vor dem Schuss absolvieren", nennen viele Prüflinge mit Sicherheit Vorstehhunde und Stöberhunderassen. Damit handeln sie sich zu Recht ein Plus bei den Prüfern ein. Würden aber Schweißhunderassen genannt, gäbe es mit großer Sicherheit von manchem in Ehren ergrautem Prüfer ein rotes Minus im Bewertungsbogen. Zu Unrecht!

Schon im Mittelalter zogen Besuchsjäger mit schweren, ruhigen und speziell auf der kalten Gesundfährte ausgebildeten Hunden von Fürstenhof zu Fürstenhof und boten ihre Dienste an. Diese bestanden daraus, der Fährte eines Hirsches oder Keilers zu folgen. Am Einstand angekommen, wurde dieser umschlagen. War kein Auswechseln feststellbar, steckte das Stück. Es war damit bestätigt und konnte mit Hunden, Treibern und hoch zu Ross zur Strecke gebracht werden.

Ein Stück wird in einem Einstand bestätigt, indem dieser vom Einwechsel aus umschlagen wird. Wechselte es nicht aus, steckt es in diesem Einstand.

Grundvoraussetzung für das Bestätigen ist die Einarbeitung des Hundes auf der Gesundfährte.

Es taucht vielleicht die Frage auf, ob das Bestätigen in der heutigen Zeit seine Daseinsberechtigung hat. Mehr denn je ist meine Antwort: weniger im Wald, aber dafür ab Mitte August viel mehr in Feldrevieren, wenn die Sauen im Mais stecken.

Denn mit einem derart eingearbeiteten Hund am Riemen kann man in den Morgenstunden Feldwege und Wiesen entlang von Maisfeldern absuchen. Fällt der Hund eine Fährte an, muss bestätigt werden, dass hier Schwarzwild zog. Ist das der Fall und wechselte das Stück in den Mais ein, wird dieser umschlagen, um festzustellen, ob das Stück steckt. Tut es das, kann durch Ansitz- oder Drückjagd versucht werden, es zu erbeuten.

Natürlich kann auch im Wald während schneefreier Monate nach gleicher Art verfahren werden.

Sind Hunde in der Lage, gesundes Wild zu bestätigen, zeigen sie dem Jäger an, wo sich ein Ansitz lohnt.

Vorsuche auf einer Wiese entlang des Maisfeldes.

Hund biegt in den Mais ab.

Das Trittsiegel bestätigt die Arbeit des Hundes.

Anlegen der ersten Übungsfährten von der 9. bis 10. Lebenswoche

Die Länge der Übungsfährten ist abhängig vom konditionellen Zustand des Welpen bzw. Junghundes.

Naseneinsatz kostet enorm viel Kraft, deshalb sind anfängliche Übungsfährten immer kürzer als die allgemein zurückgelegte Strecke bei einem Reviergang anzulegen.

Faustregel: Ist der Hund z. B. in der Lage, 1 km bei einem Reviergang zu laufen, bevor er sich ermüdet hinlegt oder hinsetzt, darf die Übungsfährte maximal zwischen 30 % und 50 %, also 300 bis 500 Meter lang sein.

Diese Regel gilt bis zum 12. Lebensmonat. Ab diesem Alter können Junghunde schon kilometerweite Strecken bei Reviergängen zurücklegen, sodass nach allmählicher Steigerung Übungsfährten mit 1,5 Kilometer keine Überforderung darstellen.

Die ersten Fährten werden in leichtem Gelände gelegt.

Erste Kunstfährte legen: Fährtenverlauf kennzeichnen, auf Rückenwind im Fährtenverlauf achten, am „Anschuss“ ein faustgroßes Stück Lunge in einem Kunststoffnetz einige Male auf den Boden tupfen, langsam, mit kleinen Schritten (ca. 50 Zentimeter) die vorher gekennzeichnete Fährte mit dem Fährtenschuh auslaufen, dabei die Lunge hinterherziehen, sodass die Schleppspur genau zwischen den getretenen Bodenverwundungen verläuft, am Ende die frische oder frisch aufgetaute Schwarte mit Haupt oder lediglich letzteres ablegen.

Die ersten Fährten werden in Althölzern mit wenig Unterwuchs gelegt und mit signalfarbenen Markierungsbändern gekennzeichnet. Bei den ersten 10 Fährten ist unbedingt darauf zu achten, dass von jeder Markierung aus die nächste Markierung deutlich zu erkennen ist. Nur so kann man genau kontrollieren, ob der Hund korrekt läuft oder womöglich abgekommen ist.

Hochkonzentriert, mit eindeutiger Körpersprache arbeitet Artus im Alter von 16 Wochen die deutlich markierte Übungsfährte aus.

Artus' erste Fährte legte ich mit Fährtenschuh und gleichzeitiger Lungenschleppe. Die Länge betrug 400 Meter und es waren zwei stumpfwinklige Haken enthalten. Schalen, Lunge und am Ende platzierte Schwarte samt Haupt sind von dem Stück, auf das der Hund geprägt worden ist.

Die Stehzeit der Fährte ist über Nacht.

Zweifellos erkennt der Hund am Geruch der Lungenschleppe und der mit dem Fährtenschuh getretenen Bodenverwundungen das Stück wieder, auf das er geprägt wurde. Somit wird der Hund lernen: In gleichmäßigen Abständen sind Bodenverwundungen, die sich genau in der Schlepplinie der Lunge befinden.

Wer so vorgeht, erreicht am Ende der Übungsfährte beim Hund eine starke Motivationssteigerung. Und nur bei großer Motivation wird der Hund bereit sein, große Anstrengungen auf sich zu nehmen. Entscheidend ist, was er am Ende der Fährte findet. So ist zum Beispiel eine Sauschwarte mit Haupt motivierender als eine Schwarte ohne. Kritisch sind getrocknete Schwarten am Ende der Fährte zu beurteilen.

Die Verwendung getrockneter Decken oder Schwarten mindert auf Dauer Arbeitsfreude und Motivation des Hundes.

Eine sorgfältig am Ende der Fährte ausgelegte Schwarte mit Haupt motiviert den Hund sehr.

Wer mit solchen Hilfsmitteln arbeitet, muss sich nicht wundern, wenn der Hund während der Ausbildung lustlos arbeitet, Verleitungen annimmt oder sogar die Riemenarbeit verweigert.

Der Griff an die Teller einer Sau bzw. an die Drossel bei Rotwild ist angewölft. Daher wird der Hund schon nach wenigen Übungen zufassen und seine Beute durch Knurren verteidigen.

Die erste Arbeit des Hundes auf der Kunstfährte

Die erste Arbeit auf der Fährte ist durchaus als Anlagentest zu verstehen. Für spätere anspruchsvolle Schweißarbeiten geeignete Hunde arbeiten eine solchermaßen hergestellte Fährte mit der vorhergehenden Frühprägung ohne Wenn und Aber.

Ist die Kunstfährte entsprechend gelegt, geht es an die erste Fährtenarbeit. Es empfiehlt sich, auch bei Übungsfährten immer die Nachsuchenkleidung anzulegen, denn Kleidung und Anlegen des Schweißriemens stellen den Hund auf die bevorstehende Arbeit ein und lösen bei ihm Beutetrieb und Suchverhalten aus. Das Anlegen der Schweißhalsung erfolgt ca. 100 Meter vor dem Anschuss bzw. Fährtenbeginn.

Das Anlegen der Nachsuchenmontur stellt den Hund auf die bevorstehende Arbeit ein.

Artus' erste Fährte ließ ich über Nacht stehen, am Vormittag waren wir am Fährtenbeginn. Ruhig und ohne Hast ging es zum „Anschuss". Kurz vor der Stelle, an der ich die Lunge mehrmals auf den Boden getupft hatte, fasste ich den Hund kurz am Schweißriemen. Ohne ein Wort zu reden, zeigte ich ihm mit der freien Hand den „Anschuss" und per Wink die Fährtenrichtung.

Übungsfährten sollten auch übers freie Gelände angelegt werden.

Ein Anrüden des Hundes mit den Worten „Such verwund" ist absolut unnötig, denn der Hund folgt dem Urtrieb des Beutemachens und muss deshalb nicht vom Führer durch Sprechen beeinflusst werden. Er wird der Lungenschleppe und damit den mit dem Fährtenschuh getretenen Schalenabdrücken auch so folgen, wenn er die richtige Veranlagung hat. Deshalb ist es nicht nötig, während der Riemenarbeit mit dem Hund zu reden. Das häufig zu beobachtende Einreden auf den Hund verändert dessen Verhalten und somit seine Körpersprache. Ein Unterscheiden, ob der Hund noch richtig oder womöglich schon neben der Fährte arbeitet, wird in der späteren Praxis dadurch schwierig oder sogar unmöglich.

Unnötige gesprochene Befehle können das Verhalten des Hundes verändern.

Der erst 12 Wochen alte Hund kreiste kurz und lief dann recht fest im Riemen liegend los. Jedem Ausbilder fällt in diesem Moment ein Stein vom Herzen. Ich gab ihm den vollen Riemen und sorgte dafür, dass er nicht durch ein Verklemmen oder Verhängen des Schweißriemens zurückgerissen und dadurch gestört wurde.

Weiterhin achtete ich nun genau auf die Haltung des Kopfes, der Rute und auf die Arbeitsgeschwindigkeit des Hundes, um seine Körpersprache auf der Fährte und beim Abkommen kennenzulernen. Nur so würde ich später sein Verhalten richtig deuten

Die Hand weist den Hund auf die Fährte ein. © *Oliver Fischer*

Das Verhalten und die Körpersprache des Hundes auf der Wundfährte, beim Abkommen oder beim Folgen einer Verleitung unterscheiden sich erheblich.

können und erkennen, ob er einer Verleitung folgt, auf der Wundfährte arbeitet oder abgekommen ist.

Wir erreichten den ersten Haken. Drei Meter überschoss Artus ihn, wendete sich dann aber und ging in richtiger Richtung weiter. Aufatmen und weiter geht's.

Schafft der Hund den Haken selbstständig, erkennt der Hundeführer das im Hund vorhandene Anlagepotenzial. Überläuft der Hund einen Haken, ist sein Verhalten genauestens zu beobachten. Gut veranlagte Hunde beginnen selbstständig zu kreisen oder zurückzugreifen. Dieses Korrekturverhalten ist angewölft und anlagenbedingt. Manche Hunde korrigieren sich nach wenigen Metern, andere nach 50 Metern oder manchmal noch größerer Distanz. Bei der Ausbildung habe ich erlebt, dass manche Hunde sich erst nach über 100 Metern selbstständig korrigierten. Von Übungsfährte zu Übungsfährte verbesserte sich das Korrekturverhalten.

Niemals den lernenden Hund beim Abkommen sofort korrigieren. In der Regel korrigiert er sich durch Kreisen selbst.

Wer seinem Hund beim Abkommen die Fährtenrichtung zeigt, erzieht ihn zur Unselbstständigkeit. Schafft der Hund den Haken nicht, wird er abgetragen und 20 Meter vor der Hakenmarkierung wieder auf der Fährte angesetzt. Dieser Vorgang muss bis zum Erfolg wiederholt werden. Ruhe und Geduld des Führers sind jetzt unbedingt erforderlich. Jedes Reden oder Zerren am Riemen verunsichert den jungen Hund derart, dass es zur Arbeitsverweigerung kommen kann. Hat er den Haken geschafft, greift man vor und liebelt den Hund wortlos ab. Das genügt vollkommen.

Schafft der Hund den Haken nicht, wird er abgetragen und weiter hinten wieder angesetzt, um die Stelle erneut zu arbeiten. Wer dem Hund die Richtung zeigt, erzieht ihn zur Unselbstständigkeit.

Um in dem Fall, dass der Hund den Haken mehrmals nicht schafft, die notwendigen Anlagen für einen zukünftigen Schweißhund zu überprüfen, ist die Stehzeit der Fährte auf 6 Stunden zu verkürzen. Sollte der Hund auch jetzt den Haken nicht schaffen, dürften die Anlagen nicht vorhanden sein und man sollte sich genau überlegen, ob eine weitere Arbeit mit dem Hund sinnvoll ist. Denn das selbstständige Kreisen und Vor- und Zurückgreifen ist eben anlagebedingt und daher selten durch Üben zu fördern. In seinem späteren Leben als Schweißhund wird verlangt, dass er mit Fährten, Widergängen, Bewuchswechseln und anderen erschwerenden Einflüssen (Siehe „Beeinträchtigungen der Schweißarbeit") fertig wird. Die letzte Möglichkeit ist, um den Haken herum im Abstand von 20 Metern mit dem Hund am Riemen Bogen schlagend die Übungsfährte zu kreuzen. Nimmt der Hund die Fährte auf, ist er am Riemen vorgreifend zu loben.

Auch den zweiten Haken meisterte Artus sicher. Nach 10 Minuten standen wir am Stück.

Als Artus das Haupt samt Schwarte erblickte, stutzte er kurz, gab Laut und fasste vorsichtig zu. Dann begann er wütend in den Wurf der Sau zu beißen und tief zu knurren. Bald 10 Minuten ließ ich den Hund am Stück und konnte ihn dann nur gewaltsam von der Sau wegziehen.

An Schwarte und Haupt angekommen, hat der Hund gelernt, dass er durch Halten der Fährte zum Stück kommt.

Nachdem wir 30 Meter von der Sau entfernt waren, zeigte ich zurück und schnallte Artus mit den Worten: „Wo ist die Sau?“ Der Kleine flog förmlich zurück und begann von Neuem, die Sauschwarte samt Haupt zu verbellen und zu zausen.

In diesen Momenten ist man einfach nur noch glücklich! Das ist für den Führer Lohn der Mühe und eine Bestätigung richtiger Vorbereitung.

Das Ende der Fährte befand sich auf einer grasbewachsenen Rückegasse. Ich fuhr mit dem Auto zur Sauschwarte und begann diese samt Haupt in einem Plastiksack zu verstauen und einzuladen.

Artus am Sauschädel mit Schwarte.

Artus beobachtete den Vorgang aus dem Heck. Wie wild begann er Laut zu geben und mit den Vorderläufen an der Heckscheibe zu kratzen. Er wollte wieder zur Sau. Er hatte verknüpft, ich alles richtig gemacht, stellte ich befriedigt fest.

Frühprägung, Riemenarbeit und Inbesitznahme bilden in der Prägungsphase eine Einheit.

Mein Welpe folgte einer 400 Meter Übungsfährte mit einer Stehzeit von 14 Stunden ohne Wenn und Aber – das sind Anforderungen einer VGP, die sich immerhin Meisterprüfung der Vorstehhunderassen nennt!

Der Einsatz der Lungenschleppe wird immer weiter reduziert, um den Hund auf die Bodenverwundungen einzuarbeiten.

Diese Übungen sollten einmal wöchentlich wiederholt werden. Nach der 4. Woche hebt man die Lunge beim Auslaufen der Fährte mehrfach für ca. 3 bis 5 Schritt hoch. Man wird feststellen, dass der Hund unverändert sicher die Fährte hält. Er arbeitet nicht mehr den Geruch der Lungenschleppe, sondern richtet sich nach den durch die Schalen getretenen Bodenverwundungen.

Das Arbeitstempo des Hundes sollte langsam sein. Als Richtwert gelten etwa 15 Minuten für 400 Meter.

Von Übung zu Übung wird die Lungenschleppe weniger eingesetzt, sodass der Hund nach 16 Wochen 400 Meter ohne Schweiß durchläuft. Ab diesem Zeitpunkt beginnt man Verweiserstellen in die Fährte einzubauen.

Je langsamer der Hund sucht, desto gründlicher wird die Arbeit sein. Bei langsamer Arbeitsweise spart der Hund viel Energie und kann deshalb eine Fährte auch bei widrigen Bedingungen länger halten.

Jede Unbeherrschtheit des Führers ist schädlich.

Arbeitet der Hund zu schnell, greift man vor und gibt leise den Befehl „Sitz“. Nach einigen Minuten gibt man wieder Riemen und der Hund wird auf der Fährte weiterlaufen. Dieser Vorgang wird so oft wiederholt, bis der Hund sich eine ruhige Arbeitsweise angewöhnt hat. Alles geschieht in größter Ruhe.

Eine Woche nach Artus' erster Mini-Totsuche lege ich eine Übungsfährte von 600 Metern mit 3 stumpfen Haken. Die Stehzeit der Fährte beträgt diesmal 16 Stunden. Am Ende liegt wieder der aufgetaute Sauschädel mit Schwarte.

Es ist vorteilhaft, nach jeder kleinen Totsuche mit Schalen, Haupt und Decke/Schwarte des jeweiligen Stückes zu üben. Mit dieser Vorgehensweise lassen sich Motivation und Verleitungsfestigkeit des Hundes steigern.

Es ist zutiefst beeindruckend, wie Artus am Anschuss die Nase herunternimmt und die Fährte ohne Fehler arbeitet. Seine Arbeit ist von der eines fertigen Schweißhundes nicht zu unterscheiden. Keinerlei spielerisches Welpenverhalten ist zu erkennen, ernst, ruhig mit ausdrucksvoller Körpersprache folgt er der Fährte.

Die Haken überschießt er nur kurz, wendet sich und arbeitet in richtiger Richtung weiter. Ich spüre förmlich, wie die Frühprägung und die vorherige Mini-Totsuche ihn veranlassen, mit aller Passion, aber doch mit Ruhe zum Stück zu kommen.

Als ich den 15 Wochen alten Welpen vom Sauschädel wegziehe, fängt er böse an zu knurren. Wie bei meinem Cliff, denke ich, der niemanden an das erlegte Stück heranließ.

Cliffs erste Übungsfährte

Cliff war erst drei Tage bei mir, als ich mit seiner Ausbildung begann.

Das Schwarzwild verursacht im Lonetal bei Bernstadt im Getreide erhebliche Schäden. Mehrfach wurden die Sauen nachts im Getreide beobachtet, weshalb eine transportable Leiter 40 Meter vor dem vermuteten Einwechsel postiert wurde. Es ist fast 22 Uhr, als eine Rotte Sauen lärmend den Hang im Bestand herunterkommt. Stück um Stück überfällt den hellen Kalkschotterweg und eine ca. 40 Kilogramm schwere Sau bleibt mitten auf dem Weg stehen. Sie liegt im Knall.

Im Auto lärmt meine DD-Hündin Hora, die den Schuss vernommen hat. Groß ist ihre Enttäuschung, als sie im Wagen bleiben muss, während Cliff mir folgen darf. 200 Meter sind es bis zum Stück, das groß und dunkel auf dem Weg liegt.

Zum ersten Stück geht der Hundeführer einfach vor, als sei nichts Besonderes.

Ich laufe einfach weiter. Ohne ein Wort von mir zu geben, beobachte ich meinen Hund. Etwas zögerlich, aber ohne ein Zeichen von Angst geht er zum Stück. Er bewindet Wurf, Schalen und die Schwarte samt Ausschuss. Es dauert mindestens fünf Minuten, bis er mit der Rute wedelnd zu mir kommt und an mir hochspringt.

Am nächsten Tag lege ich abends die Fährte mit Fährtenschuh und Lungenschleppe. Zwölf Stunden später setze ich Cliff am Anschuss an. Nun soll sich zeigen, was dieser einfach zu bewerkstelligende Vorgang der Prägung in meinem Hund ausgelöst hat.

Cliff nimmt die Nase herunter und folgt sehr langsam der Fährte. Am ersten Haken überschießt er zwei Meter, macht kreisend kehrt und nimmt in aller Ruhe die Fährte wieder auf. Eine Viertelstunde später stehen wir an der Schwarte, die Cliff freudig mit der Rute wedelnd zur Kenntnis nimmt.

Artus' erste Mini-Totsuche

Es genügt nicht, mit dem Hund nur Kunstfährten zu arbeiten.

Forstämter und Jäger wurden informiert: Wird eine Sau beschossen, die mit 100 % Sicherheit im Umkreis von 200 Metern liegt, möchte ich mit meinen erst 14 Wochen alten Welpen nach vorhergegangener Frühprägung und einigen Übungsfährten eine echte kleine Totsuche wagen.

Bei den ersten Totsuchen sollte grundsätzlich ein fertig ausgebildeter geprüfter Hund in Bereitschaft gehalten werden, damit auch die gesetzlichen Anforderungen erfüllt sind.

Aber der August 2010 war kein guter Jagdmonat. Regen, Regen und nochmals Regen, meistens schüttete es wie aus Kübeln und es fiel kaum eine für Artus verwertbare Sau. Dann endlich klingelte gegen 22 Uhr das Telefon. Jungjäger Christian kam zwischen Maisfeld und Wald eine etwa 50 Kilogramm schwere Sau und begann gemütlich auf dem Grasweg zwischen Mais und Wald zu brechen.

Es darf keinerlei Zweifel bestehen, dass es sich um eine Totsuche handelt. Durchaus kann in Zweifelsfällen mit einem erfahrenen Hund die Sau vorgesucht werden. Ist sie verendet, wird mit dem Welpen die Fährte nachgearbeitet.

Im Knall flüchtete das Stück in den Wald. Christian hörte, wie es hinter dem Hochsitz im Unterholz langsam zog und dann den Mais wieder annahm. Er hörte es krachen und röcheln, dann war es still. Am Anschuss fand er Lungenteile und in der Krankfährte dreiseitig verspritzten Schweiß (Einschuss, Ausschuss und Schweiß aus dem Gebrech).

Trotzdem warten wir noch eine Stunde. Es ist inzwischen stockfinster geworden, als wir mit Artus am Schweißriemen zwischen Mais und Wald auf dem Grasweg Richtung Anschuss laufen. Da versagt Christians Stirnlampe ihren Dienst. Für mich ist das nichts Neues, denn Jäger mit funktionierenden Lampen sind selten. Im Dunklen erkenne ich Christian an dem schwach rötlich leuchtenden Punkt seiner Lampe auf der Stirn.

„Bald sind wir am Anschuss", höre ich Christian sagen. In diesem Moment bleibt Artus stehen und will nach rechts in den Bestand abbiegen.

„Wir sind schon da", sage ich. „Artus hat verwiesen." Leise lobe ich den Rüden und trage ihn ab. Endlich kommt Jagdfreund Ottokar mit einer funktionierenden Lampe.

Wir erreichen die Kanzel. 30 Meter weiter hat die Sau den Mais wieder angenommen. Ohne zu zögern, biegt Artus in den Mais ab und läuft ruhig mit tiefer Nase die Krankfährte aus. Am Keiler angekommen, gibt er Laut und beginnt an den Tellern zu fassen. Nach 10 Minuten ziehen wir die Sau aus dem Mais heraus.

Die erste Mini-Totsuche darf man nicht überbewerten. Sie dient lediglich zur Steigerung der Motivation.

„Die ist aber schwer“, höre ich Christian sagen. Kein Wunder, denn Artus hängt böse knurrend am Pürzel.

Im Übrigen ist es Jungjäger Christians erste Sau und mit Stolz nimmt er den Erlegerbruch entgegen. Und vielleicht ist es kein Zufall, dass ein Jäger mit seinem wenige Wochen alten ersten Jagdschein und ein Welpe mit 14 Wochen gemeinsam an ihrer ersten Sau stehen.

Dem Hund ist durch die Frühprägung instinktiv bewusst, dass es sich bei Schwarzwild um nicht ungefährliches Wild handelt.

Drei Tage später klingelt morgens um 8 Uhr das Telefon. Eine ca. 50 Kilogramm schwere Sau war bei Langenau beschossen worden. Viel Schweiß (anscheinend Leber) und die Schilderung des Schützen deuten auf eine einfache Totsuche hin. Trotzdem warten wir sicherheitshalber noch 3 Stunden.

Bis zum Erreichen der Geschlechtsreife, etwa im 12. Lebensmonat, sollten Auseinandersetzungen mit wehrhaftem Wild nach Möglichkeit vermieden werden.

Am Anschuss liegt dunkelbrauner Schweiß, allerdings deuteten Geruchs- und Geschmacksprobe nicht auf einen Lebertreffer hin.

Mit tiefer Nase nimmt Artus die Fährte auf. Wir arbeiten über eine gemähte, dann über eine ungemähte Wiese. Es folgt ein Maisfeld. Der Schweiß ist beidseitig, aber in sehr unterschiedlicher Höhe an den Maisstengeln abgestreift.

Mir ist nicht besonders wohl, denn wenn die Sau jetzt im Mais annimmt, ist die Nachsuchenkarriere von Artus beendet, bevor sie begonnen hat. Nach 500 Metern überqueren wir wieder eine Wiese. Jetzt liegt deutlich weniger Schweiß in der Fährte. Dann kommt der zweite Maisacker.

Verfrühter Kontakt zum wehrhaften Schwarzwild kann das Ende der Nachsuchenkarriere eines Hundes bedeuten.

Beidseitig abgestreifter Schweiß.

Am liebsten würde ich jetzt aufhören, aber das Maisfeld ist gerade 100 Meter in Fluchtrichtung breit. Ich fasse den Riemen kürzer, um im Falle des Annehmens näher beim Hund zu sein. Aber auch dieser Maisacker wird durchquert und wir arbeiten über eine kleine Wiese in ein Sumpf- und Schilfgebiet hinein.

In diesem Moment springt Artus heftig in den Riemen und gibt Laut. Fünf Meter vor uns vernehme ich ein kurzes Krachen, dann ein Rascheln im Schilf – die Sau ist vor uns aufgestanden und geflüchtet!

Der Welpe wird noch nicht zur Hatz geschnallt.

Artus tobt am Riemen und will hetzen. Doch seine Arbeit ist hier beendet – ob er will oder nicht.

Schon vor der Nachsuche habe ich meinen Freund Ingo mit seinem HS Oskar samt DD-Hetzhündin Asta informiert. Der HS wird mit Genehmigung des LJV auch von mir geführt und ist auf meinem Nachsuchenausweis eingetragen.

Kurze Zeit später ist Ingo mit Oskar zur Stelle. Ich führe den Hatzhund hinterher. Nach 300 Metern gibt Ingo mir die Weisung, Asta zu schnallen. Sie stellt nach 5 Minuten die Sau. Ich halte den zum Bail drängenden HS mit Mühe am Riemen. 10 Minuten braucht der Schweißhundeführer, bis er im dichten Schilf endlich den Fangschuss antragen kann.

Nach erfolgreicher Riemenarbeit mit Hatz durch einen erfahrenen Schweißhund.

Die Riemenarbeit von Artus betrug 700 Meter, die von Oskar 400 Meter und die Hatz von Asta 200 Meter. Der 50 Kilogramm schwere Keiler hatte einen Keulenschuss. Die austretende Kugel hatte noch Harnleiter und Dünndarm durchschlagen.

Diese Nachsuche war für einen 14 Wochen alten Welpen – das muss ich zugeben – grenzwertig! Wir hatten Glück.

Das Verweisen / Anbringen von Verweiserstellen

In der Praxis kommt es häufig vor, dass nach vielen Kilometern Riemenarbeit ohne jedes Pirschzeichen der Hund ausdrucksvoll einen Tropfen Schweiß verweist, wodurch die Richtigkeit der Arbeit bestätigt wird.

Deshalb muss das Verweisen geübt werden. Verweiserpunkte werden erst angebracht, wenn der Hund 400 Meter ohne Lungenschleppe sicher durchläuft.

Das Vorgehen ist folgendermaßen:

Auf 400 Meter Fährte sollte nicht mehr als ein Verweiserpunkt angebracht werden, wobei immer Wildbretteile oder Schnitthaar des gleichen Stückes verwendet werden, von dem auch die Schalen am Fährtenschuh stammen. Sehr dicht neben der Wundfährte werden

Bei Fährten ohne Schweiß ist für den Schweißhundführer das Bestätigen einer Wundfährte durch Verweisen des Hundes sehr wichtig.

Verweisstellen anbringen: Eine Verweisstelle auf 400 Metern, mit einem Stück Aufbruch links und rechts der Fährte einen Zweig oder Grashalme abreiben. Später Schweißtropfen oder Schnitthaar nutzen, mit Markierungsbändern kennzeichnen.

Direkt an der Fährte wird ein Zweig mit einem Darmstück abgerieben. Handschuhe sind erforderlich. © Oliver Fischer

links und rechts mit einem Stück Aufbruch ein Zweig oder Grashalme abgerieben. Das Anbringen links und rechts neben der Fährte ist notwendig, da sich über Nacht die Windrichtung ändern kann. Bei den nächsten Übungsfährten sollten Verweiserstellen mit Schweißtropfen oder Schnitthaaren angebracht werden, wobei diese direkt in der Fährte anzubringen und ebenfalls mit Markierungsbändern zu kennzeichnen sind.

Das Verhalten des Hundes an den Verweiserpunkten ist genau zu beobachten.

Um Eigenwittrung des Führers an den Verweiserpunkten zu vermeiden, sind Gummihandschuhe zu verwenden.

Mit Sicherheit wird der auf der Fährte arbeitende Hund die Verweiserpunkte durch Anheben der Nase und ausdrucksvolles Verweisen bestätigen, woraufhin man vorgreift und den Hund leise lobt.

Verweist der Hund trotz mehrmaliger Gelegenheit nicht, greift man einen Meter vor dem Verweiserpunkt vor und hält den Hund 30 Zentimeter hinter der Schweißhalsung am Riemen fest. Man zeigt dem Hund die Verweiserstelle. Verweist er dann, ist er überschwänglich zu loben.

Ausdrucksvoll verweist der 4 Monate alte Rüde Erasmus vom Lärchenrot eine Saufährte.

Die Vorsuche

Bei der Vorsuche muss der Hund den Anschuss finden und anzeigen.

Nicht immer kann der Schütze den Anschuss genau angeben. Deshalb muss der Hund in der Lage sein, durch Vorsuchen den Anschuss zu finden und Pirschzeichen zu verweisen.

Einen Anschuss praxisnah zu gestalten, ist schwierig. Schaleneingriffe, Kugelriss, Schnitthaare, Knochensplitter und Schweiß sind meistens auch für den Führer erkennbar, allerdings werden bei einem Treffer auch eine große Menge für das menschliche Auge nicht sichtbarer Partikel aus dem Wildkörper herausgeschossen. Diese befinden sich oft meterweit hinter dem beschossenen Stück. Deshalb kann sich das Verhalten von Hunden an natürlichen oder künstlich hergestellten Anschüssen erheblich unterscheiden. Der am Anschuss die feinen Partikel untersuchende Hund erweckt oft den Eindruck von Unsicherheit und Unkonzentriertheit (häufiger Kommentar begleitender Jäger: „Der Hund faselt").

Da ein Anschuss schwer praxisnah zu gestalten ist, wird der Hund sich an einem natürlichen Anschuss anders verhalten als an einem künstlichen.

Am Anschuss werden die meisten Fehler gemacht. Ich schließe mich da nicht aus.

Meist glaubt man dem Hund nicht, folgt einer vom Hund angenommenen Fährte nicht weit genug oder man glaubt dem Schützen, der eine völlig andere Schilderung als die der wirklich erfolgten Geschehnisse gibt.

Am Anschuss werden die meisten Fehler gemacht, vor allem dann, wenn der Hundenase weniger vertraut wird als den Schilderungen des Schützen.

Im Zweifelsfall sollte man den Anschuss im Radius von 50 Metern kreisend umschlagen. Nimmt der Hund dann eine Fährte an, die identisch mit einer vorher angezeigten ist, kann man relativ sicher sein, dass es die Krankfährte ist, auch wenn vorläufig keine sichtbaren Pirschzeichen vorliegen.

Um eine entsprechende Übungsfährte für die Vorsuche zu legen, wird mit dem Fährtenschuh eine Fährte von 30 Metern auf einem Bewirtschaftungsweg getreten. Dort folgt ein Haken in den Bestand hinein und nach weiteren 20 Metern wird mit dem Lungenstück mehrfach auf den Boden getupft. Anschließend wird die Fährte wie gehabt gelegt. Der Hund darf das Legen der Fährte nicht vom Auto aus eräugen.

Künstlichen Anschuss anlegen: 30 Meter Fährte treten, Haken anbringen, nach weiteren 20 Metern ein Lungenstück mehrfach auf den Boden tupfen.

Am nächsten Tag fährt man mit dem KFZ 150 Meter vor die Stelle, an der die Fährte auf dem Bewirtschaftungsweg beginnt. Hier wird dem Hund die Schweißhalsung samt Riemen angelegt und man läuft in Richtung der den Weg schräg kreuzenden Fährte. Der Hund wird die kreuzende Fährte anzeigen und ihr in Fluchtrichtung folgen. Dort, wo die Lunge auf den Boden getupft wurde, wird er verweisen.

Die nächste Übung besteht aus einer von einer Wiese im rechten Winkel zum Waldrand gelegten Fährte. 30 Meter links vom Einwechsel lässt man den Hund in Richtung Einwechsel vorsuchen. Wenn er anzeigt, ist er zu loben und man wiederholt die Übung 30 Meter rechts vom Einwechsel. Zeigt er wieder an, folgt man mit leisem Lob der Fährte (Siehe „Der Bock von Krumbach", „Standpauke mit Schwimmspur").

Die nächsten Übungsfährten

Von Woche zu Woche werden die Anforderungen gesteigert. Die Übungsfährten werden bei jedem Wetter gelegt und gearbeitet. Zusätzlich verlängert sich die Fährte jede Woche um 50 Meter. Die Revierteile und später auch ganze Reviere sind zu wechseln. Behutsam wird die Stehzeit gesteigert. Die Fährtenlänge steigt im Zeitraum von 8–9 Monaten und 1500 Meter.

Der Hund muss die Möglichkeit bekommen, bei unterschiedlichen Bedingungen zu arbeiten.

Ob ein Hund eine Fährte in den Auwäldern von Iller und Donau oder auf der Hochfläche der Schwäbischen Alb arbeitet, ist durchaus nicht dasselbe. Schweißhunde haben im späteren Einsatzbereich ein Arbeitsgebiet von 100 Kilometern und noch darüber hinaus. Kleinklima, Bodenzusammensetzung und Bewuchs verursachen verschiedenartig riechende Bodenverwundungen. Schon der Wechsel von Laubholzbeständen in Nadelhölzer kann zu Problemen führen. Genau darauf ist der Hund durch entsprechend gelegte Fährten vorzubereiten.

Je nach Bodenbeschaffenheit und Witterung wird der Hund mit anderen Gerüchen konfrontiert.

Wassergräben und schmale Übergänge erschweren die Übungsfährten

Der Hund muss durch entsprechende Übungsfährten den Wechsel von Laub- zu Nadelhölzern nach dem Überqueren eines Weges zu beherrschen lernen.

Die letzten Fährten lässt man sich unmarkiert von Jagdfreunden in fremden Revieren legen, denn es ist ein großer Unterschied, eine selbst angelegte oder eine völlig unbekannte Übungsfährte in unbekannter Umgebung zu arbeiten. Jetzt wird man erkennen, ob man die Körpersprache und das Verhalten seines Hundes richtig versteht. Meistens ist es der Hundeführer, der nun Unsicherheiten zeigt. Diese übertragen sich auf den Hund und führen zu Misserfolgen. Falls das der Fall ist, müssen von Helfern gelegte Fährten so oft geübt werden, bis sich der Erfolg wieder einstellt.

Am Ende der Ausbildung werden Übungsfährten gearbeitet, die ohne jegliche Markierung von Jagdfreunden angelegt wurden.

Läuft der Hund nach 40 Übungseinheiten ruhig und sicher durch und zeigt er beim Abkommen von der Fährte durch Kreisen oder selbstständiges Zurückgreifen Fährtenwillen, ist das Ausbildungsziel erreicht.

Im Alter von 12 Monaten sollte die Ausbildung beendet sein.

„Motivationstotsuche", Cliff im Alter von 5 Monaten, Fährtenlänge 500 Meter.

Die Grundausbildung durch das Legen von Kunstfährten allein genügt aber nicht. Dem Hund sind so oft wie möglich kleine natürliche Totsuchen anzubieten. Empfehlenswert ist es auch, Schweißhundegespanne zu begleiten. Ergibt die Anschusskontrolle, dass es sich um eine leichte Totsuche handelt, wird man dem unerfahrenen Gespann die Chance geben. Hunde, die nach den entsprechenden Vorgaben ausgebildet sind, arbeiten die natürlichen Wundfährten ohne Probleme. Solche Arbeiten sind zur Motivationssteigerung unbedingt notwendig. Der Hund lernt, dass die Fährte, auf die er angesetzt wurde, zum Stück führt. Dadurch wird auch die Riemenfestigkeit bei Verleitungen durch Rehwild gesteigert.

Leichte Totsuchen während der Ausbildung motivieren und steigern die Riemenfestigkeit.

Motivationstotsuche: Artus im Alter von 5 Monaten, Fährtenlänge 1000 Meter.

Verleitungen arbeiten und Schwierigkeiten in die Fährte einbauen

Wenn ein Schweißhund mehrere Kilometer auf der Wundfährte arbeitet, kreuzt diese mit Sicherheit viele Rehwildfährten, Fuchs- und Hasenspuren. Rehwild übt auf Hunde eine starke Anziehungskraft aus. Aus diesem Grund ist auch jeder zufällige Kontakt des Hundes mit Rehwild (z. B. in der Wildwanne im KFZ) zu vermeiden. Auch der Züchter steht hier in der Verantwortung. Es ist nicht ratsam, den Welpen zum Spielen eine Rehwilddecke oder die Läufe in den Zwinger zu werfen.

Wer seinem Hund früh Gelegenheit gibt, Rehwild zu jagen oder zu hetzen, wird nie einen riemenfesten Hund führen.

Hunde, die im Jagdbetrieb vielseitig geführt werden, sind meistens nicht in der Lage, kilometerweit einer Fährte zu folgen, da die Verleitung durch Rehwild für sie sehr groß ist. Gelingt es dem Hund bei einer Hatz, ein solches Wild zu greifen, ist es fast unmöglich, diesen Hund riemenfest zu machen. Der Hund wird immer das tun, was ihm am meisten Freude macht und Jagderfolg bringt.

Um ungewollte Hetzen (insbesondere von Rehwild) zu vermeiden, darf der zukünftige Schweißhund im Revier niemals unangeleint laufen.

Die vorläufige Spezialisierung (später soll der Hund auch Rehwild nachsuchen – Siehe „Nachsuchen auf Rehwild") verlangt vom Führer eiserne Disziplin. Jede Nachlässigkeit rächt sich hier bitter.

Das Ignorieren von Verleitungen ist für den Hund also eine große Herausforderung. Deshalb müssen solche Situationen geübt werden. Zwar soll der Hund die Verleitung anzeigen und darf ihr auch kurz folgen, dann muss er sich aber selbstständig korrigieren und korrekt weiterarbeiten. An der dem Hund eigenen Körpersprache (Zug des Riemens, Körper-, Kopf- und Rutenhaltung) erkennt der Führer, ob der Hund gewillt ist, der Übungsfährte zu folgen oder nicht.

Verleitungen trainieren: Fährte in Richtung eines Wechsels legen, dem Wechsel 100 Meter folgen, dann wieder verlassen, entsprechende Markierungen anlegen.

Um die Fährtensicherheit bei Verleitungen zu trainieren, wird die Übungsfährte so gelegt, dass sie fast in Wechselrichtung führt. Am Schnittpunkt folgt die Übungsfährte dem Wechsel und verlässt diesen nach 100 Metern wieder. Ein- und Auswechselstelle werden mit Farbbändern markiert. Die Abgangsstelle und die Fährtenrichtung

Mit Fährtenband markierter Wechsel.

Üben Verleitungen einen größeren Reiz aus als die Übungsfährte, wird der Hund abweichen.

sollten mit zwei verschiedenartigen Farbbändern (z. B. Fährte rot, Winkel gelb) gekennzeichnet werden. Der Hund soll trotzdem der Übungsfährte folgen.

Folgt der Hund der Verleitung, wird er abgetragen und einige Meter vorher wieder angesetzt, bis er die Fährte hält.

Aus- und Einwechselstelle müssen genau mit Farbbändern gekennzeichnet werden. Nach einigen Übungen ist der Abgangswinkel vom Wechsel rechtwinklig auszuführen.

Führt die Übungsfährte in den Wechsel hinein, wird der Hund dieser ohne Probleme folgen. Ab der Einwechselstelle ist das Verhalten des Hundes genau zu beobachten. Ändert sich seine Körpersprache, zeigt er an, dass die Verleitung einen stärkeren Reiz auf ihn ausübt als die Übungsfährte. Er wird an der Auswechselstelle dem Wechsel weiter folgen. In diesem Fall wird der Hund abgetragen und 20 Meter vor der Auswechselstelle wieder angesetzt. Dieser Vorgang wird, ohne Hektik oder Stress zu zeigen, so oft wiederholt, bis der Hund an der Auswechselstelle der Übungsfährte folgt. Wichtig: Ab hier greift man am Riemen vor, zeigt im Weiterlaufen in Fährtenrichtung und lobt den Hund leise.

Keinesfalls darf in dieser Situation der Hund abgelegt, angehalten oder zur Ausführung des Befehles „Sitz“ gezwungen werden.

Bei konsequenter Einarbeitung wird der Hund bei späteren Nachsuchen Rehwild anzeigen, der Verleitung einige Meter folgen und dann die Fährte wieder annehmen.

Schwierig wird es bei vor dem Hund aufstehendem Wild. In diesem Fall ist es ratsam, den Hund abzulegen oder vorzugreifen (siehe „Die Axt des Försters Kanaske“ und „Hat der Biber Zahnfleischbluten“). Hat der Hund sich beruhigt, wird er die Krankfährte nach Aufforderung wieder arbeiten.

Die Erkenntnis – Stehzeit über 50 Stunden

50 Stunden nach dem Legen entferne ich die Markierungsbänder der letzten Übungsfährte. Artus läuft unangeleint neben mir her. Am Anschuss nimmt er selbstständig die Nase herunter und beginnt die Fährte ganz langsam vor mir auszubuchstabieren.

Ich traue meinen Augen nicht, denn Artus läuft die Fährte nach über 50 Stunden fehlerfrei sehr langsam unangeleint aus.

Sorgfältig auf ihr zukünftiges Aufgabengebiet vorbereitete Hunde sind in der Lage, 50 Stunden alte Fährten zu arbeiten.

Die Erkenntnis: Das Leistungsvermögen von jungen, noch nicht einmal drei Monate alten Hunden ist viel größer, als man es für möglich hält.

Solche Leistungen erreicht man leicht durch Frühprägung und Motivation. Wird durch das Suchverhalten der Beutetrieb ausgelöst, nehmen unsere Hunde unglaubliche Anstrengungen auf sich, um zum Stück zu kommen. (Vgl.: Felix v. Cube: Fordern statt Verwöhnen. Die Erkenntnisse der Verhaltensbiologie in Erziehung, Piper Taschenbuch, 7. Auflage München 1999). Dieses Verhalten sollte man ausnutzen.

Ab diesem Zeitpunkt arbeite ich alle 3 bis 4 Wochen eine Übungsfährte mit einer Stehzeit von 50 bis 60 Stunden und einer Länge von 50 bis max. 150 Meter. Langsam, fast in Zeitlupe tastet sich der Hund an den Trittsiegeln entlang zum ausgelegten Sauschädel.

Übung: Alle 3–4 Wochen eine Übungsfährte mit einer Stehzeit von 50 bis 60 Stunden und einer Länge von 50 bis max. 150 Meter arbeiten.

Ich sehe an seiner Körpersprache, höre am Naseneinsatz und spüre am kaum wahrzunehmenden Zug am Riemen, wie der Hund sich mit größtmöglicher Anstrengung bemüht, die Fährte auszuarbeiten.

Solchermaßen eingearbeitete Hunde geben in der späteren Praxis bei Problemen (Widergänge, Haken, Straßen und negativen Witterungseinflüssen usw.) nicht auf. Sie arbeiten bis zur totalen Erschöpfung.

Entsprechend gut eingearbeitete Hunde geben auch trotz widriger Umstände nicht auf. Sie wollen das Stück erbeuten.

100 Stunden Stehzeit

Wir stehen, was das Leistungsvermögen von Hunden bei der Fährtenarbeit betrifft, mit Sicherheit nicht an der Spitze! Denn oft ist es einfach unfassbar, zu welchen Leistungen unsere Hunde fähig sind. Ich denke da z. B. an Man-Trailer, die 20 Stunden später in der Lage sind, die Spur einer Person in einer Großstadt kilometerweit zu halten.

Artus ist noch nicht einmal 5 Monate alt. Rein zufällig kreuze ich bei einem Reviergang mit dem angeleinten Hund eine vor 5 Tagen gelegte Übungsfährte. Ich traue meinen Augen kaum, als Artus die Fährte registriert und ihr langsam, aber doch sicher folgt. Nach 50 Metern ist das Fährtenende erreicht und er beginnt an der Stelle, wo Sauschwarte und Haupt lagen, mit dem Vorderlauf das Laub wegzukratzen und zu verweisen. Ich lobe den Hund überschwänglich, der rutenwedelnd die Situation sichtlich genießt. Etwas mehr als 100 Stunden sind seit dem Legen der Fährte vergangen!

Die Erkenntnis festigt sich in mir, dass unsere Hunde, wenn man sie bei der Ausbildung fordert und zusätzlich hoch motiviert, zu unglaublichen Leistungen fähig sind.

Richtig gefördert, lässt der Urtrieb des Beutemachens Hunde unglaubliche Suchleistungen erbringen.

Je schwieriger die Übungsfährte ist, desto stärker wird der Beutetrieb des Hundes, um diese erfolgreich zu beenden.

Der Urtrieb des Beutemachens löst das Suchverhalten des Hundes aus. Durch diesen folgen entsprechend ausgebildete Hunde auch schwierigsten Fährten mit langer Stehzeit unter widrigsten Bedingungen. Die Grundlagen dieser verhaltensbiologischen Erkenntnisse beschreibt Prof. Felix von Cube in seinem Buch „Fordern statt verwöhnen".

Im Prinzip ist das bei uns Menschen ähnlich: Ist eine ausgeführte Tätigkeit zu leicht, ist keine besondere Motivation vorhanden, sie zu erledigen.

Eine Woche später lege ich bei Sonnenschein und 10 °C eine Fährte mit 800 Meter und 3 Haken. In der Nacht ändert sich das Wetter. Starker Wind weht das Herbstlaub von den Bäumen und in den Morgenstunden herrscht dichter Nebel.

Schon nach wenigen Metern merke ich den Unterschied zu den vorigen Arbeiten. Artus wirkt unkonzentriert, deutlich ist sein Naseneinsatz zu hören. An den Haken überschießt er weit und findet nur mühsam kreisend zurück.

Arbeitet der Hund zu schnell und unkonzentriert, hilft es, ihn abzurufen und kurz sitzen zu lassen, bis er sich beruhigt hat.

Ich greife am Riemen vor und rufe den Hund mit einem leise gesprochenen „Sitz" kurz ab, damit er sich wieder besser konzentriert. Langsamer arbeitet er anschließend weiter. Wird er abermals zu schnell, lasse ich ihn wieder sitzen. Jetzt nur die Ruhe bewahren.

Kein Tadel, kein lautes Wort sind von mir zu hören. Mit Mühe erreichen wir das Fährtenende mit Schwarte und Sauschädel.

Nach solchen oder ähnlichen Problemen empfiehlt es sich, eine Übungspause von 10 Tagen einzulegen.

10 Tage später lege ich bei Nieselregen eine Fährte von 800 Metern mit vier Haken. Zwei Haken sind fast rechtwinklig. 18 Stunden soll die Fährte stehen.

In der Nacht regnet es stark. Ein kalter seitlich in den Bestand wehender Ostwind bewegt das herabgefallene Laub am Boden.

Gelegentlich ist es hilfreich, den Riemen kürzer zu fassen.

Entgegen aller Vorschriften fasse ich den Riemen auf eine Länge von 3 Meter kürzer.

Ruhig nimmt Artus die Fährte auf. Doch schon nach 100 Metern beginnt er, heftig zu werden und die Fährte immer wieder kreuzend zu arbeiten. Ruhig greife ich vor und befehle ein leises „Sitz". Wir warten 5 Minuten, bevor meine Hand in Richtung Fährte zeigt und Artus diese ruhig wieder aufnimmt.

Nach weiteren 200 Metern wiederholt sich der Vorgang. Wieder lasse ich den Rüden sitzend sich beruhigen. Diesmal warte ich 10 Minuten. Danach läuft Artus ruhig und sicher bis zum Fährtenende durch.

Eine Woche später lasse ich den Hund 3 Meter vor dem Anschuss 5 Minuten sitzen. Ich fasse den Riemen kurz und zeige ihm den Anschuss. Ganz langsam gebe ich den Riemen frei. Sobald der Rüde anfängt, heftig zu werden, ersticke ich seine Bemühungen durch ein leises „Sitz“ und warte jedes Mal 5 Minuten. So benötigen wir für 800 Meter über 30 Minuten, erreichen aber sicher das Ende der Fährte mit der ausgelegten Sauschwarte.

Ist der Hund hoch motiviert, beginnt er zu heftig und damit zu schnell die Fährte zu arbeiten. Hier ist Korrektur nötig.

Erasmus vom Lärchenrot zeigt Naturfährte (Schwarzwild) beim Reviergang an.

Erasmus am Ende einer Übungsfährte. Starke Motivation durch frisches Haupt mit Schwarte.

?
gleich knallt's
J. Kr.

Schussfest durch Tradieren

Bei Hundeprüfungen, manchmal auch bei der Jagd, ist es immer wieder zu beobachten: Kaum bricht der Schuss, klemmen Hunde die Rute ein, flüchten und entziehen sich den Einwirkungen ihrer Führer oder sind nicht mehr bereit weiterzuarbeiten.

Mit solchen Hunden kann man nicht jagen und erst recht nicht züchten. Die Folge eines solchen Verhaltens ist der Zuchtverbotsstempel auf der Ahnentafel.

Doch dieses Verhalten ist meistens auf falsche Ausbildung zurückzuführen. Dagegen ist es relativ selten, wenn auch nicht auszuschließen, dass der Hund eine angeborene Wesensschwäche zeigt.

Schussscheue ist in der Regel auf falsche Ausbildung zurückzuführen.

In der Ausbildung muss der Ausbilder dafür Sorge tragen, dass der Hund den Schuss mit Beute verknüpft und gleichzeitig gehorsam (nicht schutzhitzig) wird.

Der Hund muss den Schuss mit Beute verknüpfen.

Dazu geht man folgendermaßen vor:

In einer Rückegasse wird ein frisch erlegtes Stück Schwarzwild abgelegt. Notfalls genügt auch ein frisch aufgetautes Haupt einer Sau.

Auf einem Waldweg begibt man sich mit einem jagderfahrenen und dem jungen Hund in Begleitung eines bewaffneten Jägers in Richtung Wild. Etwa 150 Meter vor dem Stück bleibt man stehen, während der bewaffnete Begleiter weiterläuft. Dieser biegt zum abgelegten Stück Wild in die Rückegasse ab. Kurz danach gibt er am Stück zwei Schüsse ab.

Der jagderfahrene Hund wird nach der Schussabgabe reagieren und eine andere Körpersprache anzeigen, manchmal auch Laut geben, winseln und in die Leine springen. Der Junghund wird interessiert den Vorgang registrieren und unter Umständen bereits das Verhalten des jagderfahrenen Hundes nachahmen.

Die Körpersprache und Lautäußerungen eines erfahrenen Hundes werden dem jungen Hund übermitteln, dass bei Schussabgabe etwas sehr Erfreuliches geschehen ist.

Nun wird der jagderfahrene Hund geschnallt. Am Stück angekommen, wird er angeleint und ein Stück entfernt abgelegt. Das ist notwendig, um eine eventuelle Beißerei am Stück zu vermeiden.

Der Junghund wird dem älteren folgen wollen. Winselt er nach dem Schuss oder will er losstürmen, wird er in Sitz- oder Platzlage beruhigt. Erst, wenn er ruhig ist, wird er am Schweißriemen langsam zum Stück geführt. Hier angekommen, wird er überschwänglich gelobt.

Schussfestigkeit trainieren: Schwarte auslegen, Schussfesten Hund mitführen, Begleitjäger zieht vor und schießt, erfahrener Hund wird geschnallt und abseits vom Stück abgelegt, Junghund darf am Schweißriemen folgen.

Diese Übung wird jedes Mal im Zeitabstand von einer Woche mit einer um 30 Meter verkürzten Schussentfernung geübt. Bei den letzten drei Übungen lässt man sich vom jungen Hund am Schweißriemen langsam zum Stück führen.

Der jagderfahrene Hund bleibt an Ort und Stelle und darf sich auf keinen Fall in Richtung Stück bewegen. So lernt der junge Hund, dass er selbstständig in der Lage ist, nach dem Schuss Beute zu machen. Schließlich wird die Übung in gleicher Art und Weise ohne den erfahrenen Hund geübt.

Meist genügen wenige Übungen mit jeweils verkürzter Schussentfernung, um den Hund schussfest zu machen.

Mit dieser Verfahrensweise lassen sich auch schussscheue Hunde kurieren, sofern sie nicht eine angeborene Wesensschwäche zeigen.

Um eine unter Umständen aufkommende Schusshitze zu vermeiden, wird der Hund bei Schussabgabe beruhigt.

Später wird er abgelegt und darf bei Schussabgabe den ihm zugewiesenen Platz nicht verlassen. Dies festigt Schussfestigkeit und Gehorsam.

Motivationstotsuche von Erasmus vom Lärchenrot (7 Monate alt).
© Margit Schramm

Junghund und jagderfahrener Hund warten am Waldrand, der Schütze geht zur im Mais erlegten Sau (150 Meter).

Ist der Hund schussfest und gehorsam, sollte nach den jeweiligen Prüfungsanforderungen der anerkannten Zuchtvereine geübt werden, um die Schussfestigkeitsprüfung zu bestehen.

Frühprägung auf Jagdbetrieb

Ich nehme an einer großen Maisdrückjagd bei Ehingen teil. Ausdrücklich habe ich um einen Stand gebeten, der für Artus eine gute Beobachtungsmöglichkeit bietet.

Wir sitzen an einem Wald-/Feldrand und Artus beobachtet mit höchstem Interesse das Geschehen. Eine Stunde liegt der Welpe ruhig, ohne zu stören, neben mir.

Im letzten Trieb werden wir am Rand des Maisfelds abgestellt. Unaufgeregt registriert Artus hetzende Hunde, Wild, Schüsse und das Rufen der Treiber. Als die Treiberwehr naht, fallen unmittelbar neben uns drei Schüsse. Artus zeigt keinerlei ängstliches Verhalten, sondern will den Mais annehmen und anscheinend etwas mitmischen.

Wie sagt man so schön: Der hat Nerven wie Drahtseile.

Ich bin zufrieden.

Auf kleineren Jagden können die jungen Hunde erste Erfahrungen sammeln, ohne direkt mitzumischen.

Teilnahme an der ersten großen Bewegungsjagd

Artus und ich fahren zu einer Bewegungsjagd auf Schwarz-, Rot-, Rehwild und Fuchs. Hier ergeben sich fast immer Möglichkeiten, mit jungen Hunden leichte Totsuchen oder die Gesundfährten nicht beschossenen Wildes zu arbeiten.

Große Bewegungsjagden bieten meist die Möglichkeit von leichten Nachsuchen.

Drückjagden bereiten optimal auf den Jagdalltag vor.

Am Sammelplatz angekommen, werden wir zu einer Nachsuche auf einen Überläufer mit Lungenschuss eingeteilt. Der Schütze folgt uns als Begleiter.

Wir fahren zum Anschuss, wo wir ein Knochenteil mit einem Zahn finden. Von wegen Lungenschuss!

Einen Gebrechschuss mit einem noch nicht einmal 6 Monate alten Hund zu arbeiten, ist nahezu aussichtslos und da es mit Sicherheit zur Hatz kommen wird, für den jungen Hund zu gefährlich.

Wir versuchen, per Handy die Jagdleitung zu erreichen – vergeblich. Die zwei vor Ort befindlichen Nachsuchenführer sind schon auf anderen Nachsuchen unterwegs. Also beschließen wir die Krankfährte im übersichtlichen offenen Altholz bis zum nächsten Dickungskomplex zu arbeiten. Hier wird das letzte Pirschzeichen verbrochen. Der nachfolgende Suchenführer kann ab dieser Stelle ohne Zeitverlust weiterarbeiten.

Im Zweifelsfall wird mit dem jungen Hund die Nachsuche abgebrochen und ein erfahrener arbeitet die Fährte weiter aus.

Artus nimmt die Fährte auf. Sie geht in einen Hang mit Fichtennaturanflug und Brombeeren.

Zweimal müssen wir Artus neu ansetzen. Immer wieder finden wir Schweiß.

Die Teilnahme an Drückjagden ist für den jungen Hund ein unvergessliches Ereignis. Schüsse,der Laut jagender Hunde und den Anblick flüchtenden Wildes steigert den Beutetrieb und fördert die Schussfestigkeit

Nach 300 Metern bleibt Artus stehen. Ich traue meinen Augen nicht: Vor uns liegt ein kleiner noch gestreifter Frischling mit einer Verletzung im Nackenmuskel.

Ab dieser Stelle ist kein Schweiß mehr zu finden. Irgendwo muss der Frischling die Fährte der Sau mit dem Gebrechschuss gekreuzt haben. Ein erneuter Anruf bei der Jagdleitung hat nun Erfolg. Aber von einem beschossenen Frischling ist nichts bekannt.

Nur mit größter Mühe findet Artus den Abgang der ursprünglichen, angesuchten Schweißfährte.

Endlich verlassen wir den Dickungsbereich und suchen einen Hang mit Buchenaltholz hinunter. Am Bewirtschaftungsweg im Tal bleibt Artus wie angewurzelt stehen und bewindet eine große Schweißlache. Mein Blick geht nach rechts und ich sehe dort in 40 Meter Entfernung einen Drückjagdstand.

Ab der Schweißlache führt die Krankfährte nicht weiter. Der nochmalige Kontakt zur Jagdleitung bestätigt, dass tatsächlich an dieser Stelle ein Überläufer mit Gebrechschuss erlegt wurde. Ich lobe Artus überschwänglich für seine Leistung.

Am Sammelplatz angekommen, klärt sich am späten Nachmittag auch das Schicksal des Frischlings: Er war von Stöberhunden gegriffen worden und wurde vom Hundeführer abgefangen. Die Verletzung war somit keine Schuss-, sondern eine Stichverletzung.

Nach dieser Leistung bin ich sehr gespannt, wie sich diese Erlebnisse bei Artus' Arbeit auf der Kunstfährte auswirken.

Am Sonntag um 14 Uhr lege ich in gewohnter Weise die Übungsfährte und setze Artus am Montag gegen 10 Uhr an. Am Anschuss lasse ich ihn einige Minuten sitzen, bevor ich in Richtung Fluchtfährte deute. Artus nimmt sie ruhig auf und arbeitet die ersten 300 Meter mit dem 1. Haken in zuverlässiger Art und Weise. Als ich am Zug des Riemens spüre, dass er schneller werden will, machen wir wieder eine fünfminütige Pause. Danach läuft er ruhig und sicher die nächsten 500 Meter durch.

Das Arbeiten von echten Nachsuchen beeinflusst die Arbeitsweise solchermaßen eingearbeiteter Hunde bei richtig hergestellten Übungsfährten kaum.

Jedes Jahr erhalte ich eine Einladung zur Drückjagd auf Rot-, Schwarz- und Rehwild eines Staatsforstbetriebes in Sachsen. Artus' Vorgänger Cliff hat hier über einen Zeitraum von 6 Jahren jedes Mal hervorragende Nachsuchen gezeigt. Es wird vereinbart, Artus für leichte Tot- oder Kontrollsuchen einzusetzen, für die schweren stehen fertig geprüfte Schweißhunde zur Verfügung.

Wind und Regen beeinflussen die Nachsuchen negativ.

Am Sammelplatz angekommen, fängt es an zu regnen. Außerdem weht ein frischer Wind. Die Prognosen für eine Erfolg versprechende Jagd scheinen daher nicht besonders günstig zu sein.

Als wir nach dem Abblasen am Sammelplatz ankommen, werde ich zu einer Kontrollsuche auf ein Stück Rotwildkalb eingeteilt. Im Knall sei das Rudel von geschätzt 20 Stück fächerförmig zurückgeflüchtet, Pirschzeichen seien nicht auffindbar. Drei Stunden sind seit dem Schuss vergangen.

Wird der Hund aus der Vielfalt der Fährten die richtige herausfinden?

Verweist der Hund und ist nichts zu erkennen, heißt das nicht, dass hier wirklich nichts ist.

Ich setze Artus an. Sehr ruhig und gelassen bewindet er die Umgebung des Anschusses. Plötzlich verweist er an einem Grashalm. Erkennen kann ich hier allerdings nichts.

Sicher nimmt Artus die Fährte auf, wendet dann nach 100 Metern und sucht bogenförmig kreisend zurück.

Endlich finde ich an einem Kiefernstamm einen Tropfen Schweiß. Noch einmal korrigiert Artus sich selbstständig. Wieder finden wir Schweiß. Nach 600 Metern sind wir am Stück. In Anbetracht der Vielzahl der Verleitfährten des flüchtenden Rudels eine großartige Leistung des noch nicht einmal 6 Monate alten Hundes!

Zahlreiche Verleitungen erschweren die Arbeit des Hundes.

Artus an seinem ersten Stück Rotwild.

Artus stutzt, als er das Kalb erblickt, dann fasst er zu. Mit Mühe, aber ohne Bestrafung, nehme ich ihn zurück.

Am Sammelplatz treffen immer mehr Geländewagen mit Anhängern ein. Als verblasen wird, liegen 30 Stück Rot-, 30 Stück Schwarz- und 9 Stück Rehwild auf der Strecke.

Noch einmal werde ich zur Nachsuche eingeteilt. Von zwei Schützenständen wurde ein kohlrabenschwarzer Keiler hochflüchtig beschossen. Er habe weder gezeichnet noch seien Schweiß oder Borsten gefunden worden. Genau ist aber der letzte Anschuss nicht bekannt.

Zum zweiten Mal an diesem Tag lege ich Artus die Halsung mit Riemen an. Ab diesem Moment zeigt der sonst aufgrund seines Alters noch verspielt wirkende Rüde jedes Mal eine beeindruckende Ernsthaftigkeit. Er weiß inzwischen, was nach dem Anlegen des Schweißriemens auf ihn zukommt. Das ist auch der Grund, warum ich niemals den Hund bei Reviergängen oder Pfostenschauen am aufgedockten Riemen laufen lasse.

Der Schweißriemen wird nur zum Ausarbeiten einer Fährte angelegt, um den Hund auf die Arbeit einzustellen.

Ich lasse Artus schräg in Fluchtrichtung die Wundfährte vorsuchen. Nach 20 Metern geht ein Ruck durch seinen Körper und seine Rute steil nach oben. Ungläubig schauen meine Begleiter mich an, als ich sage, dass der Hund die Fährte aufgenommen hat.

Ich kann viel mehr als du denkst
Krüger

Sehr langsam buchstabiert Artus die 6 Stunden alte Fährte aus. Kein Schweiß, kein Trittsiegel – nichts ist zu erkennen!

Zweimal verbessert sich Artus, obwohl er anscheinend nicht einmal 2 Meter abgekommen ist.

Noch 500 Metern erklären meine Begleiter, dass wir ein Bruchgebiet erreichen. Sollte das Stück dieses angenommen haben, muss die Nachsuche wegen Unpassierbarkeit des Sumpfgebietes abgebrochen werden. Aber hier werden wir die Fährte des Keilers im Schlamm und bei einem Treffer abgestreiften Schweiß an den Schilfhalmen sehen und wenigstens eine Bestätigung der Arbeit meines Hundes haben.

Doch 200 Meter vor dem Sumpfgebiet biegt Artus nach rechts ab und sucht den Hang wieder hinauf. Jetzt wird es bürstendicht. Wir passieren ein mit Adlerfarn dicht bewachsenes Gelände.

Artus bleibt plötzlich stehen. Seine Rute schlägt hin und her. Da sehe ich ihn liegen, den beschossenen kohlrabenschwarzen Keiler.

Was für ein Tag! Ich nehme meinen kleinen Hund in den Arm und bin überglücklich.

Rückschläge sind normal

Einmal beginnt es in Strömen zu regnen, während ich eine Übungsfährte auslaufe. Es regnet die Nacht weiter bis in die frühen Morgenstunden. Am Morgen lege ich Artus am Anschuss an. Begleitet werde ich vom Sohn eines Försters, der Artus' Vorgänger Cliff schon mehrmals bei schwierigen Nachsuchen begleitet hat.

Es ist wichtig, den Hund daran zu gewöhnen, dass Helfer das Nachsuchengespann begleiten.

An der Stelle, wo ich mit den Fährtenschuhen Richtung Anschuss gelaufen bin, biegt Artus ab, untersucht wie ein perfekter Schweißhund den Anschuss und geht ruhig und sehr langsam die Fährte arbeitend los.

Den ersten und auch den zweiten Haken überschießt er kurz, findet aber selbstständig, wenn auch mit etwas Mühe den Abgang. Doch am dritten Haken kommt er nicht weiter. Ich trage ihn ab und mit Ach und Krach schaffen wir die letzten 100 Meter.

An der Sauschwarte mit Haupt angekommen, beginnt Artus Laut zu geben und an den Tellern energisch zu fassen. Er will überhaupt nicht mehr aufhören. Über 10 Minuten lasse ich ihm das Vergnügen.

Hunde haben ein sehr gutes Ortsgedächtnis.

Treten Schwierigkeiten auf, hilft es meist, an gleicher Stelle erneut eine leichtere Fährte zu arbeiten, um die Motivation wieder zu steigern.

Sieht der Hund, wie der Anschuss gelegt wird, kann überprüft werden, ob er mit der Nase oder aufgrund optischer Reize arbeitet, indem man sich dem Anschuss aus der entgegengesetzten Richtung nähert. Nimmt er vor dem Anschuss die Nase herunter, orientiert er sich nicht optisch.

Je nach Hund beansprucht er die Beute für sich oder will sie mit seinem Führer teilen.

Nach anstrengenden Übungen ist dem Hund absolute Ruhe zu gönnen.

Da Hunde ein sehr gutes Ortsgedächtnis haben, wird vier Tage später die Fährte verkürzt mit geringerer Stehzeit wiederholt. Diese Maßnahme dient lediglich dazu, um an gleicher Stelle die Motivation des Hundes zu steigern.

Zusätzlich lasse ich Artus im Heckteil meines KFZ sitzend beobachten, wie ich mit Fährtenschuh und Lungenschleppe die Fährte nach rechts in den Bestand ausarbeite. So will ich testen, ob er mit dem Geruchssinn oder aufgrund optischer Reize den Anschuss wiedererkennt.

Acht Stunden später fahre ich mit dem Wagen 100 Meter über den Anschuss hinaus. Dort streife ich Artus die noch etwas zu große Schweißhalsung über und laufe aus der entgegengesetzten Richtung den Anschuss an. Jetzt kann Artus unmöglich die gleiche Stelle am Anschuss wiedererkennen.

Noch auf dem Bewirtschaftungsweg nimmt er die Nase herunter und biegt nach links ab. Das bedeutet, dass er schon vor dem Anschuss die Fährte geruchsmäßig aufgenommen hat. Damit steht hundertprozentig fest: Der Hund orientiert sich nicht nur an optischen Reizen, sondern fast ausschließlich über Informationen der Nase.

Er verweist den Anschuss und läuft mit beeindruckender Sicherheit 500 Meter durch. 20 Meter vor dem Sauschädel mit Schwarte lasse ich den Riemen fallen. Laut gebend und immer wieder böse knurrend, bearbeitet Artus die Schwarte.

Überschwänglich lobe ich den Welpen. Artus genießt das sichtlich, denn er will mit dem Zausen gar nicht mehr aaufhören – ein großer Unterschied zu seinem Vorgänger Cliff, der die Beute mit niemandem teilen wollte. Bei Artus habe ich den Eindruck, dass er sich mit seinem Führer freut.

Als ich nach Hause fahre, sehe ich im Rückspiegel den edlen Kopf des Rüden und denke: Aus dem kann noch etwas werden.

Immer wieder wurde ich von Jägern angesprochen, dass die geschilderten Arbeiten für einen erst 15 Wochen alten Welpen zu anstrengend seien.

Dazu möchte ich Folgendes bemerken: Schafft es der Hund, 5 Kilometer ermüdungsfrei an der Leine zu laufen, ist er durchaus in der Lage 1/3 dieser Strecke – also 1,5 Kilometer – am

Riemen eine Übungsfährte zu arbeiten. Danach ist ihm absolute Ruhe zu gönnen.

Im September/Oktober finden viele Mais-Drückjagden auf Schwarzwild statt. Es ergeben sich hervorragende Möglichkeiten, Gesundfährten von nicht beschossenem Wild zu arbeiten. Weiterhin fallen häufig kleine Totsuchen an.

Es ist unglaublich wie schnell sich junge Hunde auf ihr zukünftiges Arbeitsgebiet einstellen.

Eras im Alter von 14 Monaten nach 2 km und einer Stunde Riemenarbeit erfolgreich.

Mit falschen Methoden eingearbeitete oder zu früh bei der Jagd eingesetzte Hunde werden nicht verleitungsfest auf der Übungsfährte arbeiten.

Über den Hunger wird der Beutetrieb verstärkt und das Suchverhalten ausgelöst.

Natürliche Nachsuchen dürfen nicht mit hungrigen Hunden durchgeführt werden.

Die Korrektur fehlerhaft oder schlecht auf Schweiß arbeitender Hunde

Wenn Hunde z. B. mit Rinderblut gespritzte Fährten arbeiten sollen, bei denen sich am Fährtenende eine getrocknete Rehdecke oder eine Futterschüssel befindet, wird man früher oder später bei der Ausbildung scheitern. Wird der Hund zusätzlich während der Ausbildung noch bei der Jagd eingesetzt, lernt er Hase, Reh- und Federwild kennen, hat man sein Beutespektrum derart erweitert, dass er nicht mehr verleitungsfest auf der Übungsfährte arbeitet.

Um solche Fehler zu korrigieren, kann der Hungertrieb des Hundes genutzt werden. Jeder Tierarzt wird bestätigen, dass dem Hund damit kein Schaden zugefügt wird. Sprechen Sie trotzdem mit Ihrem Tierarzt und lassen Sie nach dessen Zustimmung den Hund einen Tag hungern. Das schadet dem Hund überhaupt nicht und über den Hunger wird beim ihm das Suchverhalten ausgelöst.

Der Beginn der nun folgenden Ausbildung entspricht im Grunde genommen dem gleichen Prinzip wie die Lungenschleppe, nur dass statt der Lunge mit Futter gearbeitet wird. Dazu werden ein 30 x 30 Zentimeter grob gewirkter Stoff (Putztuch), 200 Gramm Dosenfutter, 3 kleinere Steine (ca. 6 Zentimeter Durchmesser), 1 Schnur mit 1,5 Meter Länge, 4 bis 5 Joghurtbecher, 4 bis 5 Papierküchentücher benötigt.

Auf das angefeuchtete Stoffstück werden mittig ca. 200 Gramm Dosenfutter gelegt (3 gehäufte Esslöffel), darauf kommen die Steine.

Auf das Stofftuch kommen ca. 200 Gramm Hundefutter.

Das Futter wird mit 3 Steinen beschwert.

Mit einer Schnur wird ein Beutel gebunden.

Mit dem Beutel im Schlepptau wird die Fährte gelegt.

Das Tuch wird zusammengefaltet und mit der Schnur zu einem kleinen Beutel verknotet. Durch Schütteln drücken die Steine den Saft des Dosenfutters aus dem Stoffbeutel heraus.

Dann wird mit Futterschleppe und Fährtenschuh eine Übungsfährte von 600 Metern (Stehzeit über Nacht) getreten. Beim Auslaufen wird alle 100 Meter der Beutel geschüttelt, um etwas Futtersubstanz nach außen zu drücken. Der Futterverlust auf 1000 Metern beträgt weniger als 10 Gramm. Es werden also pro Meter 0,02 bis 0,05 Gramm Substanz in die Fährte eingebracht, was bedeutend weniger ist als bei der gespritzten Prüfungsfährte. Trotzdem ist der Hund in der Lage, die Fährte zu halten.

Futterschleppe legen: Stoffbeutel mit Futter und Steinen anfertigen, mit Fährtenschuh und nachgeschlepptem Beutel Schleppe legen, unterwegs Futterportionen verteilen, am Ende wartet die Futterschüssel.

Durch die sehr geringe Menge der beim Schleppen am Boden abgeriebenen Substanz wird er gezwungen, langsam mit tiefer Nase zu arbeiten.

Alle 150 Meter wird ein kleiner Plastikbecher mit wenig Futter in die Fährte gelegt. Damit es nicht über Nacht durch Insekten und Kriechtiere derart verunreinigt wird, dass der Hund es nicht mehr aufnimmt, wird dieser mit Papier abgedeckt, das mit einem Gummi gesichert ist.

Ab ca. der 10. Übung werden Lungen- und Futterschleppe abwechselnd eingesetzt.

Am Ende der Kunstfährte steht die gefüllte Futterschüssel mit dem gleichen Dosenfutter wie im Schleppbeutel und den Plastikbechern.

Bei schwankenden Leistungen wird wieder auf die Hungermethode zurückgegriffen.

Arbeitet der Hund sicher die Futterschleppe, wird diese mit der Lungenschleppe abgewechselt, wobei die Futterschleppen immer seltener gelegt werden. Schließlich wird nur noch mit Lungenschleppe und Fährtenschuh weitergeübt (Siehe „Die erste Arbeit des Hundes auf der Kunstfährte").

Der Beutetrieb des Hundes ist auf wenige Wildarten zu begrenzen und seine Motivation auf diese bei jeder Übung zu steigern.

Dieses Verfahren eignet sich hervorragend, um Hunde, die im Vorfeld schlechte Leistungen gezeigt haben, auf Prüfungen vorzubereiten.

Das Blinken

Als Blinken bezeichnet man das absichtliche Nichtanzeigen von Wild. Die Ursache liegt in der Regel in schlechten Erfahrungen am Stück.

Vorstehhunde blinken, wenn sie bei der Feldsuche sich drückendes Wild nicht anzeigen, überlaufen und absichtlich nicht vorstehen. Bei Schweißhunden kann es vorkommen, dass der Hund das verendete oder im Wundbett sitzende Wild ignoriert und weder zum Stück führt noch es anzeigt.

Der Grund hierfür ist in der Regel immer der, dass der Hund bei vorhergehenden Übungsfährten oder Nachsuchen am Stück schlechte Erfahrungen gemacht hat. Hatte der Hund beispielsweise in einem unbeobachteten Moment die Gelegenheit zum Anschneiden des verendeten Stückes, wurde er womöglich hart bestraft. Das ist ein eklatanter Führerfehler. Der Hund hat damit gelernt, dass er, am Stück angekommen, eine Strafe zu erwarten hat.

Sensible Hunde verweigern ab diesem Moment die Arbeit, bleiben auf der Wundfährte stehen oder laufen absichtlich am Stück vorbei.

Übung bei Blinken: Kurze Lungenschleppe zu frisch gestrecktem Stück legen, (Windrichtung ist vom Stück zum Fährtenbeginn), Hund unterwegs loben und ihm die Fährte zeigen, am Stück loben.

Bei solchen Hunden muss mit höchster Motivation am Ende der Fährte gearbeitet werden. Zu einem frisch gestreckten Stück wird mit der Lunge desselben eine kurze Schleppe mit einem stumpfen Winkel von 150 Metern gezogen, wobei der Wind vom Stück in Richtung Schleppenbeginn stehen sollte.

Bleibt der Hund angesetzt auf der Schleppspur des ausgelegten Stückes windend stehen, greift man am Riemen vor, zeigt die Fährte und lobt ihn leise. Folgt der Hund der Schleppspur, gibt man etwas Riemen. Weicht er von der Fährte ab oder bleibt wieder stehen, verfährt man in der zuvor beschriebenen Weise.

Endlich am Stück angekommen, wird der Hund überschwänglich gelobt und in 2 Metern Entfernung vom Stück abgelegt. Dann macht man ihn mit dem Herz des Stückes genossen. Der Hund darf den ihm zugewiesenen Platz nicht verlassen.

Nach zwei bis drei Übungen ist der Fehler beseitigt.

Um ein Blinken abzustellen, ist es hilfreich, den Hund nach erfolgreicher Fährtenarbeit genossenzumachen.

Arbeitsverweigerung nach Schwarzwildkontakt

Eine weitere Ursache der Arbeitsverweigerung bzw. der Verweigerung der Weiterarbeit in der Nähe des kranken Stückes ist, dass der Hund schon einmal von Schwarzwild angenommen wurde. Die Verweigerung erfolgt in den meisten Fällen wegen mangelnder Wildschärfe und Härte oder der Unvorsichtigkeit des Hundeführers während der Ausbildung.

Verweigert der Hund die Arbeit, ist ein wildscharfer Hund nachzuführen und zu schnallen. Hört der Hund den Bail des stellenden Hundes, wird er ermuntert „mitzumischen". Allerdings ist darauf zu achten, dass sich beide Hunde am Stück vertragen. Sollte diese Maßnahme nicht greifen, ist der Hund als Schweißhund nicht brauchbar.

Nach Schwarzwildkontakt hilft die Zusammenarbeit mit einem wildscharfen Hund, um den zögernden zu motivieren.

Ausbildungsprobleme bei der Pubertät

Monatelang lief die Ausbildung nach Plan.Ständig wurden die Anforderungen erhöht und vom Hund problemlos gemeistert.

Dann kommt der Tag der viele Jäger ratlos macht.

Der Hund verweigert die Arbeit wirkt lustlos manchmal auch störrisch oder sogar aggressiv.

Ratlosigkeit bricht aus und dann wird mit verbalen oder physischen Zwang auf den Hund eingewirkt.

Das Ergebnis ist meistens niederschmetternd : Die gezeigte Leistung wird nicht besser sondern noch schlechter.

Wer in dieser Phase so vorgeht läuft Gefahr den Hund für lange Zeit arbeitsunwillig zu machen.

In diesem Fall sollte man einen Kalender zur Hand nehmen.

Zeigt sich dieses Verhalten zwischen den 7.und 12 Lebensmonat handelt sich es meistens um die beginnende Geschlechtsreife des Hundes.

Die Hormone spielen verrückt und der Hund zeigt u.U.ein störrisch -widerwilliges Verhalten.

Auf Seite 36 sind die 3 Urtriebe des Hundes dargestellt.Sie dienen der Erhaltung der Art und bestimmen das Leben des Hundes.

Und das muss ein Ausbilder als gegeben und unumstößlich hinnehmen.

Die Frage stellt sich natürlich wie man diese schwierige Klippe meistert.

Die Ansprüche an die Leistung des Hundes werden radikal heruntergefahren.Hat er vorher mühelos eine 1000 Meter Fährte mit 20 Stunden gearbeitet ist die nächste Fährte gerade einmal 200 Meter mit einem Haken lang.

Erfolgreich angekommen wird der Hund überschwänglich gelobt und mit seinem Lieblingsfutter genossen gemacht.Woche für Woche wird der Schwierigkeitsgrad wieder erhöht.

In dieser Phase brauch es Geduld und nochmals Geduld. Nach spätestens 8 Wochen hat der Hund das ursprüngliche Leistungsniveau wieder erreicht.Dieser Zeitraum variiert je nach Rasse und Umweltbedingungen stark.

Zu bemerken ist noch das manche Hunde in dieser Beziehung kaum Probleme bereiten und bei Anderen der Ausbilder unglaublich Geduld und Einfühlungsvermögen braucht.

Deshalb beachten sie zwischen 7 und 12.Lebensmonat das Veralten des Hundes und überwinden sie mit ihm gemeinsam diese schwierige Lebensphase.

Die Ausbildung im tabellarischen Überblick

Zeitraum	Fährte	Stehzeit der Fährte	Markieren der Fährte
9. bis 16. Lebenswoche Frühprägung			
1. bis 4. Woche nach der Prägung	250 bis 400 Meter 2 schwache Haken Lungenschleppe und Fährtenschuh	über Nacht	von Markierung zu Markierung sichtbar
5. bis 6. Woche	450 bis 500 Meter 2 Haken von 35 ° Fährtenschuh Lunge wird 2- bis 3-mal für 3 bis 5 Meter erhoben	über Nacht	von Markierung zu Markierung sichtbar
7. bis 8. Woche	500 Meter 2 Haken Fährtenschuh und Lungenschleppe	14 Stunden	von Markierung zu Markierung sichtbar
9. bis 12. Woche	550 Meter Fährtenschuh und Lungenschleppe	14 Stunden	auf 100 Meter keine sichtbare Markierung
13. bis 16. Woche	400 Meter 2 Haken von 45° Fährtenschuh ohne Lungenschleppe	14 Stunden	Markierungen gut sichtbar
17. bis 19. Woche	500 Meter 3 Haken 30° Fährtenschuh ohne Lungenschleppe	16 Stunden	Markierungen gut sichtbar
20. bis 24. Woche	500 bis 700 Meter 3 Haken von 30° Fährtenschuh, teilweise Lungenschleppe	16 Stunden	Markierungen mit 1 x 1 Zentimeter Farbband am Boden
25. bis 30. Woche	700 bis 1000 Meter Fährtenschuh	20 Stunden	Fährte von Helfern gelegt, max. 5 Markierungen auf 1000 Meter
31. bis 40. Woche	1000 bis 1300 Meter Fährtenschuh	bis max. 25 Stunden	nach Prüfungsordnung ohne Markierung, von Helfern gelegt

Warum ist denn der Benno so mager?
Ich arbeite mit der Hungermethode

Die Einarbeitung des Hundes nach der Prägungsphase

Nicht immer ist es möglich, den Welpen nach Beginn der Prägungsphase ab der 9. Lebenswoche einzuarbeiten. Ursache können naturgemäß verschiedene Gründe sein: später gekauft, älter übernommen usw.

Bis dato hat sich der Hund, seinem Beutetrieb folgend, in der Regel schon verschiedene Unarten angewöhnt. Er jagt und hetzt Wild, rennt davonfliegenden Vögeln nach oder gräbt mit Hingabe Mäuse aus. Damit tut er selbstständig alles, was in dieser Situation seinen Beutetrieb befriedigt.

Zu spät eingearbeitete Hunde leben ihren angewölften Beutetrieb auf eigene Art aus.

Auch hier kann der Hund mit dem Urtrieb des Hungers eingearbeitet werden. Nach einem Tag fasten wird eine erste 400 Meter lange Übungsfährte mit Stehzeit über Nacht und 2 leichten Haken mit dem Fährtenschuh getreten, wobei der Stoffbeutel genau zwischen den getretenen Bodenverwundungen der Schalen gezogen wird. Alle hundert Meter wird ein mit Papiertüchern abgedecktes Plastikschälchen mit Futterinhalt angebracht (ein halber Esslöffel).

Der hungrige Hund wird auf jeden Fall der Schleppspur folgen. Zusätzlich wird er lernen, dass sich in derselben die Bodenverwundungen des Fährtenschuhes befinden. Nach ca. vier Übungen wird der Schleppbeutel unterwegs zwei- bis dreimal angehoben und die

Abgedecktes Schälchen mit Futter.

Stelle mit einem Farbband gekennzeichnet. Der Hund sollte sich inzwischen an die Bodenverwundungen des Fährtenschuhs gewöhnt haben und an diesen Stellen auch ohne Futterschleppe der Fährte unbeeindruckt folgen.

Auch der Abstand der mit Futter gefüllten Plastikbecher ist von Übung zu Übung zu vergrößern, bis am Ende der Ausbildung nur noch die gut gefüllte Futterschüssel steht.

Im Laufe der Ausbildung wird die Übungsfährte bis auf 1300 Meter verlängert und immer weniger die Schleppe eingesetzt.

Falls der Hund keine zufriedenstellende Leistung zeigt, wird die entsprechende Fährte an gleicher Stelle auf dieselbe Art und Weise gelegt. Vor dem Ausarbeiten muss der Hund allerdings einen weiteren Tag fasten, sodass er noch bereiter sein wird, die Fährte zu arbeiten.

Zeigt der Hund keine zufriedenstellende Leistung, muss er einen Tag länger hungern.

Nach 30 Übungen, die zu verschiedenen Tageszeiten, Wetterbedingungen und mit steigender Stehzeit bis zu 25 Stunden durchgeführt werden, sollte das Ausbildungsziel erreicht sein.

Die Schweißprüfung

Zur Prüfung müssen gültiger Impfpass und Ahnentafel mit Bestätigung der Schussfestigkeit und dem Lautnachweis mitgebracht werden.

Jeder Jäger, der seinen Hund gewissenhaft auf Schweiß eingearbeitet hat, wird diesen auf einer Schweißprüfung führen wollen.

In der Regel sollte der Hund im Alter von ca. 12 bis 14 Monaten in der Lage sein, eine 1000 Meter lange Prüfungsfährte mit 20 Stunden Stehzeit und 3 Haken sicher zu arbeiten. Die Verbandsschweißprüfungsordnung schreibt allerdings ein Mindestalter von 24 Monaten vor. Man kann sich jedoch bei Zuchtvereinen melden, die eine Fährtenschuhprüfung ohne diese Bestimmung durchführen.

Fahrt zur Prüfung rechtzeitig, ggf. am Vortag antreten.

Liegt der Prüfungsort in einer Entfernung von maximal 2 Stunden Autofahrt, genügt es, die Fahrt rechtzeitig anzutreten. Für weiter entfernte Prüfungsreviere sollte man gegebenenfalls am Vortag anreisen. Dies gibt einem auch die Möglichkeit, sich und seinen Hund an die neue Umgebung zu gewöhnen, indem am Anreisetag noch ein ausgedehnter Reviergang unternommen wird. Allerdings sollte man aus Gründen der Fairness das Prüfungsrevier meiden, weshalb man sich im Vorfeld bei der Prüfungsleitung darüber erkundigen sollte.

Es ist ratsam, die Prüfungsausschreibung genau zu studieren, um keine unliebsamen Überraschungen zu erleben.

In der Prüfungsausschreibung wird angegeben, ob die Prüfungsfährte mit Rot- oder Schwarzwildschweiß bzw. Schalen gelegt wird. Finden Schwarzwildschalen und Schwarzwildschweiß Verwendung, sollte dies der bisherigen Einarbeitung entsprechen und somit keine Probleme bereiten. Wird die Fährte allerdings mit Rotwildschweiß und Rotwildschalen getreten, zeigt der Hund unter Umständen ein völlig anderes Verhalten bei der Riemenarbeit. Seine Körpersprache ist nicht mehr so deutlich einzuordnen. Meist liegt er stärker im Riemen und arbeitet schneller. Leicht kann es daher passieren, dass man den Eindruck hat, der Hund arbeite eine Verleitung.

Zu jeder Zeit sollte man sich nur auf seinen Hund konzentrieren und sich nicht nach den begleitenden Richtern umschauen.

Der Hund wird die laut Prüfungsordnung angebrachten Verweiserstellen anzeigen. Wie in der Praxis sind diese mit roten Signalbändern zu kennzeichnen. Arbeitet der Hund einen Haken, sollte dieser ebenfalls auf gleiche Art und Weise gekennzeichnet werden. Ebenso ist an Stellen zu verfahren, wo der Hund erkennbare Unsicherheit zeigt, denn vielleicht folgt er hier einer Verleitung. Dann nimmt man ihn nach 50 Metern zurück und legt ihn 10 Meter vor der markierten Stelle ab. Nach einer fünfminütigen Pause lässt man ihn die Fährte wieder aufnehmen. Meistens überwindet er nun diese Klippe. Kommt es doch zum Rückruf, wird der Hund wieder an der Stelle des vorhergehenden Ablegens angesetzt. Durch kreisförmiges Umschlagen der Problemstelle kann meistens die Fährte wieder aufgenommen werden.

Besteht der Hund die Prüfung nicht, ist das nicht weiter tragisch. Das ist schon vielen hervorragenden Führern mit späteren Spitzenhunden passiert. Man sollte es sportlich sehen und zum nächstmöglichen Termin wieder antreten.

Es ist kein Beinbruch, eine Schweißprüfung nicht zu bestehen.

Artus macht sein Meisterstück

Artus durchlief ein Jahr lang die oben beschriebene Art der Ausbildung zum hochspezialisierten Nachsuchenhund. Am 2. Juli 2011 bestand er im Alter von 13 Monaten als jüngster Hund am Walchensee die für die Anerkennung als Schweißhund durch die Landesjagdverbände Baden-Württemberg und Bayern (1000 Meter Fährtenschuh/20 Stunden Stehzeit) notwendige Schweißprüfung mit einem sehr guten 2a-Preis.

Bis zu diesem Zeitpunkt hat er schon viele leichtere und mittelschwere Arbeiten erfolgreich absolviert, aber immer noch fehlte ein besonderes Highlight, das die Leistungsfähigkeit des Rüden auswies.

Bis mich Anfang November morgens ein Anruf erreicht: Auf 10 Meter sei mittig eine verhoffende Sau von ca. 40 Kilogramm mit Brenneke beschossen worden. Im Schuss habe sie sich um 180° gedreht und es sei zweifelhaft, ob der zweite Schuss getroffen habe.

Der Ort des Geschehens hat eine sehr spezielle Lage: Weit über die Donau und die Eisenbahntrasse Stuttgart–München spannt sich eine große Brücke. Eine Skulptur des Heiligen Nepomuk schaut ernst über das Brückengeländer. Links und rechts der Bahnlinie liegt schier undurchdringlicher Auenwald. Noch ahne ich nicht, dass Sumpf, Schilf, Waldreben und alle 5 Minuten mit 150 km/h herandonnernde Schnellzüge die Kulisse für eine meiner schwierigsten und gefährlichsten Nachsuchen bilden werden.

Um 10 Uhr setze ich Artus am Anschuss an. Nach 20 Metern finden wir zwei kleine, nicht einzuordnende Knochensplitter und seltsamerweise in fast 2 Metern Höhe an Bäumen hellroten verspritzten Schweiß. Wenn es Lungenschweiß ist, sind wir gleich fertig, denke ich noch.

Jetzt wird es dicht. Warum streift das Stück seitlich nicht ab, frage ich mich. Dann liegt nur noch sporadisch Schweiß in der Fährte.

Immer wieder hängen der Hund oder ich im Dickicht fest. Mein Begleiter muss dann vorgreifen und den Hund halten, bis ich weiterkriechen kann.

In Dickungsbereichen greifen Begleiter und Hundeführer beim Hängenbleiben des Gespanns abwechselnd vor. Ein neonfarbener Schweißriemen erleichtert dabei in den meist dunklen Dickungsbereichen das Vorgehen und das Auffinden des Hundes, da er sehr viel leichter zu sehen ist.

Eine Stunde sind wir jetzt auf beschwerlichste Art und Weise unterwegs, als Artus einspannt und zu knurren anfängt. Wir müssen kurz vor der Sau sein.

30 Meter zu meiner Linken rast ein ICE vorbei. Ich kann den Hund nicht schnallen und zum Schießen ist der Bewuchs zu dicht. Also nehme ich den Hund zurück und berate mich neben den Gleisen mit den begleitenden Jagdfreunden.

Wiederum rast ein Zug vorbei und noch Minuten später ist der Luftzug spürbar.

Ich komme zu dem Entschluss, meinen Schweißhundekollegen und Freund Ingo anzurufen. Er soll mit seiner Drahthaarhündin Asta die Sau vom Bahnkörper wegdrücken. Ist diese schwer krank, wird es eine kurze Hetze geben und dann beendet ein Fangschuss das Drama.

So unser Plan.

Eine Stunde später dringt Ingo mit Asta vom Bahndamm aus in die Dickung ein. Doch es kommt anders, als wir geplant haben: Ein böses Grunzen der Sau, giftiger Laut von Asta und schon flüchtet der Schwarzkittel über die Bahngleise in das gegenüberliegende Waldstück.

Hier finden wir Schweiß, tief abgestreift und dunkelrot mit kleinen, hellgelben, grießförmigen Pünktchen durchsetzt. Wir vermuten einen Waidwundschuss.

Wieder wird der Hund angesetzt und wir arbeiten fast zwei Stunden im schmalen Waldstreifen zwischen Donau und Bahntrasse. Fast am Ende des Waldstreifens angekommen, flüchtet das Stück wiederum über den Bahnkörper in das größere Waldstück gegenüber, wobei zwei Vorstehschützen leider fehlen.

Noch zweimal wiederholt sich dieses Spiel. Von 10 Uhr bis 17 Uhr treiben wir die Sau von Waldstück zu Waldstück – insgesamt viermal über die Bahngleise! Zweimal kommt es fast zur Kollision mit ICE-Zügen. Schließlich bricht die Dunkelheit herein.

Bei Einbruch der Dunkelheit wird die Nachsuche abgebrochen und die Abbruchstelle markiert.

Ohne Erfolg gehabt zu haben, verbrechen wir schließlich den letzten Einwechsel. Hier setze ich Artus am nächsten Morgen um 7:30 Uhr wieder an.

Starker Nebel und nächtlicher Laubfall verringern die Geruchsstärke der Wundfährte.

Schweiß liegt keiner mehr in der Fährte, außerdem behindert der starke nächtliche Laubfall die Nachsuche. Zudem hemmt starker

Nebel die Geruchsstärke der Wundfährte. Artus hat Mühe, die Fährte aufzunehmen. Immer wieder greift er zurück, bis plötzlich ein Ruck durch seinen Körper geht. Er hat die Fährte!

Um wirklich ein Losreißen zu verhindern, kann es – entgegen aller Regeln – hilfreich sein, den Schweißriemen um die Hand zu wickeln.

Sicherheitshalber habe ich den Schweißriemen entgegen aller Regeln dreimal um die Hand gewickelt, denn es wäre fatal, wenn sich Artus losreißen und die Sau über den Bahnkörper hetzen würde.

Durch Schlamm und Schilf krieche ich hinter dem anders als sein Vorgänger Cliff stark im Riemen liegenden Hund her. Artus arbeitet etwas schneller als Cliff, aber trotzdem sicher, was auf eine gute Feinnasigkeit schließen lässt.

Eine endlos erscheinende Stunde sind wir im urwaldähnlichen Biotop unterwegs, als umgestürzte Bäume ein Weiterkommen verhindern. Artus ist unten durchgekrochen, der Schweißriemen zum Zerreißen gespannt. Mein Begleiter überwindet kriechend und kletternd den Verhau und dann ertönt sein Ruf: Sau tot.

Der erste Schuss hatte die Nasenscheidewand durchschlagen, was den hoch verspritzten Schweiß erklärte, der zweite durchschlug eine Keule, das Projektil steckte waidwund tief.

Neun Stunden haben wir auf der Fährte verbracht und dabei in zwei Tagen insgesamt 12 Kilometer zurückgelegt.

Ein Dankeschön an die Jagdpächter für ihr erfolgsorientiertes, jagdlich korrektes Verhalten. Waidmannsdank an meinen Freund Ingo mit Asta und Cerberus.

Am nächsten Abend feiern wir in der Jagdhütte. Ein mehrfaches Horrido auf meinen Artus gibt mir die Sicherheit: Obwohl ein ganz anderer Hund, ist er dabei, aus dem Schatten seines Vorgängers Cliff herauszutreten.

Als ich den Heimweg antrete, führt mich mein Weg wieder über die große Donaubrücke. Am Heiligen Nepomuk vorbeifahrend, glaube ich nun, ein Lächeln auf seinem steinernen Gesicht zu erkennen.

Zwei in Schussrichtung abgeschossene Maisstängel. Die Höhe der oberen roten Markierung am Kontrollstock zeigt, dass das Stück überschossen wurde.

Ideal ist es wenn am Ende der Übungsfährte das zu den Schalen passende Stück liegt.

Pirschzeichen am Anschuss

Kommen wir nun aber einmal zu den Anforderungen, denen sich der Schweißhundführer stellen muss. Der Hund kann der Fährte folgen und Pirschzeichen verweisen, die richtigen Schlüsse daraus muss aber immer noch der Führer ziehen.

Am Anschuss entscheiden sich Vorgehensweise und Organisation der bevorstehenden Nachsuche.Wird es zur Hetze kommen (z.B. bei Laufschüssen, Krellschüssen), benötigt man bei großer Hitze und voraussichtlich langer Nachsuche ein vorgezogenes Kraftfahrzeug und Wasser für den Hund. Ebenso muss man sich die Frage stellen, ob Vorstehschützen notwendig sind (z.B. in Straßennähe) usw.

Bei der ersten Untersuchung des Anschusses ist der Hund etwas entfernt abgelegt.

Jede Nachsuche beginnt mit einer gründlichen Untersuchung des Anschusses. Dabei wird der Hund in Sichtweite zum Führer abgelegt (ca. 5 Meter entfernt).

Die verwiesenen Pirschzeichen muss der Hundeführer richtig deuten können.

Am Anschuss sind verschiedene Pirschzeichen zu finden, die Rückschlüsse auf den Sitz der Kugel und die Fluchtrichtung geben.

10 cm breiter schweißiger Kreis von 1 Meter Durchmesser. Waidwundschuss.

Schalengriffe (Riss) von einem beschossenen Stück Schwarzwild am Anschuss.

Knochensplitter

Knochensplitter Lauf: Röhrenknochen, hart, Bruchstellen scharfkantig, ohne Wildbret, Innenseite fettig.

Sind am Anschuss Knochensplitter zu finden, können Rückschlüsse auf den getroffenen Körperteil gezogen werden. Um Laufschüsse handelt es sich, wenn Röhrenknochen zu finden sind. Diese Knochen sind sehr hart, die Bruchstellen scharfkantig und manchmal spitz zulaufend. Meistens befindet sich kein Wildbret an den Splittern. Die Innenseite der Knochen ist aufgrund des Knochenmarkes fettig. Knochenmark gleicht äußerlich Feist. Zerreibt man es zwischen den Fingern, fühlt es sich wie Hautcreme an. Sind im Schweiß kleine weiße Pünktchen zu sehen, handelt es sich entweder um geronnenes Knochenmark oder um winzige Knochensplitter, wenn diese zwischen den Fingern gerieben spürbar sind.

Gebrech- und Äserschüsse führen zu einem qualvollen Verhungern des Stückes.

Werden am Anschuss Pirschzeichen gefunden, die auf einen Laufschuss schließen lassen, ist noch lange nicht sicher, ob das Stück nicht durch Geschosssplitter weitere schwerwiegende Verletzungen erlitten hat. Deshalb ist sowohl eine Nachsuche mit Hetze als auch eine Totsuche möglich.

Anhand der Pirschzeichen am Anschuss lässt sich der Sitz der Kugel ermitteln.

Je kleiner der Knochensplitter, desto schwieriger die Treffervoraussage. Kommt das Stück zur Strecke, kann festgestellt werden, von welchem Knochen der herausgeschossene Knochensplitter stammt. Aneinandergefügt passt der häufig genau zum durchschossenen Knochen.

Bei Rippen- und Brustbeintreffern sind die Knochen porös.

Wird ein Gelenk durchschossen, ist die glatte, wie poliert glänzende Oberfläche der Gelenkpfanne oder Gelenkkugel zu erkennen.

Bei Äser- oder Gebrechschüssen findet man Zahnteile, Kieferknochen oder Teile des Nasenbeins.

Typischer Knochensplitter vom Lauf (scharfkantig, spitz zulaufend, ohne Wildbret).

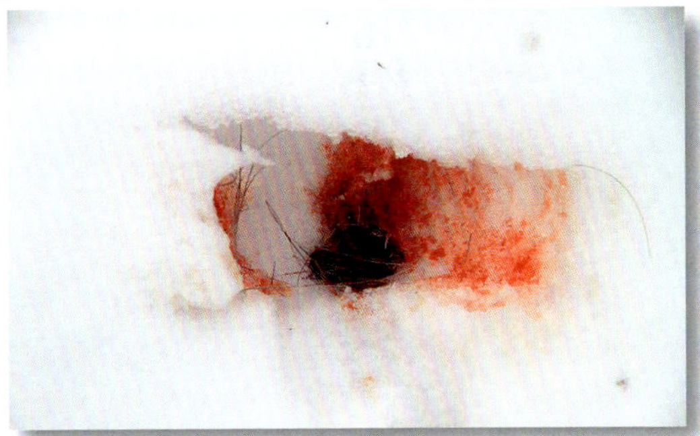

Schweiß und Risshaare vom Rehwild. Stück muss auf Ausschussseite gelegen haben (Schweißloch im Schnee). Die Diagnose lautet Keulenschuss.

Diagnose bestätigt. © Hubert Häring

Schwarzwild: Brustbein mit Rippenansatz (schwierig einzuordnen).

Knochensplitter vom Lauf (Hart, spitz gewölbt).

Beinknochen von der Innenseite des Hinterlaufes eines Stückes Schwarzwild (tiefer Laufschuss).

Beinknochen von der Außenseite des Hinterlaufs eines Stückes Schwarzwild (tiefer Laufschuss).

Die porzellanartige Außenseite des Knochensplitters deutet auf einen Gelenkknochen hin.

Kiefernrest mit Zahn nach Gebrechschuss bei einer Sau.

Schnitthaare

Es empfiehlt sich, ein Schnitthaarbuch anzulegen, um vergleichen zu können. Bei der Schnitthaarsammlung sollten auch Unterschiede zwischen Sommer- und Winterhaar sowie die Altersklasse berücksichtigt werden.

Häufig liegen Schnitthaare am Anschuss, die ebenfalls Aufschluss über den Sitz der Kugel geben können. Es wird dabei unterschieden zwischen Schnitt- und Risshaar. Auf der Einschussseite schneidet das Geschoss die Haare ab, auf der Ausschussseite wird es mit Wurzel und Hautpartikeln herausgerissen.

Ein Schnitthaarbuch ist ratsam, um am Anschuss gefundene Haare einordnen zu können. Dabei muss nach Alter der Stücke, Sommer- und Winterdecke sowie dem Sitz der Kugel unterschieden werden.

Schwarzwild

In der Regel sind Schnitthaare bei Sauen schwer einzuordnen. Oben auf dem Kamm sind sie lang und an der Spitze mehrfach gespalten, nach unten zur Bauchseite hin werden sie kürzer.

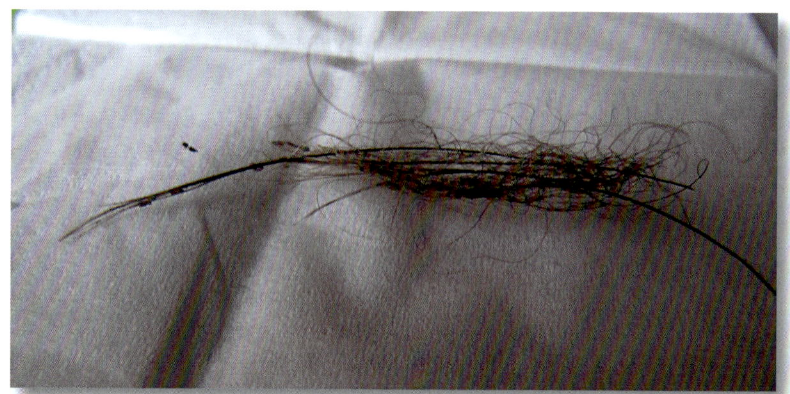

Borsten und Unterwolle vom Schwarzwild. Treffer: Brustkern Unterseite.

Borsten vom Kamm (Federn): lang und stark, Spitzen gespalten, Länge bis 10 Zentimeter. Farbe schwarz, Spitzen heller werdend.

Rumpf mittig: Länge ca. 6 cm, Schaftfarbe schwarz, Spitzen heller werdend und meist zweifach gespalten. Unterwolle grau oder bräunlich.

Rumpf waidwund tief: Borsten unterschiedlich in Länge und Stärke, meist weiche dünne Borsten. Farbe hellbraun oder gelblich.

Rehwild

Auch Schnitthaare vom Rehwild sind schwierig einzuordnen. Es bedarf viel Übung, um eine Fehldiagnose zu vermeiden.

Streifschuss tief (Brustkern) beim Reh. Viele Schnitthaare ohne Wildbretteilchen. Trotzdem muss eine Kontrollsuche durchgeführt werden.
© Ingo Seifert

Rehwild (Winter): Risshaarbüschel mit Haut (hoher Vorderlaufschuss).

Träger, Haupt und Läufe: Länge max. 2 Zentimeter, leicht gebogen, Haarspitze rot, unteres Ende dunkel.

Rumpf und Keulen: Länge ca. 3 cm, an der Wurzel grau, Spitze rot.

Haare vom Brustkern: Länge ca. 2 Zentimeter, hellgelb.

Haare vom Spiegel: Länge bis 7 Zentimeter, hellrot.

Rotwild

Auf Rotwild habe ich leider sehr wenige Einsätze (meistens im Ausland) durchgeführt. Deshalb zitiere ich hier Walter Frevert/Karl Bergien: Die gerechte Führung des Schweißhundes, Verlag Paul Parey Singhofen 1986:

„Das Haar des Rotwildes ist in Form und Färbung so verschiedenartig, daß der Jäger in der Praxis eine große Anzahl von Haarsorten zu bestimmen hat: Hirsch, Tier, Kalb; Sommer- oder Winterdecke, dazu die verschiedenen Körperstellen. Es bleibt nichts anderes übrig, beim zur Strecke kommenden Wild den Sitz der Kugel, Schnitt- und

Rißhaare festzustellen und im Schnitthaarbuch festzuhalten und daraus in zukünftigen Fällen den Sitz der Kugel zu bestimmen.“

Diese Vorgehensweise empfiehlt sich auch bei Schwarz- und Rehwild.

Schweiß

Schweiß ist eines der wichtigsten Pirschzeichen. Nimmt der Schweiß zu, sind die Erfolgsaussichten besser, als wenn der Schweiß abnimmt.

Liegt am Anfang viel Schweiß in der Fährte und nimmt dieser nach wenigen Metern ab, so ist in der Regel ein Körperteil getroffen, bei dem die Blutgefäße dicht unter der Decke/Schwarte liegen. Das ist z. B. bei Laufschüssen der Fall, die naturgemäß schwierige Nachsuchen nach sich ziehen.

Stehzeit der Fährte, Witterungseinflüsse und das verletzte Organ bestimmen Farbe und Geruch des Schweißes.

Nimmt dagegen der Schweiß im Laufe der Nachsuche zu, sind die Erfolgsaussichten einer Nachsuche besser. Allerdings kommt es auch häufig vor, dass tödlich getroffenes Wild die letzten Meter bis zum Niedertun nicht mehr schweißt.

Insbesondere bei Schwarzwild zeigt aber die Erfahrung, dass man oft erst nach 400 Metern den ersten Schweiß findet.

Sind im Schweiß winzige Luftbläschen zu erkennen, handelt es sich um Lungenschweiß. Liegen im Schweiß kleine helle Kügelchen, wird es sich um Wildbretschweiß mit geronnenem Knochenmark handeln. Ist die Farbe des Schweißes braunrot, handelt es sich um

Schweiß wirkt abgewischt. Meistens sehr tiefer Laufschuss. *© Heike Döhler*

Schwarzwild mit Schuss in Leber/Milz. Braunrot, glänzende Oberfläche *© Heike Döhler*

Lungenteil. *© Oliver Fischer*

Lungenschweiß mit Lungensubstanz
© *Hubert Häring*

Großer Ausschuss ergibt starke Pirschzeichen. Ursache ist meist ein Knochentreffer (hier Rippe).
© *Hubert Häring*

Leberschweiß. Bei Waidwundschüssen ist der Schweiß oft hell und mit Partikeln von Darm- oder Panseninhalt durchsetzt. Eine Geruchsprobe bestätigt den Waidwundschuss. Sind Arterien verletzt, ist der Schweiß hellrot. Wird eine Vene verletzt, ist der Schweiß dunkler.

Die Farbe des Schweißes ändert sich durch die Witterung. Bei Hitze wird der Schweiß dunkel, fast schwarz. Bei Regen wird er hellrot.

Milz, Leber und Weidsackinhalt vom Schwarzwild © *Heike Döhler*

Panseninhalt. © *Oliver Fischer*

Waidwundschuss beim Reh: Rippenknochen mit Leber- und Darmresten.
© *Alexander Pooth*

Der Kugelriss und der Geschossflugbahnkontrollstock

Mittels des Kugelrisses können Vermutungen über Fehlschüsse oder die Art der Verletzung angestellt werden.

Eines der wichtigsten Pirschzeichen am Anschuss ist der Kugelriss. Als Kugelriss wird die Stelle bezeichnet, an der die Kugel hinter dem Wildkörper den Boden aufgerissen hat. Wenn am Anschuss weder Schweiß noch Schnitthaar oder andere Pirschzeichen zu finden sind, muss der Kugelriss gesucht werden. Ist er gefunden, wird er deutlich sichtbar markiert. Wird der Kugelriss nicht gefunden, kann das Projektil auch in einen Baum eingeschlagen sein.

Der Flugbahnkontrollstock hilft dabei, zu überprüfen, ob das Stück die Kugel im Leben hat.

Jetzt kann an der Stelle, an der das beschossene Stück stand (Bestätigung durch Schaleneingriffe notwendig), der Flugbahnkontrollstock genau in die Flugbahn hineingestellt werden. Dieser Kontrollstock besteht aus einem stabilen Plastikrohr, das an der Unterseite mit einer stabilen Spitze versehen ist, sodass es in den Boden gesteckt werden kann. Für **Rehwild** sind direkt am Kontrollstock zwei Markierungen (Widerristhöhe und Bauchlinie) mit rotem Isolierband angebracht, die folgende Höhen haben sollten (Bei den angegebenen Werten handelt es sich um Richtwerte. Je nach Jahreszeit, Alter und Zustand des beschossenen Stückes kann es zu geringfügigen Abweichungen kommen):

- Untere Markierung (Bauchlinie, Bodenfreiheit) 40 cm
- Obere Markierung (Widerristhöhe) 70 cm

Kontrollstock für Rehwild.

Kontrollstock für Schwarzwild.

Für **Schwarzwild** werden drei unterschiedlich lange, schwarze Isolierrohre benötigt, deren Durchmesser so gewählt ist, dass sie über den Kontrollstock geschoben werden können. Die Länge der drei Plastikrohre entspricht der Differenz zwischen Bauchlinie und Widerristhöhe (gemessen vom Boden aus) von unterschiedlich großen Schwarzkitteln.

- Für Keiler (ca. 100 kg) ist das Isolierrohr 70 cm lang, Bodenfreiheit 40 cm
- Für Bachen (ca. 65 kg) 50 cm lang, Bodenfreiheit 30 cm
- Für Überläufer 40 cm lang, Bodenfreiheit 30 cm

Die drei Plastikrohre haben an einem Ende eine Schnur mit Haken. Letzterer wird im Kontrollstock oben eingehängt. Die jeweilige Länge der Schnur bestimmt die Bodenfreiheit.

Vom Hochsitz aus zielt jetzt ein Helfer mit der Waffe auf den markierten Kugelriss. Schneidet die Visierlinie zwischen Bauchlinie und Widerrist die Markierungen, hat das Stück einen Treffer.

Der Schütze zielt vom Hochsitz auf den Kugelriss. Der Kontrollstock wird am bestätigten Standpunkt des beschossenen Wildes in die Visierlinie hineingestellt. Befindet sich die Visierlinie zwischen den Markierungen für Bodenfreiheit und Widerristhöhe, hat das Stück die Kugel.

Der abgeschossene Maisstängel zeigt die Höhe der Kugel an. Am Fährtenkontrollstock erkennt man: Das Stück hat einen Treffer tief.

© Oliver Fischer

Sehr häufig habe ich erst mit dieser Methode winzige Pirschzeichen gefunden, oft konnte aber auch ein Fehlschuss (meistens zu tief) nachgewiesen werden.

In Zweifelsfällen (z. B. keine Pirschzeichen) muss mit dem Schweißhund die Fluchtfährte gearbeitet werden.

Einschlag der Kugel in einer Eiche.

Kugeleinschlag in eine Buche. *© Otto Baier*

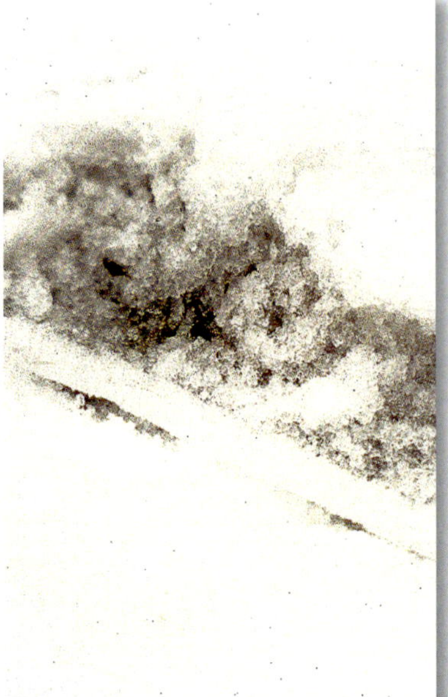

Kugelriss im Schnee.

Kugelriss in Wiese. © Oliver Fischer

Kontrollsuchen

Werden am Anschuss keine Pirschzeichen (Schweiß, Schnitt- oder Risshaare, Knochensplitter) gefunden, muss trotzdem auf jeden Fall mit einem Schweißhund nachgesucht werden.

Es gilt die Grundregel, dass jeder Schuss nachgesucht werden muss. Unabhängig davon, ob am Anschuss Pirschzeichen vorliegen oder nicht.

Die Länge der Kontrollarbeiten ist abhängig von äußeren Witterungsbedingungen. Am leichtesten erscheinen Nachsuchen bei Altschnee, denn hier sind die Trittsiegel gut zu erkennen, ebenso Schweißtropfen auf dem hellen Untergrund.

In vielen Fällen, insbesondere bei Schwarzwild, findet man erst nach 400 bis 500 Metern Schweiß. In einigen Fällen liegen die Sauen nach 300 Metern tot in der Fährte, ohne sichtbar Schweiß verloren zu haben. Deshalb sollte der Fluchtfährte bei Schneelage mindestens 700 Meter nachgehangen werden. Liegt Neuschnee auf der Fährte, reicht das allerdings nicht. Hier sollte man mindestens einen Kilometer der Fährte folgen.

Wesentlich schwieriger sind Kontrollsuchen bei Regen, denn dieser wäscht alle Pirschzeichen weg. Entscheidend für den Erfolg sind hier die Motivation von Führer und Begleiter, denn der Fährte ist so lange zu folgen, bis Hund oder Suchmannschaft aufgeben. Zeigt nur einer von beiden nachlassende Einsatzbereitschaft, wird unter Umständen zu früh aufgegeben (Siehe „Der Nachsuchenteufel“).

Regen wäscht Pirschzeichen ab und erschwert die Nachsuche ungemein.

Mit einem Waidwundschuss geht eine Sau ohne Schweiß zu verlieren 400 Meter.

Da der Schütze bei Drückjagden häufig mit der Waffe mitschwingend abdrückt und durch die Zieloptik die Stelle des Anschusses anders aussieht als beim normalen Betrachten, wird der Schweißhundführer vom Schützen häufig falsch eingewiesen, weshalb das Auffinden des Anschusses erschwert wird. Man sollte sich daher nicht scheuen, die Fährte mindestens 30 Meter entgegengesetzt zur Fluchtrichtung zu arbeiten und dort nach dem Anschuss zu suchen.

Verweist der Hund dann nicht, kann man von einem Fehlschuss ausgehen. Trotzdem ist sicherheitshalber die Fluchtfährte zu arbeiten!

Nicht immer stimmt der vom Schützen angegebene Anschuss. Dieses Pirschzeichen (Tödlicher Treffer Mitte Rumpf) befand sich 20 Meter hinter der vom Schützen angegebenen Stelle.

Pirschzeichen in der Wundfährte

Trittsiegel und Bodenverwundungen

In der Krankfährte sehen wir die Trittsiegel des beschossenen Stückes. Sind die Schalen eines Trittsiegels gespreizt, so wird dieser Lauf stärker belastet, was meist an einer Schussverletzung des anderen Vorder- bzw. Hinterlaufes liegt. Denn hierbei wird der kranke Lauf entlastet und das Körpergewicht des Stückes muss entsprechend vom anderen getragen werden.

Veränderte Trittsiegel und Schleifspuren deuten insbesondere auf Laufverletzungen hin.

Gespreizte Trittsiegel mehrerer Läufe deuten auf eine hohe Fluchtgeschwindigkeit hin.

Sticht das Stück mit den Schalen ohne die Ballen aufzusetzen in den Boden, ist es ebenfalls krank. In diesem Fall sagt man: Das Stück stanzt.

Schwer kranke Stücke heben die Läufe nicht mehr an. Man erkennt eine Schleifspur im Laub/Schnee bis zum Trittsiegel.

Schleifende oder gestanzte Trittsiegel deuten darauf hin, dass das Stück krank ist.

Auf Wiesen ist morgens der abgestreifte Tau im Gras als dunkle Spur erkennbar.

Zieht ein beschossenes Stück Schwarzwild durch ein Getreidefeld, drückt es in der Fährte mit den Schalen sowie mit dem Körper die Getreidehalme herunter. Die vom Körper heruntergedrückten Halme richten sich wieder auf, während die von den Läufen

Ist der Auswechsel im Getreide nach beschriebener Vorgehensweise sichtbar, umschlägt der Begleiter das Getreidefeld und und der Hund wird am Auswechsel angesetzt. Somit vermeidet man Verletzungen an Augen, Nase und das Eindringen von Fremdkörpern in die Gehörgänge.

In Fluchtfährte abgestreiftes Moos.

In voller Flucht hat die Rotte Sauen samt dem beschossenen Stück morsches Holz abgetreten.

niedergetretenen liegen bleiben. Schaut man nun flach über das Getreide, sieht man deutlich die Fluchtfährte.

Beim Überfallen von am Boden liegenden Stämmen wird Moos abgestreift. Oft wird bei faulendem, liegendem Holz die Oberfläche des Holzes abgetreten. An Bächen erkennt man besonders bei Schwarzwild manchmal den Ein- und Ausstieg. Bricht in Fluchtrichtung ein Stück Schwarzwild mit dem Wurf den Boden auf, wird es sich bald einschieben. Manchmal ist in der Fluchtfährte des Schwarzwildes Losung zu finden.

Bei Sauen ist die Anschussdiagnose häufig schwierig. Den Sitz der Kugel auf dem Wildkörper vorauszusagen, ist nicht immer mit Sicherheit möglich.

In dichten Beständen werden häufig die Blattunterseiten von Sträuchern nach oben gedreht. Diese sind meistens heller als die Oberseite, was besonders bei Himbeerstauden sichtbar ist.

Ein einzelnes hell erscheinendes, umgedrehtes Huflattichblatt bestätigt die Arbeit des Hundes.

Schalenabdruck gespreizt.
© Oliver Fischer

Blattunterseite ist durch Laufberührung nach oben gedreht.

Schrittweite und -breite (Schränkung) vollkommen gleichmäßig. Ist nach 1000 Metern immer noch kein Schweiß in der Fährte feststellbar, ist ein Fehlschuss wahrscheinlich.

Ungleichmäßig, unregelmäßig wirkendes Fährtenbild deutet auf einen Treffer hin.

Schweiß

Viele kleine Spritzer Schweiß mit ausgezogenen Spitzen deuten auf einen Laufschuss bzw. Schweiß, der am Lauf herunterläuft. Die Spitzen zeigen die Fluchtrichtung an.
© Heike Döhler

Schweißtropfen mit ausgezogenen Spritzern, die die Fluchtrichtung anzeigen.

Ein- oder beidseitig abgestreifter Schweiß zeigt die Höhe vom Ein- bzw. Ausschuss an.

Tropfbetten mit viel Schweiß zeigen an, dass das Stück an dieser Stelle verhofft hat. Dieses Verhalten ist häufig mit einer Richtungsänderung verbunden.

Große runde Schweißtropfen stammen in der Regel von einem Treffer am Rumpf. Feine strichförmige Spritzer links oder rechts der Fährte deuten auf einen Laufschuss hin oder es handelt sich um Schweiß, der am schlenkernden Lauf herunterläuft.

Rund fallende Tropfen deuten auf ein verhoffendes oder langsam ziehendes Stück hin, wogegen bei schnell ziehenden Stücken ausgezogene Tropfen zu finden sind. Die Spitze zeigt in Fluchtrichtung.

Schleimiger fadenziehender Schweiß stammt vom Gebrech.

Steht das Stück vor dem Gespann aus dem Wundbett bzw. Wundkessel auf, ist festzustellen, ob es sich um das kranke Stück handelt. Dazu wird mit einem Papiertaschentuch das Wundbett ausgetupft. Findet man Schweiß, kann man sicher sein, dass es sich um das beschossene Stück handelt. Schwierig wird es, wenn

Nach Tropfbetten folgt häufig eine Richtungsänderung.

Die ausgezogenen Spritzer der Schweißtropfen zeigen in die Fluchtrichtung des Stückes. Je runder die Tropfen sind, umso langsamer zog das Stück.

kein Schweiß zu finden ist, denn es kann sich trotzdem um das kranke Stück handeln. An Abteilungslinien vorgezogene Schützen sind in solchen, allerdings selten vorkommenden Fällen vorteilhaft (Siehe „Der Bock von Oberroth").

Abgestreifter Schweiß nach Vorderlaufschuss eines Schwarzkittels, wo der Lauf (meistens Vorderlauf) einen querliegenden Ast streifte.

© Heike Döhler

An Brombeerblättern abgewischter Schweiß lässt durch die Höhe der Blätter u.U. Rückschluss auf Lauf- oder Rumpftreffer zu.

Schwarzwild nach Schuss in den Rumpf. Der Schweiß ist auf einer Höhe von 35 cm abgestreift.

© Heike Döhler

60 Meter nach dem Anschuss immer noch kein Schweiß in der Wundfährte, die Schrittweite beträgt jedoch nur noch ca. 25 Zentimeter: Das Stück ist krank!

Hetze, Stellen und Fangschuss

Die Klasse eines Schweißhundes ist nicht nur am kilometerweiten Ausarbeiten einer Krankfährte zu erkennen, sondern an der Hatz und beim Stellen. Fehlt nur eine dieser drei Voraussetzungen, ist der Hund als Schweißhund nicht tauglich. Hunde, die mit rabiater Schärfe angreifen, sind ungeeignet. Meistens werden sie auch nicht alt.

Die ersten Hetzen sind entscheidend für die weitere Entwicklung eines Schweißhundes. Es ist ein großer Fehler, dem Hund beim ersten Mal schwierige Hetzen, wie z. B. bei einem Stück mit Laufschuss, anzubieten.

Genauso ungeeignet sind Hunde mit mangelnder Wildschärfe, die schlecht hetzen und nicht stellen. Solchen Hunden muss ein Loshund beigestellt werden, der Hatz und Stellen übernimmt.

Ergeben die Pirschzeichen am Anschuss, dass das Stück schwer krank sein muss (Leberschuss o. Waidwundschuss), wird der Hund nach einer Stehzeit der Fährte von 2 bis 4 Stunden angesetzt. Bei großen Bewegungsjagden im Herbst und Winter ergeben sich genügend Möglichkeiten, eine derartige Fährte zu arbeiten.

Sowohl Hunde mit rabiater als auch mit mangelnder Wildschärfe sind als Schweißhunde nicht geeignet.

Steht das kranke Stück vor dem Hund auf und flüchtet, wartet man 5 Minuten, um die in der Luft stehende Wittrung etwas abzuschwächen, und vergewissert sich, dass es auch tatsächlich das kranke Stück war, das vor dem Gespann hochwurde. Hierzu wird mit einem weißen Papiertaschentuch untersucht, ob sich im Wundbett Schweiß befindet.

Bei Einbruch der Dunkelheit wird der Hund nicht geschnallt. Die Nachsuche muss dann am nächsten Morgen weitergeführt werden.

Ist vor Einbruch der Dunkelheit noch genügend Zeit für die Hetze und das Angehen des Bails, wird die Halsung über den Kopf gestreift und der Hund geschnallt. Ruhig geht man dem Spurlaut nach. Meistens wird das gehetzte schwer kranke Stück sich nach 100 bis 300 Metern stellen. Ist dies der Fall, wird der Bail ohne Hast und wenn möglich unter gutem Wind angegangen. Schwarzwild schiebt sich meistens, wenn es gestellt wird, in Deckung ein. Dabei handelt es sich häufig um tief beastete Fichten, Reisighaufen, Farn- oder Brombeerinseln. Vor dem stellenden Hund startet es manchmal Angriffe. Dieses Verhalten bietet gute Möglichkeiten, den Fangschuss anzutragen, wobei Kunstschüsse (z. B. Tellerschuss) vermieden werden sollten. Unabhängig davon, ob ein Voll- oder Teilmantelgeschoss verwendet wird, zeigt die Schussrichtung immer vom Hund weg, denn rückwärts fliegt in der Regel kein Geschosssplitter.

Der Fangschuss geht immer vom Hund weg. Kunstschüsse sind zu vermeiden.

Der Hund wird lernen, dass sein Hundeführer ihm zu Hilfe eilen und mit dem Fangschuss die Nachsuche beenden wird, und schließlich so lange stellen, bis der Fangschuss bricht.

Verläuft die Flucht in Richtung von Straßen oder Autobahnen, ist aus Sicherheits- und Haftungsgründen nur mit Vorstehschützen zu arbeiten.

Kommt der Hund erfolglos von einer Hetze zurück, wartet man 30 Minuten, bevor er wieder an der Fluchtfährte angesetzt wird. In diesem Fall sind Vorstehschützen von Vorteil. Es zählt nur eines: der Erfolg – egal auf welche Weise er zustande kommt.

Bei der Hetze ist noch etwas Wichtiges zu beachten:

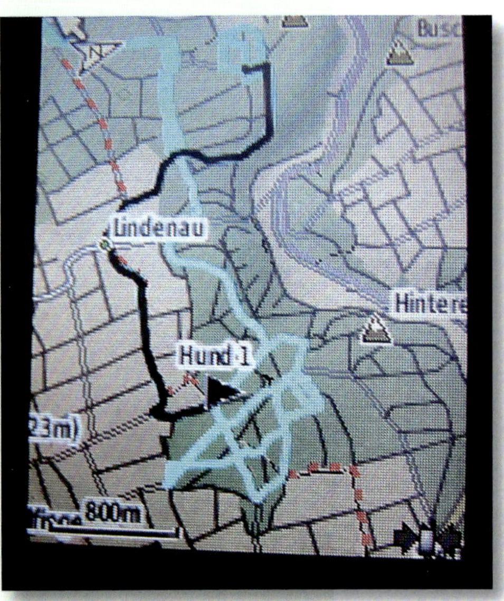

Artus' Nachfolger Erasmus vom Lärchenrot (Eras) hetzte Rehbock mit Streifschuss über 10 km.

1000 Meter vor Straßen und Autobahnen habe ich grundsätzlich meinen Hund nicht geschnallt, denn dies wäre unverantwortlich. Mit Sicherheit würde auch jede Jagdhaftpflichtversicherung eine Schadensregulierung bei Personen- und Sachschäden ablehnen.

Bis Wild die Straße überfällt, macht es an dieser Stelle oft Widergänge oder einen Versatz, d.h. es läuft innerhalb des Bestandes an der Straße entlang, um diese erst nach einigen Metern zu überqueren. In so einem Fall habe ich die Fährte bis zur Straße gearbeitet, diese mit dem Hund überquert und dann die Fährte bis zum nächsten Wundbett am Riemen gearbeitet.

Achtung: Schwarzwild, das zum zweiten Mal aufgemüdet wird, greift häufig an. Deshalb ist die Nachsuche nach dem ersten Stellen mit größter Umsicht weiterzuführen. Bleibt der Hund stehen, hebt die Behänge oder gibt Laut, ist mit einem Angriff zu rechnen. In diesem Fall wird der junge Hund sofort zurückgenommen, denn noch am Riemen hängend kann der Hund dem Angriff einer Sau nicht ausweichen und wird geschlagen.

Schwarzwild, das zum zweiten Mal aufgemüdet wird, greift häufig an.

Steckt das Stück, wird der Einstand mit Vorstehschützen umstellt und der Hund am Einwechsel geschnallt.

Hat der Hund das erste Mal unliebsame Bekanntschaft bei einer Auseinandersetzung mit einem Stück Schwarzwild gehabt, wird er von Natur aus vorsichtiger agieren.

Beeinträchtigung der Schweiß-arbeit durch äußere Einflüsse, bei Nachsuchenpausen und -unterbrechungen

Jedes Nachsuchengespann wird immer wieder mit Problemen konfrontiert. Äußere Einflüsse behindern die Nachsuche und können schon einmal zu einer Fehlsuche führen. Hund und Führer müssen lernen, mit den verschiedenen Einflussfaktoren zurechtzukommen.

Schnee und Kälte

Wenn Pulverschnee auf der Fährte liegt, wird diese von gut eingearbeiteten Hunden problemlos gehalten. Je nasser der Schnee allerdings wird, desto weniger Geruchsmoleküle können von der Nase des Hundes aufgenommen werden, wodurch es für ihn sehr schwer ist, die überschneite Fährte zu halten.

Nasser Schnee behindert die Fährtenarbeit, da der Geruch für den Hund schwerer aufzunehmen ist.

Fast aussichtslos ist die Riemenarbeit, wenn überfrierende Nässe den Schnee bedeckt.

Bei gefrorenem Boden sind Fährten, in denen kein Schweiß liegt, sehr schwierig zu arbeiten. Bei extremen Minustemperaturen beginnt eine Nachsuche nicht in den frühen Morgenstunden. Die im Laufe des Tages einsetzende Bodenthermik erleichtert dem Schweißhund die Arbeit. Ohne Eile sollte man den Beginn der Nachsuche bis kurz vor Mittag verschieben.

Regen

Nieselregen oder mittlere Regenfälle sind, wenn Schweiß in der Fährte liegt, nicht problematisch. Wolkenbruchartiger Regen, insbesondere auf freien Flächen, erschwert die Nachsuche hingegen sehr, da die Fährten dann schwieriger zu arbeiten sind.

An sich ist Regen nicht problematisch, vorausgesetzt er wäscht nicht alle Geruchsspuren fort.

Wochenlanger Regen, der den Boden in Sumpf und tiefen Matsch verwandelt, beeinträchtigt die Bodenverwundungen ebenfalls und auch dann sind Fährten, in denen wenig Schweiß liegt, schwieriger zu arbeiten.

Wenn möglich hilft es häufig, von freien Flächen in den Wald zu wechseln, wenn der Einwechsel bekannt ist. Hier kann der Hund eventuell die Fährte besser aufnehmen.

Sturm

Wind weht dem Hund die Fährte aus der Nase.

Bei Sturm werden die Geruchspartikel dem Hund regelrecht von der Nase weggeblasen. Eine Riemenarbeit wird deswegen mit zunehmender Windgeschwindigkeit schwieriger. Das betrifft insbesondere die Arbeit über Wiesen, Äckern und Brachen (Siehe „Der Bock von Krumbach").

Hitze

Hitze lässt den Hund schneller ermüden. Regelmäßig sind Pausen einzulegen, Wasser ist mitzuführen.

An heißen Tagen die Nachsuche möglichst in den frühen Morgen verschieben.

Hohe Temperaturen sind problematisch, da Hunde bei Hitze schnell körperlich abbauen. Ruhig arbeitende Hunde sind hier von Vorteil. Die ruhige Arbeitsweise ist eine Sache der Einarbeitung. Es ist darauf zu achten, dass bei hohen Temperaturen Pausen eingelegt werden, bevor der Hund erschöpft ist. Zudem sollte immer ein Begleitfahrzeug mit Wasser für den Hund und Getränken für den Nachsuchenführer und die Begleiter in der Nähe sein.

Im Sommer sollten Schweißarbeiten daher auch bereits kurz nach Tagesanbruch beginnen, und zwar sobald die Lichtverhältnisse im Bestand das Erkennen von Pirschzeichen möglich machen.

Es wird bei jedem Wetter und zu jeder Tageszeit geübt

Artus ist 22 Wochen alt. Ich lege in einem Buchenaltholz, durchsetzt mit kleinen Fichten- und Brombeerinseln, eine Fährte von

800 Metern mit 3 Haken. Am Ende deponiere ich den aufgetauten Sauschädel.

Am nächsten Morgen liegen 2 Zentimeter Nassschnee auf der Fährte. Wie wird Artus diese für ihn völlig neue Situation meistern?

300 Meter vor dem Fährtenbeginn lasse ich den Wagen stehen und laufe zum Anschuss. So kann sich Artus besser auf die überschneite Übungsfährte einstellen.

Ich zeige dem Rüden mit einer Handbewegung Fährtenbeginn und Fluchtrichtung. Artus nimmt die Nase herunter und folgt langsam der Fährte. Manchmal hält er seine Nase so tief, dass beim Einatmen Schnee in die Nase eingezogen wird. Niesend bläst der Rüde den Schnee immer wieder aus.

Trotzdem arbeitet Artus sicher, meistert ruhig alle 3 Haken und findet am Ende den ausgelegten Sauschädel.

Als ich diesen aufheben will, droht der Kleine zähnefletschend und tief knurrend und zeigt unmissverständlich seine Besitzansprüche an. In diesem Alter sollten keine Konfliktsituation herbeigeführt werden. Wer seinen Hund jetzt bestraft, macht einen schweren Fehler.

Verteidigt der junge Hund seine „Beute", darf er nicht hart bestraft werden. Er wird abgezogen und in den Wagen gebracht, dann erfolgt die Bergung.

Ich ziehe Artus am Riemen zurück, lobe ihn mit Sicherheitsabstand vom Sauschädel freundlich und laufe mit dem Hund zum Wagen. Dann gehe ich ohne Hund zurück und hole jetzt erst den Sauschädel.

Pausen und Unterbrechungen

Wird bei einer Nachsuche eine Pause eingelegt, sollte dies nicht an Wegen, Straßen und Bewuchswechseln (Nadelholz, Laubholzbestand) erfolgen. Das betrifft auch Arbeiten, die wegen einbrechender Dunkelheit unterbrochen werden müssen. Besser ist es, mindestens 100 Meter über diese Problemstellen hinwegzuarbeiten, die Abbruchstelle zu markieren und den Hund bei Weiterführung der Arbeit 50 Meter vor der Markierung anzusetzen.

Eine Nachsuche nicht an Wegen oder Bewuchswechseln, sondern 100 Meter dahinter im Bestand abbrechen, um dem Hund beim Wiederaufnehmen zuerst gleichbleibende Geruchsinformationen zu ermöglichen.

Grundsätzlich werden die Arbeiten im gleichartigen Bewuchs unterbrochen und an dieser Stelle deutlich markiert. Damit ist gewährleistet, dass die Geruchsinformation für den Hund in Fluchtrichtung des Wildes in Bezug auf die Bodenverwundung ab der Abbruchstelle gleich bleibt.

Bewuchs und Geländebeschaffenheit

Wechsel in der Geländebeschaffenheit verändern den Geruch der Fährte und erschweren die Nachsuche.

Führt eine Wundfährte aus Laubholzbeständen in Nadelholzwälder, ändern sich Bodenbeschaffenheit und somit auch der Geruch der Bodenverwundung. Dieser für den Hund abrupte Geruchswechsel kann bei längerer Stehzeit der Wundfährte zu Schwierigkeiten bei der Nachsuche führen. Ebenfalls machen Hangkanten und sonnenbeschienene, dem Wind ausgesetzte Hänge dem Hund Probleme. Diese Schwierigkeiten offenbaren sich besonders, wenn kein Schweiß in der Fährte liegt.

Auch eine Fährte direkt entlang liegender Baumstämme kann problematisch sein, insbesondere dann, wenn der Stamm in Windrichtung vom beschossenen Wild berührungslos überquert wird.

Die Übungsfährte verläuft direkt an einem Baumstamm und quert diesen am hinteren Ende berührungsfrei in Windrichtung.Eine Herausforderung .Der Hund muss Kreisen um den Abgang zu finden.

Schwierigkeiten ergeben sich auch, wenn beschossenes Schwarzwild Suhlen aufsucht. Besonders wenn andere Sauen die Suhle im gleichen Zeitraum angenommen haben, kann es durch die zahlreichen unterschiedlichen Trittsiegel und Geruchsinformationen zu Problemen bei der Weiterführung der Riemenarbeit kommen. Zusätzlich nimmt das Stück den Geruch der anderen Sauen an (Siehe „Der Keiler von Babenhausen").

Beim Durchrinnen von Bächen oder Flüssen ändert sich das Geruchsbild der Fährte ebenfalls, sodass es zu Schwierigkeiten bei der Weiterführung der Riemenarbeit kommen kann.

Am Ende der Ausbildungszeit müssen Übungsfährten gezielt durch Problemzonen gelegt werden, um dem Hund Gelegenheit zu geben, sich mit solchen Situationen vertraut zu machen, denn später muss der Hund bei jeder Wetterlage in den verschiedensten Situationen das Wild nachsuchen.

Erfolgte Vorsuchen

Wurde bereits mit einem anderen Hund vorgesucht, muss der Nachsuchenführer darüber in Kenntnis gesetzt werden. Nachsuchen mit einem Rüden, bei denen mit einer Hündin vorgesucht wurde, erschweren die Riemenarbeit sehr.

Wird Wild durch stumm jagende Hunde gehetzt, kann eine Nachsuche sehr schwierig werden. In Panik flüchtet das Wild sehr weit.

Vorsuchen mit einer Hündin erschweren die nachfolgende Riemenarbeit durch die Wittrung unter Umständen sehr.

Nachsuchen bei Verkehrsunfällen

2014/15 wurden in Deutschland ca. 212 800 Stück Schalenwild überfahren (www.jagdverband.de/content/wildunfallstatistik). Dies ist zumindest die per Hochrechnung angenommene Zahl, die tatsächliche Ziffer liegt mit Sicherheit höher.

Nachsuchen auf durch den Straßenverkehr verunfalltes Wild sind häufig schwierig. Oft ist die genaue Aufprallstelle nicht bekannt, der Fahrer des KFZ steht unter Schock, kann keine präzisen Angaben über Wildart und Fluchtrichtung machen und auch Bremsspuren sind infolge von ABS nur selten festzustellen. Zudem ereignen sich Wildunfälle meistens an häufig frequentierten Wildwechseln, weshalb mit starken Verleitungen zu rechnen ist. Haare bzw. Borsten werden bei stark befahrenen Straßen häufig durch vorbeifahrende Autos weggetragen und verweht. Starker Regen kann das Auffinden von Pirschzeichen ebenfalls erschweren.

Unpräzise Angaben sind nach Verkehrsunfällen normal.

Weiche Aufprallzonen am Frontbereich des Autos verursachen beim Wild Quetschungen, Prellungen und stumpfe Verletzungen mit wenig Pirschzeichen. Meist schweißt es nicht, hat aber schwere innere Verletzungen. Es wird sehr schnell krank und tut sich häufig nach einigen hundert Metern nieder. In der Nähe von Straßen kann der Hund bei aufstehendem Wild allerdings nicht geschnallt werden. Helfende Jäger, die als Vorstehschützen agieren, sind deshalb zu empfehlen.

Nach Verkehrsunfällen schweißt Wild häufig nicht, hat aber schwere innere Verletzungen.

Tritt eine dieser Situationen ein, suche ich immer 200 Meter vor und hinter der vermuteten Unfallstelle beidseitig der Straße mit dem Hund vor. In seltenen Fällen kann es notwendig sein, jede Straßenseite hin und zurück vorzusuchen.

Um Beeinträchtigungen der Riemenarbeit (Spritzwasser, Staub und Windböen) durch vorbeifahrende Fahrzeuge bei der Vorsuche zu vermeiden, sucht man in einer Entfernung von 30 Meter parallel zur Straße vor.

Aufgrund der Nähe der Straße sind bei Nachsuchen nach Verkehrsunfällen Vorstehschützen zu empfehlen.

Landratsamt Alb-Donau-Kreis – Organisation von Drückjagden

Das Landesjagdgesetz in Baden-Württemberg schreibt vor, dass bei Such-, Drück- und Treibjagden brauchbare Hunde bereitzuhalten sind. Bereithalten heißt im Sinne des Gesetzes, dass der Schweißhundführer schon vor der Jagd informiert werden muss. Immer wieder ist festzustellen, dass hier dem Gesetz nicht Genüge getan wird.

Jeder Schuss muss nachgesucht werden, wenn das Stück nicht liegt!

Bei Such-, Drück- und Treibjagden sind brauchbare Hunde gesetzlich vorgeschrieben.

Geschäftliche und private Verpflichtungen machen es nicht immer möglich, eine Nachsuche anzunehmen. In diesen Fällen delegiert man den Nachsuchenauftrag weiter oder lässt eine Vertrauensperson mit dem Schweißhund die Nachsuche durchführen.

Nachsuchen werden niemals ganz zu vermeiden sein, jedoch sollte besonders bei großen Bewegungsjagden die Jagdleitung stets bestrebt sein, sie auf ein Minimum zu reduzieren. Der Schießfinger sitzt bei großen Gesellschaftsjagden schon einmal etwas lockerer als beim einsamen Ansitz. Hier ist es an der Jagdleitung, durch eine entsprechende Organisation und konsequente Befolgung der aufgestellten Regeln für eine möglichst geringe Nachsuchenquote zu sorgen. Vorbildhaft geschieht dies meiner Meinung nach im Alb-Donau-Kreis, weshalb ich Forstdirektor Stefan Tluczykont gebeten habe, Organisation und Ablauf einer groß angelegten Bewegungsjagd hier zu schildern.

Die Nachsuche bei der groß angelegten Bewegungsjagd auf Schalenwild

Im Bereich der staatlichen Regiejagd im Alb-Donau-Kreis führen wir pro Jahr zwischen sechs und zwölf groß angelegte Bewegungsjagden auf Schalenwild (Schwarzwild und Rehwild) durch. Herr Fischer und andere engagierte Schweißhundführer stehen uns hierfür dankenswerterweise bei allen Jagden für die Nachsuchenarbeit zur Verfügung. Gern komme ich seinem Wunsch nach, über unsere Maßnahmen zur Vermeidung und zur fachgerechten Vorbereitung und Durchführung der Nachsuchen zu berichten. Die beschriebenen Vorkehrungen erheben dabei keinen Anspruch auf Vollständigkeit oder endgültige Perfektion. Auch hier gilt: Das Bessere ist des Guten Feind. In diesem Sinne freue ich mich auf Anregungen aus dem Leserkreis zu Verbesserungen rund um die wichtige Arbeit nach dem Schuss bei Bewegungsjagden auf Schalenwild.

Bei groß angelegten Bewegungsjagden ist bei uns je nach Wilddichte und Größe des einbezogenen Jagdgebietes innerhalb von zwei bis drei Stunden mit einer Strecke von meist 15 bis 50 oder mehr Stücken Schalenwild und Füchsen zu rechnen.

Ziel ist dabei immer, durch organisatorische Maßnahmen im Vorfeld

- die Anzahl notwendiger Nachsuchen zu minimieren und
- eine fachgerechte Nachsuche aller beschossenen Stücke sicherzustellen, die nicht unmittelbar zur Strecke kommen, um das Leiden von Wild möglichst zu verkürzen und verwertbares Wildbret vor der Entwertung zu bewahren.

Ziel sollte immer sein, die Nachsuchen schon im Voraus weitestmöglich zu reduzieren.

Maßnahmen zur Vermeidung von Nachsuchen

Nachsuchen und insbesondere zeitaufwendige und oft ergebnislose Kontrollsuchen werden am besten vermieden, indem das Verhältnis abgegebener Schüsse zu erlegtem Wild möglichst günstig ist. Bei Jagden mit weit überwiegender Rehwildstrecke und wenig Schwarzwild und Füchsen sollte ein Schussverhältnis von weniger als 1,5 Schuss pro erlegtem Stück erzielt werden. Bei hohem Schwarzwildanteil halte ich ein Verhältnis von 1,5 bis zu 2,0 Schuss pro erlegtem Stück Wild für vertretbar. Gerade beim Schwarzwild wird ein Stück teilweise mehrfach beschossen, sodass auch eine etwas höhere Schussquote nicht von vornherein negativ bewertet werden muss. Weit darüberliegende Quoten von 4 oder mehr Schuss pro erlegtem Stück führen zu einer Unzahl von Nachsuchen und offenbaren meines Erachtens vermeidbare Mängel bei der Vorbereitung und Durchführung einer solchen Jagd.

Die Anzahl der Schüsse pro Stück so gering wie möglich halten.

Auswahl der Schützen

Der Auswahl geeigneter Schützen kommt eine Schlüsselstellung bei der Vermeidung von Nachsuchen zu.

Ein geeigneter Schütze verfügt über folgende Fertigkeiten und Eigenschaften:

- Wild in kürzester Zeit korrekt anzusprechen.
- Bewegtes Wild sicher durch Kammerschuss tödlich zu treffen.
- Selbstdisziplin zum Verzicht auf die Schussabgabe, wenn nicht klar angesprochen werden konnte oder ein tödlicher Treffer zweifelhaft erscheint.

Ein guter Schütze spricht Wild schnell richtig an, trifft auch beim Flüchtigschießen die Kammer und lässt den Finger gerade, wenn der Schuss nicht waidrecht ist.

In Regionen, wo Bewegungsjagden schon länger ausgeübt werden, sind solche Schützen meist bekannt und gern gesehene Gäste. Viele Jagdleiter fordern schon heute den Nachweis von Schießübungen auf den laufenden Keiler oder über den Besuch der heute vorhandenen Schießkinos.

Ich bin im Übrigen der Meinung, dass Bewegungsjagden sich nicht dafür eignen, Jungjägern mit wenig Jagdpraxis Jagdgelegenheit zu bieten.

Wer Schalenwild schnell korrekt ansprechen und sicher erlegen will, sollte sich zunächst auf der Einzeljagd perfektionieren.

Jungjägern, die sich für die Teilnahme an Bewegungsjagden interessieren, empfehle ich neben der intensiven Einzeljagd den regelmäßigen Besuch des Schießstandes, um sich schießtechnisch zu qualifizieren. Die Mitwirkung als Treiber bei verschiedenen Jagden eröffnet die Möglichkeit, die Jagd aus dieser Perspektive kennenzulernen und Kontakte zu Hundeführern und Jagdleitern zu knüpfen. Wer dann noch einen geeigneten Stöberhund ausbildet und führt, kann sicher bald mit Jagdeinladungen rechnen.

Aber auch bei Schützen, die die Anforderungen erfüllen, fallen Nachsuchen an. Meist handelt es sich jedoch um Totsuchen von Kammerschüssen, die nach kürzester Zeit zum Stück führen, sodass das Wild uneingeschränkt verwertet werden kann.

Schlechte Schützen bedeuten mehr und längere Nachsuchen und weniger verwertbares Wildbret.

Gestaltung und Auswahl der Schützenstände

Neben der Auswahl der Schützen spielt die Standauswahl eine ebenso entscheidende Rolle bei der Vermeidung von Nachsuchen.

Geeignet sind übersichtliche Plätze in Stangen- bis Baumhölzern mit wenig Unterwuchs und einer maximal möglichen Schussentfernung von 50 Metern. Wenn dem Schützen dann noch eine kleine Drückjagdkanzel angeboten wird, sind dort auch eher

Als Stand geeignet sind übersichtliche Plätze mit wenig Unterwuchs in Kombination mit einem Drückjagdstand.

durchschnittliche Schützen in der Lage, heranwechselndes Wild sauber anzusprechen und sicher zu erlegen.

Auf Schneisen werden mehr Nachsuchen produziert als im offenen Gelände.

Stände auf Drückjagdkanzeln oder Einzelansitzeinrichtungen in übersichtlichen Baum- und Althölzern sind ebenfalls geeignet, vorausgesetzt der Schütze ist diszipliniert und schießt nicht auf hochflüchtiges Wild oder zu weit.

Stände auf Schneisen und Wegen in Verjüngungen oder Dickungen sollten – wenn möglich – eher vermieden werden. Falls dies aufgrund der örtlichen Verhältnisse nicht gelingt, muss von vornherein mit vielen Nachsuchen gerechnet werden, weil der Schütze sehr schnell ansprechen und schießen muss, was nur den Besten fachgerecht gelingt, und das Wild, auch tödlich getroffenes, oft nicht in Sichtweite verendet.

Rechtzeitig vor dem Jagdtag müssen die Stände auch im Hinblick auf die Vermeidung von Nachsuchen kontrolliert und freigeschnitten werden, um Übersichtlichkeit herzustellen und Geschossablenkung zu vermeiden.

Bodenstände sind möglichst zu vermeiden. An geeigneten Plätzen in Stangen- und Baumhölzern sind sie am ehesten noch zu vertreten.

Vorbereitende Maßnahmen zur fachgerechten Durchführung von Nachsuchen

Auswahl geeigneter Nachsuchengespanne in ausreichender Zahl

Ein geeignetes Nachsuchengespann für die Arbeit bei Bewegungsjagden zeichnet sich meines Erachtens neben den grundsätzlichen Anforderungen an Hund (Nase, Ruhe, Fährtentreue, Wildschärfe) und Führer (Ruhe, Durchhaltewillen, Zusammenarbeit mit dem Hund, körperliche Fitness) durch folgende Merkmale aus:

- Alle von der Jagdleitung in Auftrag gegebenen Arbeiten, unabhängig von Wildart und Erfolgsaussicht, werden nach gemeinsamer Priorisierung der Arbeiten aufgenommen.
- Das Gespann muss auch in der Lage sein, Wundfährten nach kurzer Stehzeit und erschwert durch eine Unzahl warmer Verleitungen auszuarbeiten.

Geeignete Gespanne müssen mehrere schwere Nachsuchen pro Jahr absolvieren und auch bei vielen warmen Verleitfährten sicher arbeiten.

Ausgesprochene Nachsuchenspezialisten mit 50 oder mehr erschwerten Einsätzen pro Jahr werden in der Zeit der Bewegungsjagden überall gebraucht. Deswegen und weil gerade auch bei Bewegungsjagden leichte und schwere Nachsuchen anfallen, laden wir auch Gespanne für unterschiedliche Schwierigkeitsanforderungen ein: Die Basis bilden natürlich die ausgesprochenen Nachsuchenspezialisten (meist aber nicht ausschließlich Führer von Schweißhund- oder Brackenrassen), die besonders für die Nachsuche auf nicht tödlich getroffenes Schwarzwild eingesetzt werden müssen.

Gespanne mit verschiedenen Ausbildungsgraden können eingesetzt werden, wenn erfahrene Hunde für die schweren Nachsuchen vorhanden sind.

Für viele angesichts der Anschussmerkmale absehbare kurze Totsuchen auf Reh- und Schwarzwild genügen jedoch Gespanne mit entsprechend ausgebildeten und geprüften Jagdgebrauchshunden, die sich schwerpunktmäßig, aber nicht unbedingt ausschließlich der Nachsuchenarbeit verschrieben haben. Entscheidend ist, dass diese Hunde selten und schon gar nicht am Jagdtag für die Arbeit vor dem Schuss eingesetzt werden, damit sie möglichst frisch und motiviert ans Werk gehen.

Die Anzahl der vorzuhaltenden Gespanne hängt stark von der Anzahl der beteiligten Schützen und der zu erwartenden Schwarzwildstrecke ab.

Bei fachgerechter Vorbereitung und disziplinierten Schützen fallen auf Rehwild eher weniger Nachsuchen an. Mit weniger als zwei Gespannen sollte meines Erachtens jedoch nie geplant werden. Sind größere Schwarzwildstrecken zu erwarten, ist auch eine höhere Anzahl empfehlenswert.

Für Jagden mit Schwarzwildvorkommen sollte pro 15 Schützen ein Gespann zur Verfügung stehen.

Klare Nachsuchenorganisation

Ohne eine klare Organisation der Nachsuchenarbeit sind bei einer größeren Gesellschaftsjagd Misserfolge durch unterlassene oder falsch priorisierte Nachsuchen vorprogrammiert.

Verantwortlichkeiten

Jagdleiter

Als Jagdleiter koordiniere ich meist selbst die anfallenden Nachsuchen in Zusammenarbeit mit den anwesenden Nachsuchenführern. Als Basis dienen die Berichte der Ansteller sowie die Informationen auf den Nachsuchenkuverts und den Standkarten.

Die Koordination der Nachsuchen übernimmt der Jagdleiter oder eine von ihm beauftragte revierkundige Person.

Ansteller (Gruppenführer)

Die Ansteller führen bei unseren Jagden in der Regel 3 bis 6 Schützen.

Im Zusammenhang mit den Nachsuchen sind sie für die fachgerechte Markierung der Anschüsse und die vollständige

Dokumentation der abgegebenen Schüsse auf der Standkarte verantwortlich. Jeder Ansteller erhält hierzu ein Kuvert mit folgendem Inhalt:

- Übersichtstabelle auf dem Kuvert
- Merkblatt für Ansteller (s. u.)
- Standkarten für jeden Schützen (s. u.)
- Bleistifte
- Anschussmarkierungsband
- Wildmarken
- Stabiler Kunststoffbeutel für Füchse

Die Ansteller müssen Anschüsse entsprechend kennzeichnen.

Schütze

Der Schütze dokumentiert auf der Standkarte jeden abgegebenen Schuss durch Angabe von:

- Wildart und Altersklasse
- Exakte Uhrzeit
- Einzeichnung mit Fluchtrichtung auf Karte (Rückseite der Standkarte)
- Sonstige Beobachtungen (Verhalten nach dem Schuss etc.)

Außerdem dokumentiert er alle Wildbeobachtungen, insbesondere von angeschweißtem Wild, mit Uhrzeit.

Der Schütze notiert beschossenes Wild, Anschuss, Fluchtrichtung, Verhalten etc.

Nachsuchenbegleitung

Jedem Nachsuchengespann steht mindestens eine schon vor der Jagd benannte Begleitperson als ortskundiger Führer und Helfer in Gefahrensituationen und zur Wildbergung zur Verfügung. Der Begleiter muss über die körperliche und geistige Eignung verfügen, auch eine etwaig lang andauernde und schwierige Nachsuche mit unter Umständen gefährlichen Situationen zu bewältigen.

Jedes Nachsuchengespann bekommt einen oder sogar zwei revierkundige, körperlich und geistig fitte Begleiter zugewiesen.

Zentrales Aufbrechen, Versorgen des Wildes

Das gesamte Wild wird zentral an einem speziell vorbereiteten Aufbrechplatz durch vorher bestimmte kompetente Jäger und Helfer aufgebrochen und gereinigt.

Hierdurch werden Verleitungen der Nachsuchengespanne durch umherliegende Aufbrüche vermieden und die fachgerechte und hygienisch korrekte Versorgung des Wildes sichergestellt.

Das Aufbrechen an einem zentralen Ort verhindert Verleitungen für die Nachsuchenhunde und stellt die fachgerechte und hygienische Versorgung des Wildes sicher.

Organisation der Nachsuchen am Jagdtag

Ansprache des Jagdleiters

Im Rahmen der Begrüßung werden die Schützen, neben den Sicherheitsbestimmungen und sonstigen organisatorischen Hinweisen, eindringlich auf die Maßnahmen zur Vermeidung von Nachsuchen bzw. zu deren fachgerechter Durchführung hingewiesen. Besonderer Wert wird auf das korrekte Ansprechen und das Unterlassen von Schüssen auf zu große Entfernung sowie auf hochflüchtiges Wild gelegt.

Es wird auf das Verbot von eigenmächtigen Nachsuchen, das zentrale Aufbrechen und die Bedeutung der Standkarte hingewiesen.

Der Jagdleiter weist vor der Jagd auf nötige Maßnahmen zur Vermeidung von Nachsuchen hin.

Die Hundeführer werden aufgefordert, in der Jagd aufgefundenes oder durch Abfangen oder Fangschuss getötetes Wild mit Markierungsband zu kennzeichnen und dem nächsten Ansteller zur Dokumentation und Kennzeichnung zu melden.

Anstellen/Abholen der Schützen

Beim Anstellen weisen die Ansteller ihre Schützen am Stand auf die sicherheitsrelevanten Aspekte und die Position der Nachbarschützen hin.

Beim Abholen werden die Notizen des Schützen auf den Standkarten gemeinsam besprochen, ggf. vervollständigt und auf die Übersichtstabelle auf dem Kuvert übertragen. Die Anschüsse werden gemeinsam mit Markierungsband markiert, wobei der Schütze den Ansteller vom Stand aus einweist. Lage bzw. Fluchtrichtung des Stückes werden auf der Karte (Rückseite der Standkarte) eingezeichnet.

Die Ansteller sammeln beim Abholen die Standkarten ein und markieren Anschüsse.

Koordination der Nachsuchen

Die Nachsuchenführer halten sich am Sammelpunkt nach der Jagd in der Nähe der Jagdleitung zur Aufnahme der Arbeiten bereit.

Die Ansteller übergeben die vollständig ausgefüllten Kuverts mit den Standkarten der Jagdleitung. Auf der Grundlage der Berichte der Ansteller und Schützen, der Standkarteninhalte und der mit Uhrzeit dokumentierten Beobachtungen und Nachweise der Nachbarstände wird eine Priorisierung der Arbeiten vorgenommen. So können Nachsuchen auf von Nachbarschützen oder von Hundeführern erlegtes Wild vermieden werden. Durch diesen Abgleich erübrigen sich gerade bei lückenlos abgestellten Jagden unter Einsatz geeigneter wildscharfer Hunde viele Nachsuchen. Im Idealfall können alle Nachsuchen inkl. der Kontrollen noch am Jagdtag erledigt werden.

Die Nachsuchen werden nach Priorität (vermutete Länge und Schwierigkeitsgrad) sortiert und zugewiesen.

Priorität 1: voraussichtlich unmittelbar tödliche Schüsse (Kammerschüsse mit Herz-/Lungenschweiß).
Priorität 2: voraussichtlich Totsuchen mit mind. 2 Stunden Verzögerung (Leberschüsse, Waidwundschüsse auf Rehwild und schwächeres Schwarzwild).
Priorität 3: wie Priorität 2, jedoch auf stärkeres Schwarzwild.
Priorität 4: Lauf- und Kieferschüsse.
Priorität 5: Kontrollsuchen vermuteter Fehlschüsse.

Bei den Nachsuchen der Priorität 3 und 4 ist damit zu rechnen, dass das Stück noch lebt und somit eine sehr lange Suche ggf. mit anschließender Hetze zu erwarten ist. Aufgrund der hohen Anforderungen an Hund und Führer sollten solche Arbeiten nur ausgesprochenen Spezialisten der Schweißarbeit übertragen werden, unabhängig von der jeweils eingesetzten Hunderasse.

Die Nachsuchenführer nehmen ihre Arbeit selbstständig auf.

Nachsuchenführer und Begleiter erhalten die Standkarte als Auftrag und zur Orientierung und nehmen die Arbeit selbstständig auf. Zum Wildtransport führen sie zweckmäßigerweise Wildwannen oder ggf. einen Anhänger mit.

Der Kontakt zur Jagdleitung muss für die Nachsuchenführer bis zum Abschluss ihrer Arbeit sichergestellt werden.

Nach Beendigung der Nachsuche melden sie sich wieder bei der Jagdleitung und übergeben die Standkarte, die um die entsprechenden Informationen ergänzt wird (Nachsuche erfolgreich oder erfolglos, Ohrmarkennummer etc.). Da die Nachsuchengespanne oftmals erst nach dem offiziellen Abschluss des Jagdtages ihre Arbeit beenden, muss es ihnen auch möglich sein, noch später Kontakt mit der Jagdleitung aufzunehmen, um Bericht zu erstatten und eventuell über weitere Nachsuchen informiert zu werden.

Abschluss der Jagd

Der formale Abschluss der Jagd erfolgt, sobald alles Wild, das direkt zur Strecke kam, versorgt und zum Streckenplatz gebracht wurde, unabhängig von noch laufenden Nachsuchen.

Im Rahmen der Dankesworte an alle, die bei der Vorbereitung und Durchführung der Jagd beteiligt waren, gehe ich besonders auf die wichtigen Funktionen und die dankenswerten Leistungen der Nachsuchengespanne ein.

Nachsuchen am Folgetag

Am Folgetag werden natürlich vorrangig Nachsuchen auf nachweislich angeschweißtes Wild aufgenommen, die am Vortag abgebrochen werden mussten oder noch nicht aufgenommen werden konnten. Wenn zu erwarten ist, dass das Stück noch lebt, ist der Einsatz einiger zuverlässiger Vorstehschützen von Vorteil, um eine zu erwartende Hetze ggf. durch Erlegung des Stückes weit vor dem Hund abzukürzen.

Natürlich muss auch bei Nachsuchen am Folgetag jedes Nachsuchengespann von einem geeigneten Jäger begleitet werden.

Überwiegend sind jedoch Schüsse zu kontrollieren, von denen aufgrund der Schützenbeobachtungen zunächst von einem Fehlschuss ausgegangen wird. Diese müssen jedoch vor allem beim Schwarzwild mit einem brauchbaren Nachsuchenhund zumindest mehrere hundert Meter kontrolliert werden, da gerade Schwarzwild oftmals nicht zeichnet und je nach Schuss, Boden- und Witterungsverhältnissen für den Menschen kaum erkennbare Pirschzeichen am Anschuss hinterlässt. Immer wieder kommt auch nach solch einer Kontrolle ein Stück zur Strecke, das aufgrund der fleischhygienischen Vorschriften in der Regel jedoch nicht mehr verwertet werden kann. Ein Grund mehr, anzustreben, dass durch Vermeidung schlechter Schüsse etc. möglichst alle Nachsuchen inkl. Kontrollen noch am Jagdtag durchgeführt werden können.

Gerade auf Schwarzwild erweisen sich vermeintliche Fehlschüsse häufig doch als tödliche Treffer.

Standkarte für Ansteller

Drückjagd am		**Stand-Nr.:**		**Standkarte Treffpunkt für Rettungsfahrzeuge**
Jagdbogen:		**Schütze:**		

Beobachtungen *(Angabe mit Uhrzeit):*

Schwarzwild:

Rehwild:

Sonstiges Wild:

Bemerkungen:

Rettungsleitstelle: 19 222 über Handy 0731 19222 od. 112

Beschossen *(erlegt / angeschossen / gefehlt)*

Wildart	Schuss-zahl	Uhrzeit	Stück	
			liegt	liegt nicht

Nachsuche:

Ansteller

~~~~~~

Regeln für das Verhalten der Jäger / Innen auf der Ansitzdrückjagd

1. Sicherheit

Sicherheit ist oberstes Gebot! Die Einhaltung der allgemeinen (siehe Jagdschein) und besonderen Sicherheitsregeln muss mit allergrößter Sorgfalt erfolgen. Jeder Schütze ist für seinen Schuss uneingeschränkt verantwortlich! Außerhalb der Jagd müssen alle Waffen entladen, mit geöffnetem Verschluss und mit Laufmündungen nach oben getragen werden. Treiber und Hunde können jederzeit und überall auftauchen. Auf allen Ständen muss zu jedem Zeitpunkt auf Wegen und auch in den Beständen mit Waldbesuchern gerechnet werden. Achten Sie auf das Vorhandensein eines Kugelfangs und beachten Sie die Streuung der Geschosssplitter nach dem Verlassen des Wildkörpers.

2. Waidgerechtes Jagen

- Selbstdisziplin hilft, falsche Abschüsse und Nachsuchen zu vermeiden, und Selbstdisziplin ist Voraussetzung für einen jagdlichen Erfolg, der befriedigt.
- bitte sorgfältig ansprechen, sorgfältig zielen und dann erst schießen.
- Jagen Sie weidgerecht; z.B erlegen Sie immer Kitz vor Geiß.
- Auf Schwarzwild und Rehwild dürfen nur hochwildtaugliche Kaliber verwendet werden
- Auf hochflüchtiges Wild oder auf große Entfernungen darf nicht geschossen werden.
- Es darf nur auf stehendes Rehwild geschossen werden.
- Mehrere Stücke dürfen nur beschossen werden, wenn das zuvor beschossene eindeutig tödlich getroffen oder in Sichtweite zusammengebrochen ist.

3. Durchführung und Organisation der Treibjagd

- Füllen Sie die Standkarte sorgfältig und gewissenhaft aus (Wildbeobachtungen; Fehlschüsse / Treffschüsse mit Uhrzeit) und geben Sie diese nach dem Treiben dem Ansteller zurück.
- Gejagt wird in festgelegtem Zeitrahmen. nach dem Einnehmen des Standes und nach Überprüfung der Sicherheit kann schon vor dem Antreiben geschossen werden. Richten Sie sich darauf ein, dass angerührtes Wild häufig kurz nach Jagdbeginn auftaucht. Nach dem Treiben dürfen nur noch Fangschüsse abgegeben werden.
- Wenn Wild nicht in Sichtweite zusammenbricht, ist ein selbständiges Suchen des Anschlusses bzw. eine selbständige Nachsuche nicht gestattet. Der Ansteller ist auf den Anschluss einzuweisen.
- Erlegtes Wild ist erst nach Beendigung des Treibens am Sammelplatz aufzubrechen. Das Wild ist, wenn möglich, am nächsten Fahrweg abzulegen und / oder dem Ansteller zu zeigen.
- Schadensersatz- oder Entschädigungsansprüche gegenüber dem Land als Folge des Aufenthaltes im Jagdgebiet können nicht geltend gemacht werden.

Guten Anblick und Waidmannsheil !!!
~~~~~~

Landratsamt Alb-Donau-Kreis – Organisation von Drückjagden

Stand: 24-10-2005

Merkblatt für Ansteller

Für die fachgerechte Durchführung von Drückjagden auf Schalenwild ist die Mithilfe von sachkundigen Anstellern eine unerlässliche Voraussetzung. Hierdurch soll gewährleistet werden ,dass

- die Jagd zeitlich planmäßig durchgeführt werden kann;
- etwaig notwendige Nachsuchen bekannt sind und nicht unnötig erschwert werden;
- das Wildbret möglichst verlustfrei verwertet werden kann;
- alle sicherheitsrelevanten Bestimmungen beachtet und umgesetzt werden;

Die Aufgaben im Einzelnen:

1. <u>Vor Beginn der Jagd:</u>

   a. Sammeln der Schützen nach Aufruf (maximal 5 Schützen) und Konzentration auf möglichst wenige Fahrzeuge.

   b. Persönliche Einweisung der Schützen am jeweiligen Stand mit Hinweis auf die jeweiligen Gefahrenbereiche.

2. <u>Nach Beendigung des Triebs:</u>

   a. Zügiges Abholen der Schützen <u>an ihrem jeweiligen Stand</u>

   b. Entgegennahme der Standkarte:
   Grundsatz: Der Ansteller ist verantwortlich, dass die Standkarten seiner Schützengruppe vollständig und leserlich ausgefüllt sind. Er übergibt diese gesammelt dem Jagdleiter.

   - Befragen des Schützen nach Ihren Erlebnissen, Anblick etc..
   - Ergänzung der Kuvert mit allen notwendigen Informationen (Wildbezeichnungen, Fehlschüsse, Nummer der Ohrmarke).
   - **Einzeichnen von Lagepunkten erlegten Wildes und Anschüssen in die Karte mit folgenden Symbolen):**
     Erlegtes Wild: Kreuz mit Bezeichnung in Bezug zur Vorderseite:
     Beispiel: **X** *Kitz Nr.1*
     Anschüsse: Punkt mit Pfeil in Fluchtrichtung und genaue Bezeichnung des Stückes in Bezug zur Vorderseite; Beschreibung des Zeichnens und des vermuteten Schusssitzes im unteren Abschnitt.
     Beispiel: *Sau Nr. 3; Lungenschweiss am Anschuss* ●↗

   c. Feststellung von allen **Anschüssen** (auch ohne Pirschzeichen) gemeinsam mit dem Schützen und **Markierung mit Trassierband**. **Achtung: maximal 2 Minuten Suchzeit**; wenn keine Pirschzeichen schnell zu finden sind, **ist der vermutete Anschussbereich** zu markieren.

   d. Transport erlegten Wildes bis zum PKW-befahrbaren Weg**; Markierung mit Ohrmarke (jedes erlegte Wild wird am linken Ohr gekennzeichnet) und Eintrag der Nr. auf Kuvert**; möglichst auch Mitnahme des Wildes zum Aufbrechplatz, wenn Anhänger o.ä. in der Schützengruppe vorhanden.

   e. Zügiges Sammeln der Schützen am vorgesehen Sammelpunkt.

   f. Abgabe der Kuverts beim Jagdleiter.

   g. Mitwirkung bei anschließenden Nachsuchen sofern erforderlich .

Für Fragen steht Ihnen der Jagdleiter natürlich jederzeit zur Verfügung.

Standkarte

Termin:	Datum	Stand-Nr.:	«StandNr»
Jagd-bogen:	Name	Schütze:	«Name» «Vorname»
Tel. Jagd-Leitung:	Name Mobil-Tel	Ansteller:	«Ansteller»
Rettungs-leitstelle:	**112**	Treffpunkt für Rettungsfahrzeuge:	Rettungspunkt(e)
Tierarzt:	Name Tel.		Adresse Tierarzt

Beobachtungen (Angabe mit Uhrzeit):

Rehwild	Schwarzwild
Fuchs / Hase	**Sonstiges Wild**

Wild beschossen (erlegt / angeschossen / gefehlt)

Wildart	Schusszahl	Uhrzeit	Stück liegt	Stück liegt nicht
Nachsuche durch:				
Nachsucheerfolg: Stück gefunden	**JA**		**Nein**	

Bitte bei beschossenen Stücken, die <u>nicht</u> im Sichtfeld verendet sind, die nachfolgenden Informationen eintragen.

Anwechsel: ---------
Lage Anschuß: X
Fluchtrichtung: ------>
Erlegtes Stück: E

Hinweise für die Nachsuche
(z.B. Schußzeichen, etc.)

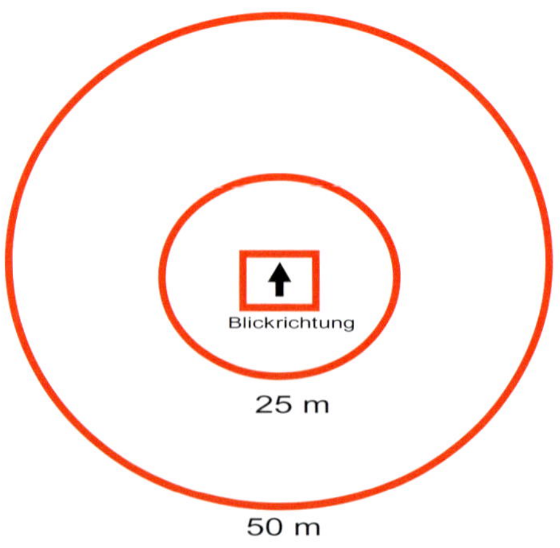

© Dr. Jan Duvenhorst

Standkarte Übersicht:

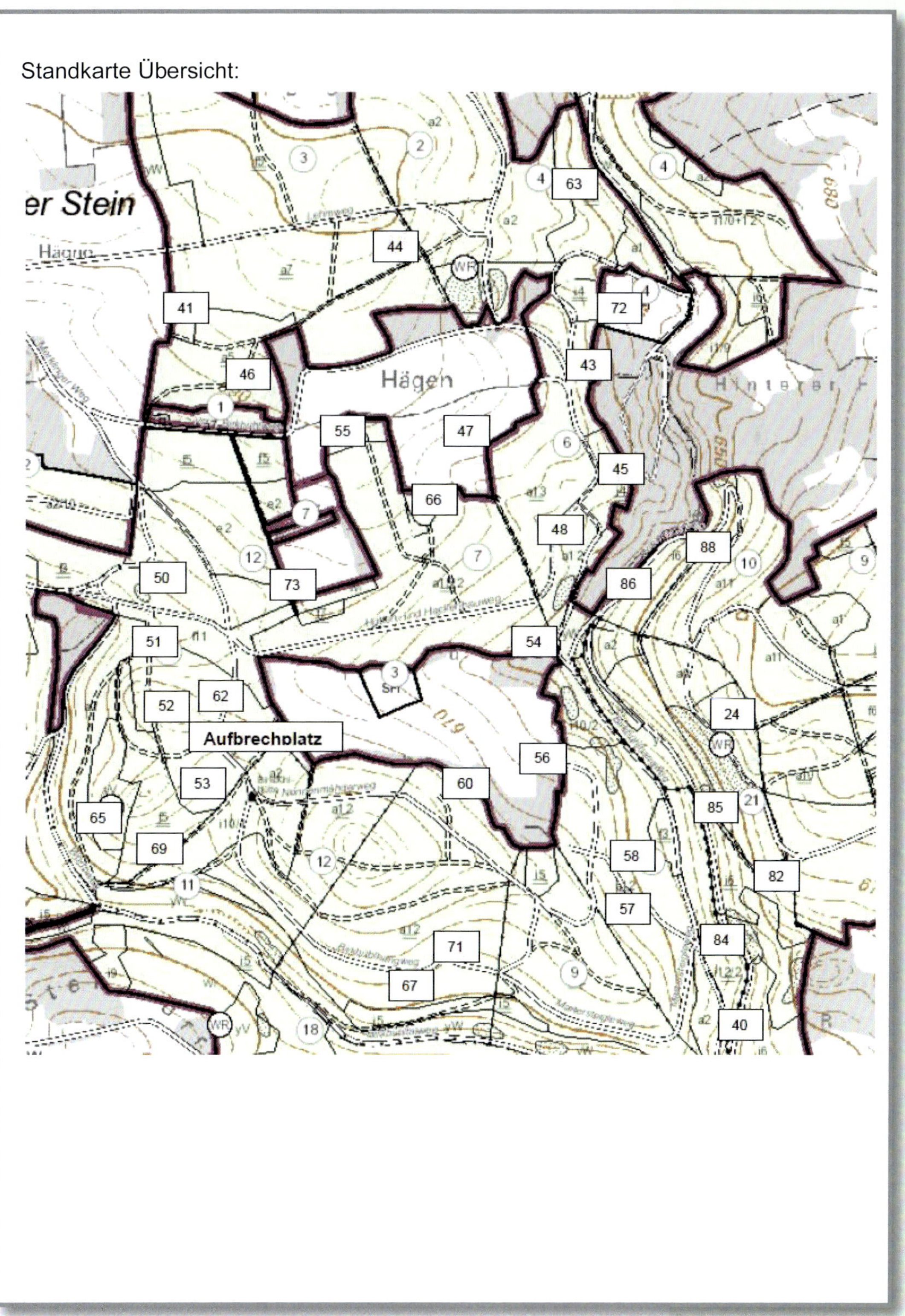

Die Wildfolgevereinbarung des Landes Baden-Württemberg

LANDESJAGDVERBAND
BADEN-WÜRTTEMBERG E.V.
IM DEUTSCHEN JAGDVERBAND

Nachsuchenvereinbarung für anerkannte Nachsuchengespanne und Nachsuchenstationen im Bereich des Landesjagdverbandes Baden-Württemberg (LJV):

Den vom LJV anerkannten Nachsuchengespannen wird hiermit gestattet, im Zuge begonnener Nachsuchen die Grenzen meines/unseres Jagdbezirkes bewaffnet sowie in Begleitung eines zur Nachsuche ausgerüsteten, ggf. bewaffneten Jagdscheininhabers ohne vorherige Benachrichtigung zu überschreiten.

Soweit zusätzlich Begleitpersonen benötigt werden, bleiben diese unbewaffnet.

Die anerkannten Nachsuchenführer sind berechtigt, Waffen zu führen und das Wild zur Strecke zu bringen.

Sie verpflichten sich, das zur Strecke gebrachte Wild ordnungsgemäß zu versorgen und den Jagdausübungsberechtigten so zu informieren, dass die aus wildbrethygienischen Gründen notwendige Bergung möglich ist.

Die Regelungen des § 17 LJG über das Eigentum am erlegten Wild bleiben unberührt.

Der anerkannte Nachsuchenführer oder dessen Beauftragter veranlasst, dass die Jagdausübungsberechtigten der Reviere, die bei der Nachsuche betreten werden, unverzüglich verständigt werden.

Die Nachsuchenvereinbarung kann jederzeit gekündigt werden. Die Kündigung bedarf der Schriftform.

Wildfolgevereinbarungen erleichtern die Arbeit aller Schweißhundeführer und sorgen für ein schnelleres Erlösen des krankgeschossenen Wildes.

Schweißhundestationen und Begleiter

Oft ist es nicht so einfach, nicht nur einen Schweißhund samt Führer, sondern auch noch weitere Helfer in kurzer Zeit zu organisieren.

Um diesem Problem entgegenzuwirken, gründete ich im Jahr 2001 die Schweißhundestation Langenau. Landesübergreifend zwischen Baden-Württemberg und Bayern haben sich hier vier Schweißhundführer mit sehr guten Hunden (Cliff bzw. Artus und ich eingeschlossen) zusammengetan, um die anliegenden Nachsucheneinsätze untereinander zu organisieren, aufzuteilen und sich gegenseitig helfend in einem Umkreis von 150 Kilometern unter die Arme zu greifen.

Es sind dies aktuell die Hundeführer Ingo Seiffert mit seinem BGS Cerberus und der DD Asta, Markus Stottele mit seinem BGS Axel und Michael Schlosser mit der BGS-Hündin Cindy.

Im Mai beim Aufgang der Bockjagd, im Juli und August in der Blattzeit und in den Mondphasen im Spätherbst und Winter steigen die Nachsucheneinsätze stark an, jedoch sollte man grundsätzlich nie mehr als eine Nachsuche pro Tag annehmen. Wenn in der Nacht vorher z. B. zwei Sauen beschossen worden sind und die erste Nachsuche mit Fahrzeit sechs Stunden dauert, ist es nicht zweckdienlich, nachmittags um 15 Uhr mit der zweiten Nachsuche zu beginnen.

Es ist nicht zweckdienlich, mehr als eine Nachsuche am Tag anzunehmen.

In solchen Fällen muss die Nachsuche delegiert und einem anderen Gespann der Vortritt gelassen werden.

30 Nachsuchen pro Jahr sollten mindestens von jedem Gespann durchgeführt werden.

Statistiken und Erfahrungswerte sagen aus, dass 10 % der Rehwildgesamtstrecke und 20 % der Schwarzwildgesamtstrecke eine Nachsuche verursachen.

Dazu ein Beispiel:

Werden in einer Jägervereinigung 1000 Rehe und 500 Sauen im Jahr erlegt, ist mit 100 Rehwildnachsuchen und 100 Schwarzwildnachsuchen zu rechnen.

Eine Auswertung der Nachsuchenstatistiken der Landesjagdverbände Baden-Württemberg und Bayern zeigt, dass die im Einsatz befindlichen Gespanne wegen zu geringer Anforderung noch lange nicht das vorhandene Nachsuchenpotenzial ausschöpfen.

Gerade bei Nachsuchen auf Schwarzwild ist mindestens ein Begleiter notwendig.

Doch die Erfahrung hat gezeigt: Werden überragende Schweißarbeiten von den Gespannen durchgeführt, kommen die Aufträge durch Mund-zu-Mund-Propaganda von allein.

Insbesondere Nachsuchen auf Schwarzwild sollten nicht ohne Begleiter durchgeführt werden. Der ideale Begleiter ist ein passionierter und konditionsstarker Jäger, dessen Aufgabe das selbstständige Markieren von Pirschzeichen und Wegüberschreitungen ist. Weiterhin soll er am Riemen vorgreifen, wenn der Hundeführer in der Dickung festhängt und nicht weiterkommt. Er folgt dem Schweißhundführer auf kürzeste Entfernung und steht in Funk- und Handykontakt mit den Vorstehschützen und dem auf die jeweilige Abteilungslinie im KFZ vorziehenden Jäger. Das Folgen auf kürzeste Entfernung ist deshalb wichtig, da es durchaus vorkommen kann, dass der Hundeführer Pirschzeichen übersieht. Ein übersehener Schweißtropfen kann beim Zurückgreifen Stunden kosten. Der Begleiter führt unterladen eine Langwaffe mit Mindestkaliber 8x57 und 12 Gramm Geschossgewicht. Seine Kleidung sollte der des Nachsuchenführers entsprechen (Siehe „Ausrüstung").

Der Begleiter muss gut durchtrainiert und motiviert sein, dem Nachsuchenführer über Stunden zu folgen.

Nicht nur die Leistung des Nachsuchengespannes ist für eine erfolgreiche Nachsuche wichtig, sondern auch die Motivation des Begleiters. Wenn dieser alle 30 Minuten auf die Uhr schaut, zig Meter abreißen lässt und dem Führer nicht mehr folgen will oder kann, wird die Motivation des Hundeführers sinken.

Kilometerlange und z. T. mehrtägige Nachsuchen waren nur mit hochmotivierten Jägern möglich. Für ihre tatkräftige Mithilfe bedanke ich mich bei allen Jägerinnen, Jägern und Vorstehschützen, die meine Arbeit trotz häufig widrigster Bedingungen unterstützt haben.

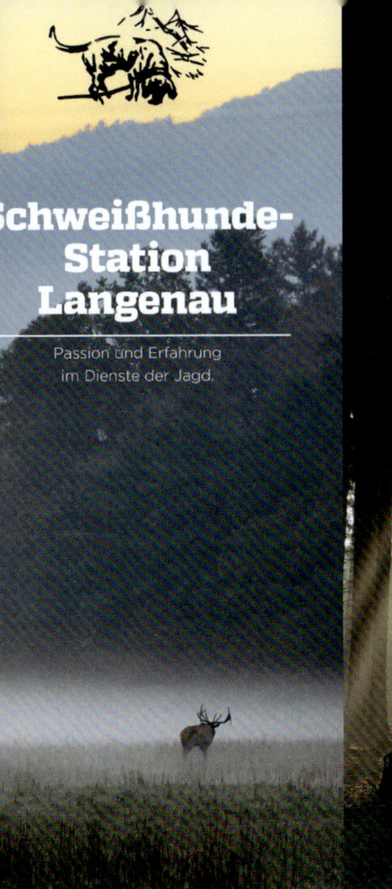

Unsere Philosophie.

Die Schweißhundestation Langenau ist ein Zusammenschluss von hochmotivierten Nachsuchenführern, die gut im Team harmonieren und im Interesse der Jagd zusammenarbeiten.

Unser Anspruch ist es, auch schwierigste Nachsuchen erfolgreich zu beenden. Unsere Hunde sind professionell ausgebildet – Wildschärfe, lang andauernde Hatz und Fährtenlaut sind Grundvoraussetzungen.

Grundsätzlich wird jeder Nachsuchenauftrag angenommen. In wenigen Ausnahmen wird die Nachsuche in Abstimmung mit dem Auftraggeber jedoch weiter delegiert.

Hunde und Nachsuchengespanne sind mit modernster Technik (Navi und Funkgeräte) ausgerüstet.

Die Arbeit ist ehrenamtlich. Es werden nur die Fahrtkosten für den Hundeführer berechnet.

Wird die Arbeit des ersten Gespannes wegen Erschöpfung oder Verletzung beendet, setzt ein zweites Gespann diese Arbeit fort. Dieser weiterführende Einsatz ist kostenlos.

Unsere Nachsuchenführer und deren Hunde.

Harald Fischer
Hund: Artus von Mörntal,
Steirische Rauhaarbracke
0177 - 88 77 191

Ingo Seifert
Hunde: Hubertus Bloodhound,
Cerberus Bayerischer Gebirgsschweißhund,
Asta Deutsch-Drahthaar
0173 - 94 62 585

hael Schlosser
Sandy,
ischer Gebirgsschweißhund
76 - 24 05 3974

rkus Stottele
: Axel Mokransky,
ischer Gebirgsschweißhund
72 - 73 29 013

Unsere Zusatzleistungen.

- ✔ **Kostenlose Beratung bei Ausbildungsproblemen**
- ✔ **Vortrag über moderne Ausbildungsmethoden im Fachgebiet Schweiß**
- ✔ **Vortrag über das Verhalten nach dem Schuss mit virtuellen Pirschzeichenseminar**

Ihr Kontakt zu uns.

Harald Fischer
Öllinger Steig 14
89129 Langenau

Telefon: 07345 - 60 00
Mobil: 0177 - 88 77 191
Mail: big.baer@t-online.de

Schwarzwildnachsuchen

Das Verhalten von beschossenem Schwarzwild

Als Schweißhundführer muss man das Verhalten der verschiedenen Wildarten nach dem Schuss kennen und einschätzen können, um sich und seinen Hund nicht unnötig Gefahren auszusetzen und in schwierigen Fällen die Fährte weiterzubringen.

Schwarzwild ist schusshart. Selbst bei tödlichen Treffern geht es häufig noch sehr weit. Auch hier gilt: Je größer das Kaliber, desto kürzer die Fluchtstrecke. Aber selbst das gerade noch zulässige Kaliber 6,5 wirkt bei einem Kammerschuss tödlich.

Häufig quittiert das schussharte Schwarzwild die Kugel, ohne zu zeichnen.

Meistens quittiert Schwarzwild Treffer stumm. Bei Keulentreffern, Gebrech-, Nieren- und seltener bei Waidwundschüssen klagt es heftig.

Bei Tag oder hellem Mondlicht beschossen, nutzt es in der Fluchtrichtung jede Deckung aus. An Bewirtschaftungswegen, Straßen und Wiesen verhofft es am Bestandsrand und macht einen Versatz. Darunter verstehe ich die fast rechtwinklige Änderung der Krankfährte, die mit einer weiteren rechtwinkligen Richtungsänderung in die ursprüngliche Fluchtrichtung abgeschlossen wird. Schwarzwild wechselt ungern über freie Flächen wie Straßen, breite Wege oder Wiesen. Unentschlossen zieht es am Wegrand hin und her, bis es schließlich Freiflächen überquert.

Unter „Versatz“ ist das rechtwinklige Abbiegen des beschossenen Wildes von der Fluchtfährte zu verstehen, um ihr nach einem zweiten Haken wieder zu folgen.

Bei Schneelage ist dieses Verhalten weniger ausgeprägt. Schwarzwild hält aber fast immer die eingeschlagene Hauptfluchtrichtung ein. Geht die Wundfährte in Richtung Anschuss zurück, ist damit zu rechnen, dass das Stück sich eingeschoben hat, in der Nähe verendet ist oder schwer krank in Kürze annehmen wird. Diese Widergänge sind häufig nicht sofort als solche erkennbar. Die meistens mit einem großen Bogen sich in Richtung Anschuss bewegende Fluchtrichtung kreuzt in der Regel die Anwechselfährte nicht. Im Gegensatz dazu stehen Widergänge von Rehwild und Rotwild (Siehe „Die Stille“ und „Sachsen: das Land, wo die schönen Mädchen wachsen“), welche die Anwechselfährte manchmal sogar mehrfach in Richtung Anschuss flüchtend kreuzen.

Nach langer Fluchtstrecke oder bei Laufschüssen folgt Schwarzwild oft alten Wechseln.

Heftige Widergänge an Straßen, Wegen und Rückegassen sind bei beschossenem Schwarzwild oft zu beobachten. Geht der Widergang in die ursprüngliche Fluchtrichtung zurück, ist das Stück nicht mehr weit. Vorsicht ist geboten!

Bricht ein Stück Schwarzwild nach der ersten Hetze vor einem weg, ist beim zweiten Stellen meistens mit einem Angriff zu rechnen.

Bei Vorderlaufschüssen meidet das Stück nach längerer Flucht unebenes Gelände und bevorzugt Bewirtschaftungswege, Wildwechsel, ebene Rückegassen und Waldränder mit Wegen. Bei Gebrech-, Hohl- und Laufschüssen stehen die Stücke häufig unbemerkt auf, lange bevor das Gespann den Wundkessel erreicht hat. Wird der Wundkessel unbemerkt überlaufen oder schweißt das Stück nicht mehr, ist es für den Führer schwer festzustellen, ob ein gesundes oder doch das kranke Stück vor dem Gespann aufgestanden ist. Das ist auch der Grund, warum solche Nachsuchen häufig erfolglos enden.

Vom Hund gestellte Sauen greifen häufig den dem Hund zu Hilfe eilenden Nachsuchenführer an.

Die Hetze bei Laufschüssen ist meistens kurz. Bei Gebrechschüssen gehen Sauen weit. Jäger und auch Experten in der Fachliteratur behaupten, dass Nachsuchen bei Lauf- und Gebrechschüssen fast immer erfolglos sind, trotzdem sind sie nicht aussichtslos, denn bei guter Organisation der Nachsuche, hoher Motivation der Beteiligten und einem der Aufgabe gewachsenen Hund kann eine solche Nachsuche durchaus erfolgreich sein (Siehe „Organisation von Nachsuchen auf Schwarzwild“).

Führt man einen Schweißhund am Riemen, der in der Lage ist, riemenfest viele Stunden und Kilometer auf der nicht schweißenden Wundfährte zu arbeiten, sind die Chancen, ein Stück mit Gebrechschuss zu erlösen, durchaus realistisch.

Auch dem Argument, dass sich Sauen mit Gebrechschuss nicht stellen, kann ich nicht folgen.

Achtung: Die Sau sucht einen sicheren Unterschlupf (z. B. bürstendichte Fichtennaturverjüngungen, Brombeerdickungen, Feldholzinseln) auf. Hier kann es jederzeit zur Hatz oder zum Annehmen kommen.

Bevorzugte Einstände von krankem Schwarzwild sind bürstendichte Fichtennaturverjüngungen, Brombeerdickungen, Farn, Schilfbereiche, aber auch Feldholzinseln. In Althölzern schieben sie sich unter frisch geschlagenen Fichten oder hinter Baumstämmen ein. Häufig ist zu beobachten, dass der Hund nacheinander auf der Fährte solche Stellen anläuft.

Aus einer Rotte beschossene Stücke folgen der Rotte, solange es ihre Kräfte erlauben. Dann schieben sie sich ein.

Wird ein Stück aus einer Rotte beschossen, folgt es dieser, insbesondere bei Lauf- oder Gebrechschüssen. Frischlinge folgen der Rotte, solange es die Verletzung erlaubt. Je nach Schussverletzung kann das einige Kilometer der Fall sein.

Die Annahme, dass diese Stücke nicht zur Strecke kommen, ist zwar zuhauf in der Fachliteratur zu finden, aber sie ist – wie so viele andere auch – falsch. Lassen die Kräfte des beschossenen Stückes nach, wird es mit einem Widergang die Rotte verlassen und sich einschieben.

Folgt man mit dem Hund der Rottenfährte und ist auf einmal kein Schweiß mehr sichtbar, besteht die Möglichkeit, dass die kranke Sau sich abgesondert und der Hund den Abgang überlaufen hat. In diesem Fall habe ich immer mit dem Hund die Fährte rückwärts in Richtung Anschuss gearbeitet. Gut eingearbeitete Hunde arbeiten Fährten nur widerwillig rückwärts, weshalb man ihnen immer wieder die Fährte zeigen muss. Den Abgang anzeigend, wird er der Krankfährte dann in Fluchtrichtung wieder motiviert folgen.

Hat sich das beschossene Stück mit der Rotte eingeschoben, wir der Einstand mit Vorstehschützen abgestellt.

Ist die Verletzung derart, dass das Stück der Rotte folgen kann, liegt es mit der Rotte gemeinsam im Kessel. Hat sich das kranke Stück mit der Rotte eingeschoben, stellt man die Abteilung mit Vorstehschützen ab.

Man arbeitet am Riemen in die Dickung hinein. Manchmal ergibt sich ein Problem, wenn der Hund an ein gesundes Stück im Dickungsbereich kommt und es aus der Dickung hetzt. Erfahrene Hunde hetzen in diesem Fall nicht weit und nehmen die Fährte des kranken Stückes suchend wieder an.

Hilfreich ist es in diesem Fall auch, wenn die Anzahl der eingewechselten Sauen bekannt ist. Jede der ausgewechselten und erlegten

Sauen ist auf eine alte Schussverletzung gründlich zu überprüfen. Aber fast immer war es der Fall, dass die kranke Sau als letzte den Einstand verlassen hat.

Sauen gehen in der Wundfährte selten in ein Wundbett.

Meist gehen kranke Sauen (wenige Ausnahmen bestätigen die Regel) nicht ins Wundbett, dafür sind öfters Tropfbetten in der Fährte zu finden, wo das Stück längere Zeit verhofft hat. Sind in einer Wundfährte in kurzem Abstand mehrere Tropfbetten hintereinander, findet man meist das Stück nach wenigen Metern verendet oder schwer krank vor. Tropfstellen werden häufig mit Wundbetten verwechselt.

Keiler pflügen häufig mit dem Gebrech den Boden auf, bevor sie verenden.

Flüchtet das kranke Stück weit, nimmt es unterwegs Suhlen an. Häufig ist dieses Verhalten mit einer starken Abweichung von der Hauptfluchtrichtung verbunden. Nach der Suhle hat der Schweißhund oft Probleme, den Abgang der Fährte zu finden. Hier wird er durch Kreisen und Bogenschlagen die Fährte wieder aufnehmen. In der Regel nimmt das Stück mit einem Versatz die Hauptfluchtrichtung wieder an.

Bei Schwarzwildnachsuchen ist mindestens ein Begleiter und ein KFZ-Führer vonnöten.

Organisation von Nachsuchen auf Schwarzwild

Nachsuchen auf Schwarzwild erfolgen grundsätzlich in Begleitung eines revierkundigen Jägers. Dieser markiert Pirschzeichen wie Schweiß, Trittsiegel und Übergänge der Fährte bei Rückegassen, Wegen und Straßen.

Starkes Wild muss man krank werden lassen.

Schwarzwildnachsuchen dauern häufig Stunden und gehen über viele Kilometer. Deshalb muss ein zweiter Jäger bis zur nächsten Abteilungslinie mit dem KFZ vorziehen. Er ist Beobachter und Schütze zugleich und steht im ständigen Funkkontakt mit dem Gespann. Handykontakt ist nicht zu empfehlen, da der Empfang aufgrund örtlicher Gegebenheiten nicht immer gewährleistet ist. Im KFZ werden Getränke und Verpflegung, Wasser und energiereiche Nahrung für den Schweißhund und Verbandszeug für eventuelle Verletzungen mitgeführt.

Bei langen Fluchten nehmen Sauen häufig Suhlen an und ziehen dann versetzt in Hauptfluchtrichtung weiter.

Bei Gebrech-, Hohl- und Laufschüssen sollten mehrere Vorstehschützen mithelfen. Geht das Stück mit der Rotte oder hat es sich gemeinsam mit der Rotte eingeschoben, sind ebenfalls Vorstehschützen nötig.

Bei Revieren, die von Straßen durchzogen sind, ist ein Schnallen des Hundes sehr gefährlich. Der Hundeführer haftet unter Umständen für die Folgen eines durch eine Nachsuche verursachten Unfalls.

Immer wieder ist festzustellen, dass nach kleinen Drückjagden im Mais oder Raps kein Schweißhund in Bereitschaft gehalten wird. Der Jagdleitung muss in solchen Fällen die Verletzung gesetzlicher Vorschriften vorgehalten werden.

Nachsuchenberichte

Laufschüsse

Die Feuertaufe

Richtig eingearbeiteten Hunden ist es egal, ob es sich um eine Übungs- oder Naturfährte handelt. Sie arbeiten nach einigen Übungen umso langsamer und deshalb präziser, je schwieriger das Halten der Fährte ist.

Man schreibt den 30. Dezember 1996. Bei Blaubeuren haben die Jagdpächter bei leichter Schneelage Sauen fest. Mit wenigen Treibern wird gedrückt. Hochflüchtig kommen dem exzellenten Schützen R. zwei Frischlinge. Der erste Frischling überschlägt sich im Knall und rutscht den Steilhang hinunter. Der zweite zeichnet und erreicht mühsam den Gegenhang. Dreimal rutscht er sich überschlagend wieder den Hang hinunter und flüchtet dann seitlich und scheinbar schwer krank in den dichten Buchenanflug. Mit einem Wachtel wird die Nachsuche aufgenommen, aber man kommt nicht voran und bricht die Suche deshalb ab.

Kommt ein Hund bei der Nachsuche nicht zum Stück, gebieten es Tierschutz und Waidgerechtigkeit, einen Nachsuchenspezialisten anzufordern.

In der Nacht kommt es zu einem Kälteeinbruch und gegen Morgen fängt es auch noch zu schneien an.

Um 9 Uhr stehe ich mit Cliff am Gegenhang. Die Wundfährte ist verbrochen. Wir sind uns alle einig, dass es sich dem Zeichnen und Verhalten nach um eine Totsuche handeln muss.

Es ist ein wunderbarer Silvestermorgen. Pulverschnee bedeckt den Boden, das Thermometer zeigt –15 °C und die Sonne lässt den Schnee funkeln, als mein ortskundiger Begleiter und ich Cliff am Anschuss ansetzen. Der Rüde nimmt ruhig und sicher die Fährte auf.

Ab und zu treten Hund oder Führer auf der Fährte Schweiß unter dem Pulverschnee heraus. In Dickungsbereichen suche ich vergeblich seitlich abgestreiften Schweiß an Buchenreisern.

Steil geht es bergauf. Nach einer Stunde haben wir den Bergrücken erreicht. Das Stück hat anscheinend einen Wechsel angenommen. Wurzelstubben, umgestürzte Bäume und Felsbrocken werden passiert. Das sind bevorzugte Örtlichkeiten, an denen sich kranke Sauen einschieben, weshalb man bei einem noch nicht einmal im ersten Behang stehenden Hund sehr vorsichtig sein muss.

Wurzelstubben, umgestürzte Bäume und Felsbrocken sind bevorzugte Örtlichkeiten, an denen sich kranke Sauen einschieben.

Ich fasse also den Riemen kürzer und mein Begleiter muss direkt seitlich hinter mir laufen, um bei einem Angriff der Sau mit der Waffe schnell reagieren zu können.

Stunde um Stunde hängen wir der Fährte nach und folgen dem Bergrücken in einem weiten Bogen. Gegen 15 Uhr machen wir eine Pause. Ein Helfer bringt eine Kanne Tee und etwas Gebäck. Inzwischen haben wir acht Kilometer zurückgelegt und nun nicht mehr viel Zeit, denn in einer Stunde wird es dunkel werden.

Grau ist der Himmel, als wir am Fuß einer für die Schwäbische Alb typischen steil noch oben ragenden Felsennadel abbrechen. An einer vom Felsen windabgewandten Seite finden wir Schweiß.

Es ist bitterkalt. Trotz guter Handschuhe habe ich mir bereits Erfrierungen zugezogen und auch Cliff sieht aus wie ein Eisbär. Der Atem des Hundes ist am Kopf festgefroren.

Bei kalten Temperaturen hilft hochwertige Thermounterwäsche.

Weit unten im Tal sehen wir die Scheinwerfer vorbeifahrender Autos. Wir sind kurz vor der Ortschaft Weiler bei Blaubeuren. Laut Revierkarte haben wir in den letzten sieben Stunden etwa zwölf Kilometer zurückgelegt. Nach den Beschreibungen des Schützen haben wir eine Totsuche erwartet, doch inzwischen ist mir klar, dass diese Prognose unangebracht war. Aber wir sind noch auf der Fährte – ein Aufgeben der Nachsuche kommt also nicht infrage!

Am nächsten Tag muss es weitergehen, doch ich habe von meinem Arzt aufgrund der Erfrierungen, die ich mir zugezogen habe, Nachsuchenverbot verordnet bekommen. Man sollte niemals vergessen, dass Nachsuchen manchmal auch mit Verletzungen von Hund und Führer enden können, aber solange man noch auf der Fährte ist, darf man nicht aufgeben.

Im Falle einer Verletzung von Führer oder Hund ist Ersatz zu organisieren bzw. im Vorfeld bereitzuhalten.

Deshalb rufe ich den Hundeführer Helmut M. an. Er ist sofort bereit, die Suche für mich weiterzuführen.

Am Morgen setzt Helmut seine DD-Hündin am Fuß des Felsens an. Es geht so steil hinauf, dass er sich auf allen vieren hocharbeiten muss. Dann überschlagen sich im wahrsten Sinne des Wortes die Ereignisse. Helmut rutscht aus und stürzt den Hang hinunter. Der Schweißriemen gleitet ihm aus der Hand und seine Hündin wendet die auf dem oberen Felsplateau im Wundbett liegende Sau. Manchmal kann man es nicht fassen: Am Vorabend haben wir die Nachsuche 30 Meter unterhalb der im Wundbett sitzenden Sau abgebrochen!

Verfolgt vom Hund, flüchtet die Sau direkt am sich im Steilhang überschlagenden Hundeführer vorbei über Berg und Tal. Helmuts späterer Kommentar: „Mit den Händen hätte ich sie aufhalten können!“

Nach zwei Stunden kommt die Hündin zurück. Es ist großes Glück, dass sie sich am Schweißriemen nicht verhängt hat. Ich werde informiert. Man ist der Meinung, dass dem Stück nicht viel fehlen kann. Im Gegensatz dazu glaube ich jedoch an eine schwere Verletzung der Sau, da sie zwei Nächte an gleicher Stelle im Wundbett zugebracht hat.

Verbringen Sauen lange Zeit in einem Wundbett, ist von einer schweren Verletzung auszugehen.

Wir dürfen also nicht aufgeben. Am dritten Tag setze ich trotz des verordneten Nachsuchenverbots Cliff erneut an. Das Wetter ist grau und diesig. Es weht ein eiskalter Ostwind. Harschschnee bedeckt die Hänge, die Fährtenbilder wirken zerfallen und unklar.

Einen Hinterlauf hebt das Stück zeitweise nicht mehr an. An diesem Pirschzeichen kann ich noch erkennen, dass es sich um das beschossene Stück handelt. Schweiß liegt aber kaum mehr in der Fährte. Alle 300 bis 400 Meter verweist Cliff einen winzigen stecknadelkopfgroßen Spritzer.

Ruhig und sicher folgt der Rüde der Fährte. Steil die Rute hebend, die Behänge nach oben etwas angehoben und mit tiefer Nase arbeitend, zeigt seine Körpersprache, dass er auf der Wundfährte ist.

Nach zwei Kilometern nimmt die Sau einen Wechsel an. Hier ist viel Wild gezogen, sodass trotz der Schneelage das Erkennen der Wundfährte im Harschschnee nicht mehr möglich ist. Ab und zu verzweigen sich die Wechsel und der Hund greift an diesen Stellen mehrfach selbstständig zurück.

In einem Wechsel bewegt sich Tag und Nacht viel Wild. Deshalb sind diese bei der Riemenarbeit wegen der starken Verleitungen mit großen Risiken behaftet.

Stunde um Stunde hängen wir der Fährte nach. In einem großen Bogen bewegen wir uns erneut Richtung Anschuss. Wiederum machen wir um 14 Uhr eine kleine Teepause. Zwei Stunden später stehen wir an der Rückseite des Höhenzuges, wo am Silvestermorgen die Nachsuche hoffnungsvoll begonnen hat. Es wird langsam dunkel.

Insgesamt haben wir in drei Tagen 24 Kilometer zurückgelegt. Meine Begleiter geben erschöpft und resigniert auf.

Schwarzwildnachsuchen sind mit viel Risiko behaftet. Ohne Begleiter, noch dazu in einem fremden Revier, geht da nichts (Siehe „Organisation von Nachsuchen auf Schwarzwild"), weshalb ich schweren Herzens den Schweißriemen aufdocke und damit die Nachsuche für beendet erkläre.

Der Nachsuchenführer ist der Jagdleiter. Nur er kann eine Nachsuche für beendet erklären.

Gegen 22 Uhr klingelt bei mir erneut das Telefon. Eine Nachsuche auf ein Stück Schwarzwild im gleichen Revier ist für den nächsten Morgen angesagt. Am Anschuss finden wir Lungenschweiß und nach 200 Metern kommen wir am Rande einer Fichtenkultur am Stück an. Als ich den Frischling auf den Rücken drehe, weiß ich, dass ich das Stück vom Vortag nicht mehr zu suchen brauche. Der erste Schuss hat von hinten durch die Keulen einen Hinterlauf innen gestreift und die Bauchschwarte geöffnet.

24 Kilometer Nachsuche. Der Schuss von hinten durch die Keulen hat einen Hinterlauf innen gestreift und die Bauchschwarte geöffnet. © Otto Bayer

Glück und Zufall, aber auch eine unglaubliche Leistung meiner Steirischen Bracke sorgten dafür, dass der Frischling zur Strecke kam. Cliff war damals sieben Monate alt und ab diesem Tag wusste ich: Dieser Hund wird noch Großes auf der Wundfährte leisten.

Keiler mit Laufschuss

Stammtische sind der Ort geselligen Zusammenseins. Unter Jägern dienen sie dem Erfahrungsaustausch, aber auch der stimmgewaltigen Verbreitung von Halb- und Unwahrheiten, die gemeinhin als Jägerlatein bewertet werden. Am Stammtisch spricht man auch über seine Jagdhunde. Man spricht über Schussverletzungen von Sauen und vertritt im Brustton der Überzeugung die Meinung, dass Nachsuchen auf Sauen mit Laufschuss reine Zeitverschwendung sind, da diese Verletzungen ausheilen.

Gute Nachsuchenhunde arbeiten auch Sauen mit Laufschüssen erfolgreich.

Auch im nächsten Fall wurde der Sau eine lange Leidenszeit erspart:

Ich bekomme einen Anruf aus Bad Urach. Am Treffpunkt erwarten mich zwei junge Jäger. Etwas skeptisch betrachten sie meine Steirische Bracke. Diese Rasse ist vielen Jägern in Deutschland unbekannt. Bracken stehen den Schweißhunden am nächsten. Sie werden auf feinste Nase, eisernen Spurwillen und Laut gezüchtet. Das sind ideale Voraussetzungen, um sie zum Schweißhund auszubilden und zu führen.

Wir fahren ins Revier. Steil geht es eine Straße hinunter. Links und rechts Steilhänge. Rechts der Straße haben sich die Jäger einen Erdsitz gebaut. 30 Meter unter der oberen Hangkante verlief der Hauptwechsel. Innerhalb weniger Wochen waren hier fünf Sauen geschossen worden und fielen, sich im Steilhang überschlagend, dem Jäger vor den Erdsitz. Doch gestern Nacht rutschte die Sau in einen Graben, rappelte sich auf und flüchtete den Hang wieder hinauf.

Mit einem Terrier wurde noch in der Nacht ergebnislos vorgesucht. Dann fing es zu regnen an und im Schein der langsam erlöschenden Taschenlampe schwand jede Hoffnung auf Erfolg.

Ruhig untersucht Cliff den Anschuss und verweist einen Knochensplitter. Scharfkantig und außen rund: Laufschuss ist meine Diagnose. Cliff sucht den Hang hinunter, um dann steil nach oben abzubiegen. Fast eine Stunde benötigen wir bis zur oberen Hangkante. Zehn

Minuten machen wir Pause. Dann geht es auf der Hochebene weiter. Nach 400 Metern ohne jedes Pirschzeichen kreuzen wir einen Bewirtschaftungsweg. Hier zeigt Cliff an, dass die Sau den typischen Versatz beim Überfallen von Wegen, breiten Rückegassen oder Straßen gemacht hatte (Siehe „Verhalten von beschossenem Schwarzwild").

Nach weiteren 1,5 Kilometern fängt der Hund zu kreisen an, bevor er fast rechtwinklig nach links zu einer Fichtendickung mit 50 Metern Durchmesser abbiegt. Solche Richtungsänderungen lassen darauf schließen, dass die Sau sich einschieben wird. Meine zwei Begleiter lasse ich vorstehen, während ich den Riemen kürzer fasse, um dem Hund beim Auflaufen schneller helfen zu können.

Bei Riemenarbeiten in Althölzern lassen abrupte Richtungsänderungen in Dickungen hinein darauf schließen, dass ein beschossenes Stück Schwarzwild sich einschiebt.

Fast in der Mitte des Verhaus angekommen, sehe ich in Fluchtrichtung einen morschen Baumstamm liegen. Cliff steht keinen Meter vom linken Ende entfernt, als die Sau mit einem bösen Grunzer hinter dem Stamm hochwird und flüchtet. Einer der vorgestellten Schützen sieht das Stück nur als einen flüchtigen Schatten und kommt nicht zum Schuss. Meine Frage, ob in Fluchtrichtung eine Straße sei, wird verneint. Also die Halsung ab und die Hatz beginnt.

In fremden Revieren geben ortskundige Begleiter oder das Navi Auskunft über in Fluchtrichtung liegende Verkehrswege. Die Verkehrssicherungspflicht obliegt dem Nachsuchenführer.

So schnell wir können, folgen wir dem Hund. Es ist fast nichts mehr zu hören, als wir auf der anderen Seite der Hochfläche ankommen. Weit im Gegenhang hören wir Standlaut. Steil geht es bergab. Ein breites Wiesental mit einem Hochwasser führenden Bach trennt uns vom gegenüberliegenden Höhenzug. Jetzt ist der Laut des Hundes im Gegenhang fast nicht mehr zu hören. Zügig überqueren wir das Tal, waten durch den kniehohen Bach und sammeln uns am Fuß des Hangs. Wir hören nichts mehr. Wahrscheinlich konnte der Rüde die Sau nicht binden und hat sie außerhalb unserer Hörweite gestellt.

Vollkommen erschöpft machen wir 20 Minuten Pause. Dann verteilen wir uns, ständig Funkverbindung haltend, im Abstand von 300 Metern an der unteren Hangkante und steigen nach oben. Meine Order ist, dass derjenige, der zuerst den Standlaut hört, den Fangschuss antragen soll. In diesem Fall müssen die restlichen Schützen aus Sicherheitsgründen zurückbleiben. Es ist so steil, dass man manchmal auf allen vieren kriechen muss. Wir hören den Bail nicht.

Mit einem Navi ausgerüstet, lassen sich auch Situationen leicht lösen, in denen ein Bail nicht zu hören ist.

Eine Stunde ist vergangen, als wir uns unten wieder sammeln. Mit einem Auto vorzugreifen, wäre die einzige Möglichkeit, in

Gerade bei weiten Hetzen ist ein Auto in greifbarer Nähe nötig, um über GPS dem besenderten Hund zu folgen und schnell eingreifen zu können.

Hörweite des Hundes zu kommen, dieses ist jedoch mindestens zwei beschwerliche Wegstunden entfernt geparkt, was sich als schwerer Fehler herausstellt.

Wir müssen auf den Hund warten. Es dauert noch lange 90 Minuten, bis Cliff den Weg herunterkommt. Hinten knicken seine Läufe ein. Hund, Führer und Begleitmannschaft sind am Ende. Am Bach lasse ich den Rüden schöpfen. Nach 30 Minuten lege ich Cliff wieder die Schweißhalsung an. Der Rüde hat verstanden.

Er geht den Weg zurück und nach einer Wegbiegung nimmt er wieder den Steilhang an. Nach 500 Metern finden wir einen Tropfen Schweiß, den die Sau bei der Hatz verloren hat. Noch einmal sind wir fast eine Stunde im schwierigsten Gelände unterwegs, in der Hoffnung, dass die zum zweiten Mal gehetzte Sau sich stellt. Das ist der einzige Gedanke, der mir trotz aller Widrigkeiten Mut macht.

Plötzlich wird der Rüde am Riemen laut und stellt seine Rückenhaare auf wie eine Bürste. Instinktiv spüre ich das Finale nahen. Halsung ab und Cliff geht ein zweites Mal auf die Reise. Nach 500 Metern giftiger Standlaut. Die Sau rumort und wetzt.

Der Fangschuss ist leicht. Cliff steht auf der sterbenden Sau und gebärdet sich wie wild. Wir lassen ihm den Triumph. Führer und Begleitmannschaft sind am Ende ihrer Kräfte. Erst nach 20 Minuten beginnen wir, das Stück, das einen hohen Vorderlaufschuss hat, aus dem Steilhang zu bergen.

Nach insgesamt sechs Stunden Riemenarbeit über Berg und Tal mit zwei Hetzen ist eine der bemerkenswertesten Arbeiten meines Schweißhundes erfolgreich zu Ende gegangen. Die Wundfährtenlänge betrug 4 Kilometer und die Länge der ersten Hatz 2000 Meter.

Vorderlaufschuss in Mecklenburg-Vorpommern

Mit einem befreundeten Jäger fahre ich nach Mecklenburg-Vorpommern. Wir folgen einer Einladung auf eine große Schwarzwilddrückjagd. Auf ausdrücklichen Wunsch des Eigenjagdbesitzers ist Cliff mit von der Partie. Vor der malerischen Kulisse eines renovierten Jagdschlosses treffen sich Jäger, Treiber und Hundeführer. Pünktlich 9 Uhr beginnt die Jagd.

Das Jagdgebiet umfasst 1000 Hektar. Inselartig liegt das Revier inmitten der riesigen mecklenburgischen Feldfluren. Bestockt ist es mit Eichen, Buchen und der für Mecklenburg typischen Kiefer. Einzelne Entwässerungsgräben durchziehen den Bestand.

Mir wird ein Drückjagdstand an einer Kulturfläche zugewiesen. Bald höre ich den Lärm der Treiber und das Geläut der Hunde, das immer näher kommt, bevor plötzlich 10 Sauen eine schmale Schneise überfallen. Zu schnell und zu weit für einen sicheren Schuss. Die Rotte passiert meinen Nebenschützen, dann fällt ein Schuss und ich höre deutlich einen hellen Kugelschlag.

Nach dem Abblasen werde ich vom Revierleiter zur Nachsuche auf das in meiner unmittelbaren Nachbarschaft beschossene Stück Schwarzwild eingeteilt. Am Anschuss wenige kurze Schnitthaare und ein scharfkantiger 2 Zentimeter langer, außen abgerundeter Knochensplitter. All das deutet auf einen Laufschuss hin.

Normalerweise beginnen Nachsuchen auf Schwarzwild mit nicht tödlichen Treffern erst am nächsten Tag. Das Wild wird krank und die Hetze geht in aller Regel dann nicht so weit, jedoch wollen wir am nächsten Morgen bereits wieder nach Hause fahren. Deshalb setze ich den Rüden an.

Die Sau schweißt anfänglich stark, doch schon nach 300 Metern ist kaum noch Schweiß zu finden, was bei Laufschüssen fast immer die Regel ist.

Laufschüsse beginnen meistens mit viel Schweiß, der schnell weniger wird. Ist keine Wildfolge vereinbart, muss der Pächter des Nachbarrevieres beim Überschreiten der Reviergrenze unverzüglich informiert werden.

2 Kilometer sind wir bereits unterwegs, als sich ein 6 Meter breiter Entwässerungsgraben als Hindernis in die Fährte stellt. Weit und breit kein Übergang in Sicht. Am anderen Ufer erkenne ich den schlammverspritzten Ausstieg der Sau. Cliff springt ungeduldig in den Riemen und will das Gewässer durchrinnen. Uns bleibt nichts anderes übrig, als dem Hund zu folgen. Bei einer Temperatur von knapp über dem Gefrierpunkt nicht gerade ein Vergnügen. Das Wasser reicht bis zur Hüfte. Am Riemen schwimmt vor uns der Hund und wir waten im Schlamm einsinkend durch den Wassergraben.

Weiter geht's. Die Sau nutzt bei ihrer Flucht jede Deckung aus. An Wegen verhofft sie und macht einen Versatz. Immer wieder kreist der Hund, um die Fährte wieder weiterzubringen.

Bei Bewegungsjagden veranlassen Hunde und Treiber das Stück häufig zum Verhoffen und zu starken Richtungsänderungen.

Wir können es kaum glauben – wiederum versperrt ein Wassergraben uns den Weg. Was hilft es? Wir waten wieder durch. Nach weiteren 300 Metern haben wir den Bestandsrand erreicht,

Ist keine Wildfolge vereinbart, muss der Pächter des Nachbarreviers beim Betreten informiert werden.

der gleichzeitig die Jagdgrenze ist. Über Handy informieren wir die Jagdleitung. Eine Wildfolge ist nicht vereinbart und so müssen wir den Jagdnachbarn informieren. Mit eiskalten nassen Klamotten stehen wir frierend im Januar am Waldrand. Endlich kommt der benachbarte Jagdpächter.

Die Fährte führt auf das freie Feld hinaus. In Fluchtrichtung sehen wir in 400 Meter Entfernung eine nur 30 x 20 Meter große Feldholzinsel. Die Wundfährte führt an der Schmalseite des Gehölzes hinein. Am Einwechsel lege ich den Hund ab und schaue hinein. Nichts ist zu sehen.

Ich umschlage in 30 Meter Abstand mit dem Hund den voraussichtlichen Einstand. Keine Fährte führt hinaus – die Sau steckt.

Am Einwechsel fasse ich den Riemen kurz und dringe in das Gehölz ein. Keine 10 Meter weiter steht die Sau auf und nimmt an. Ich lasse den Riemen fallen und Cliff kann gerade noch nach links ausweichen. Der heranstürmenden Sau setze ich die 8 x 57 genau zwischen die Lichter. Das war knapp! Ein Keiler mit 70 Kilogramm kam nach 7 Kilometern Riemenarbeit zur Strecke.

Im Gasthaus angekommen, verhindern eine heiße Dusche und anschließend mehrere steife Grogs das Schlimmste.

Warum Lenin recht hat

Vertrauen ist gut, Kontrolle ist besser.
Dieser Satz wird dem Kommunist Lenin zugeschrieben.

Bei Bermaringen auf der Schwäbischen Alb findet eine große revierübergreifende Bewegungsjagd statt. Einem Jäger wird vom Ansteller eine hohe Kanzel am Waldrand zugewiesen. Drei lange Stunden hat er keinen Anblick, hört aber aus allen Richtungen und Entfernungen Schüsse fallen. Kurz vor Ende der Jagd hat er sich schon damit abgefunden, als Schneider am Sammelplatz zu erscheinen. Da hört er hinter sich ein leises Rascheln. Direkt unter dem Hochsitz flüchtet ein Frischling über die Wiese in den gegenüberliegenden Bestand. Im Knall seiner 8 x 57 klagt das Stück und flüchtet mit schlenkerndem rechten Hinterlauf in das Buchenaltholz. Drei Minuten später bricht in Fluchtrichtung des Stückes ein Schuss. Nach dem Abblasen der Jagd mit dem Signal „Hahn in Ruh" sieht der Schütze, wie gegenüber ein Jäger einen Frischling auf die Wiese herauszieht. Hinterlaufschuss rechts und der tödliche Blattschuss lassen eigentlich keinen Zweifel daran, dass es sich um den vom ersten Jäger beschossenen Frischling handelt.

Nach dem Streckelegen frage ich den Jäger, ob es nicht doch möglich sein könnte, dass es sich hier um zwei verschiedene Frischlinge handelt. Ich sehe es seiner Mimik an: Er hält mich für nicht ganz zurechnungsfähig.

Trotzdem frage ich den Jagdleiter, ob ich nicht besser eine Kontrollsuche durchführen soll. Er stimmt zu.

Eiserne Grundregel: Jeder Schuss muss kontrolliert werden.

Ich setze Cliff am Anschuss an. Der Rüde folgt der Fährte sicher in den gegenüberliegenden Bestand hinein. Hinter mir läuft, gemurmelte Verwünschungen ausstoßend, der Schütze. Er wäre wohl lieber beim Schüsseltreiben, anstatt bei einer in seinen Augen völlig unnötigen Nachsuche als zweiter Mann mitzuhelfen.

„Wie weit ist es noch bis zu der Stelle, wo der Frischling erlegt wurde?“, frage ich meinen missmutigen Begleiter.

„Noch 300 Meter geradeaus“, lautet seine gebrummelte Antwort.

In diesem Moment biegt Cliff im rechten Winkel nach links ab. Vom Schützen wird Protest laut. „Abgesehen davon, dass diese Aktion sowieso keinen Wert hat, jetzt läuft der Hund auch noch in die falsche Richtung“, höre ich es hinter mir murmeln.

Eine Bestätigung der Arbeit des Hundes kann ich aufgrund jetzt fehlender Pirschzeichen nicht vorzeigen.

500 Meter dürften wir unterwegs sein, als vor dem Hund eine kleine Sau hoch wird und flüchtet. Ich finde Schweiß im Kessel und schnalle meinen Cliff. Die Hetze ist kurz. Im Fangschuss liegt ein Frischling mit rechtem Hinterlaufschuss.

Mein Begleiter ist merklich ruhiger geworden. Am Sammelplatz angekommen, können es die Jäger nicht fassen.

Lenin hatte recht: Vertrauen ist gut, Kontrolle ist besser!

Der Keiler von Babenhausen

Am Telefon ist der Revierleiter der Fugger'schen Verwaltung in Babenhausen. Er berichtet, dass ein Jagdnachbar eine größere Sau beschossen hat. Ich fahre sehr gern zu ihm, denn er ist wohl einer meiner besten Nachsuchenbegleiter. Hoch motiviert, einsatzstark und mit einer sagenhaften Revierkenntnis versehen. Für uns gibt es

Suhlen machen oft Nachsuchenprobleme. Häufig ist wenig oder kein Schweiß erkennbar.

nur den Leitspruch: Entweder liegt die Sau, der Hundeführer, der Begleiter oder der Hund am Boden. Vorher geben wir nicht auf!

Am Anschuss finden wir einen Knochensplitter. Scharfkantig und hart, mit dem Ansatz einer Rille an der Außenseite, was uns zur vorläufigen Diagnose Hinterlaufschuss kommen lässt.

Die Sau ist von einer Pachtjagd in die Fugger'schen Wälder eingewechselt. Schon nach 200 Metern liegt kein Schweiß mehr in der Fährte. Wir arbeiten uns einen Hang hinauf. Cliff hat Probleme.

Immer wieder greift er zurück, kreist und verweist für uns nicht definierbare Pirschzeichen. Anscheinend folgt der Keiler der Rotte und der Hund hat Mühe, die Krankfährte aus den Gesundfährten herauszufiltern. Mühsam arbeiten wir uns durch Buchenanflug und dichte Fichtenbestände. Keinerlei Schweiß ist in der Wundfährte zu sehen. Zweimal finden wir in der Fährte ein gespreiztes Trittsiegel, das vom gesunden Hinterlauf des Stückes stammt, welcher das größere Gewicht tragen muss.

Einseitig gespreizte Trittsiegel deuten auf eine Entlastung und damit Verletzung des anderen Laufs hin.

Drei Stunden sind wir bereits unterwegs, als wir einen Bewirtschaftungsweg erreichen. Hier finden wir nach 3 Kilometern Riemenarbeit das erste Mal am Rand der rechten Fahrspur Schweiß. Nach weiteren 100 Metern auf dem Bewirtschaftungsweg biegt Cliff in Richtung Anschuss ab.

Das kann unter Umständen bedeuten, dass sich die Sau nach wenigen Metern eingeschoben hat. Aber zu unserem Erstaunen führt die Wundfährte in eine Suhle. Schweiß können wir im Wasser und Schlamm nicht erkennen. Ab dieser Stelle bringt Cliff die Fährte nicht weiter. Er sucht in alle Richtungen, kreist, greift zurück und stellt unsere Nerven auf eine harte Probe. Wie wir am trüben, frisch aufgewühlten Wasser der Suhle erkennen können, haben nach dem beschossenen Stück noch weitere Sauen die Suhle aufgesucht.

Haben nach dem beschossenen Stück noch weitere Sauen die Suhle aufgesucht, haben Schweißhunde oft Schwierigkeiten, die Wundfährte wieder aufzunehmen.

Wir lassen den Rüden auf beiden Seiten und in beide Richtungen des Weges vorsuchen. Von der Suhle wegführend nimmt er in ursprünglicher Fluchtrichtung eine nicht erkennbare Fährte auf. Nach 200 Metern finden wir an einem Baumstamm abgewischten Schweiß. Das wäre geschafft, diese schwierige Klippe ist überwunden! Fast eine Stunde haben wir benötigt, um den Widergang mit Versatz zu arbeiten.

Noch ahnen wir nicht, dass sich uns nach weiteren 1500 Metern noch mehr Schwierigkeiten in den Weg stellen werden. Ein Dickungskomplex von mehreren Hektar Größe liegt vor uns. Fast undurchdringlicher Fichtennaturanflug und Brombeerbereiche machen eine Riemenarbeit hier zu einem nicht zu kalkulierenden Risiko und so beschließen wir, den Dickungsbereich zu umschlagen. Cliff soll vorsuchen und den Auswechsel anzeigen.

Undurchdringliche Dickungen werden umschlagen. Entweder findet der Hund den Auswechsel oder das Stück hat sich hier eingeschoben. Dann kann es nach dem Anstellen von Vorstehschützen herausgedrückt werden.

Über eine Stunde laufen wir im Uhrzeigersinn um die fast undurchdringliche Abteilung. Immer wieder prüft der Rüde nach links oder rechts verlaufende Wechsel. Er folgt diesen einige Meter, um sich dann wieder zu wenden.

Ich habe die Hoffnung schon fast aufgegeben, dass die Sau ausgewechselt ist, als Cliff plötzlich stehen bleibt, verweist und nach links abbiegt. Auf die Frage, in welcher Richtung sich der Einwechsel in den Dickungsbereich befindet, zeigt der Revierleiter an, dass die Sau die Fluchtrichtung wohl beibehalten hat. Diese Feststellung gibt uns halbwegs Sicherheit, dass Cliff den Auswechsel richtig verwiesen hat. Noch haben wir zwar keine Bestätigung, aber seine Körpersprache zeigt an, dass die Sau an dieser Stelle den Dickungsbereich verlassen hat.

In der vorausgegangenen Nacht hatte viel Wild die Dickung verlassen und wieder angenommen. Was für eine Meisterleistung des

Hundes auf einer Länge von mehreren Kilometern innerhalb eines Zeitraumes von einer Stunde die Dickung umschlagend den richtigen Abgang zu finden!

Wir sind jetzt 6 Kilometer auf den Läufen und es geht schräg einen Bergrücken hinauf. Oben angekommen, erreichen wir eine Windwurffläche. Zwischen Baumstümpfen und schütterem Grasbewuchs arbeitet Cliff in Richtung einer kleinen Laubholzinsel von 30 Meter Durchmesser. Ich lasse meine zwei Begleiter als Vorstehschützen das Gehölz umstellen. Dann dringen wir in den Bestand ein. Wir sind keine 10 Meter drin, als die Sau mit einem bösen Grunzer hochwird und flüchtet. Im Knall der 9,3 liegt ein Keiler mit 100 Kilogramm Lebendgewicht.

Wir benötigten für eine Strecke von 7 Kilometer fast 8 Stunden. Es ist Mitte Oktober, trocken und warm. Der Schütze schaut ungläubig auf meinen Hund. Eine solche Nachsuche hat er bis jetzt noch niemals erlebt.

Meisterarbeit mit Amtshilfe

An einem schönen Sommermorgen im Juni beschoss ein Jagdpächter eines Reviers bei Blaubeuren gegen 23 Uhr auf einer Rückegasse eine größere einzelne Sau. Am Anschuss fand er wenige winzige Wildbretteilchen und einige Spritzer Schweiß. Ich werde verständigt und soll am nächsten Morgen die Nachsuche durchführen.

Cliff nimmt die Fährte ruhig auf. 2000 Meter geht es durch dichten Buchenanflug. Schweiß liegt kaum noch in der Fährte. Unterwegs finde ich noch einen Knochensplitter, der meine Diagnose „Laufschuss“ festigt.

Kreist der Hund und greift noch selbstständig zurück, lässt man ihn in Ruhe arbeiten.

An einer Wegkreuzung kommt Cliff von der Fährte ab. Zwanzig Minuten kreist der Rüde, greift selbstständig zurück. Plötzlich geht ein Ruck durch seinen Körper und er hat den Abgang der Fährte gefunden. Nach weiteren 300 Metern erreichen wir das massiv eingezäunte Betriebsgelände eines Steinbruches. Das Betreten des Geländes ist aus Sicherheitsgründen nicht erlaubt, doch glücklicherweise handelt es sich beim Geschäftsführer des Steinbruchs um einen Jägerkollegen, der sofort bereit ist, uns Einlass zu gewähren.

Während wir nun also auf den „Mann mit der Schlüsselgewalt“ warten, läuft Cliff ungeduldig am Zaun entlang und verweist uns die Stelle, wo die Sau sich unter dem Zaun regelrecht durchgezwängt hat.

Ich markiere diese und wir setzen den Hund am Einwechsel im Betriebsgelände wieder an. Bald erreichen wir die Abrisskante des Steinbruches. 80 Meter geht es senkrecht hinunter. Cliff läuft einen halben Meter neben der abfallenden Kante nach links. Der Blick nach unten kann einem den Magen umdrehen! Nun bin ich zwar schwindelfrei, aber wohl fühle ich mich bei der Riemenarbeit am Abgrund entlang nicht. Es ist fast nicht vorstellbar, dass hier in der Nacht eine beschossene Sau direkt an der Abrisskante des Steinbruches entlanggelaufen sein soll.

Schweiß ist schon lange keiner mehr in der Fährte, als der Hund eine steil nach unten führende Geröllrinne annimmt. Meine Begleiter protestieren. Es ist ihnen zu gefährlich, mir zu folgen, und so bedarf es einiger Überzeugungskraft, bis sie, es mir gleichtuend, ohne Seil und Haken absteigen.

Unten angekommen, erreichen wir eine Schotterstraße. Riesige lindgrüne Muldenkipper fahren, große Staubwolken hinter sich herziehend, vorbei. Im hinteren Teil des Steinbruches findet gerade eine Sprengung statt.

Aussichtslos, denke ich, hier kann kein Schweißhund arbeiten. Als wieder in drei Meter Entfernung ein Muldenkipper mit übermannshohen Rädern, uns in eine Staubwolke hüllend, vorbeifährt, gebe ich der Nachsuche keine Chance mehr.

Starker Staub trocknet die Hundenase aus und behindert die Fährtenarbeit.

Kaum ist das Fahrzeug vorbei, legt sich Cliff in den Riemen und überquert die Schotterstraße. Auf der anderen Seite ist eine Abraumhalde und Cliff sucht schräg nach links oben hinauf. Ich kann es nicht glauben, als der Rüde plötzlich einen auf den hellen Kalksteinen in der Sonne rot leuchtenden Tropfen Schweiß verweist. Dann sucht er den hinteren Teil der Abraumhalde hinunter. Hier beginnt der stillgelegte Teil des Steinbruches. Knöchelhoch steht hier glasklares Wasser. Ab und zu wachsen schüttere Schilfhalme. Cliff nimmt das Wasser an. Deutlich erkennen wir im weißen Kalkschlamm die unter Wasser sichtbaren Trittsiegel der Sau.

Ich frage mich, wie es möglich ist, dass der Hund einer unter Wasser befindlichen Fährte folgen kann, und auch meine Begleiter sind diesbezüglich sprachlos.

Gut eingearbeitete Hunde sind in der Lage, in stehenden Gewässern einer Krankfährte zu folgen.

200 Meter vor uns befindet sich eine dicht mit Schilf bewachsene Insel. Hier angekommen, wird Cliff unruhig und springt in den Riemen. Wir postieren einen Beobachter auf einer erhöhten Stelle. Per Funk meldet er, dass sich inmitten des Schilfes die Halme bewegen.

Einmal erkennt er für Sekundenbruchteile die Sau. Mit drei Mann umstellen wir den 50 x 30 Meter großen Schilfbereich. Jetzt stehe ich vor der Entscheidung, den Hund zu schnallen und das Risiko einer Hetze durch das Betriebsgelände zu verantworten oder die Sau mithilfe wildscharfer Hunde aus dem Schilf zu drücken und durch abgestellte Jäger zu erlegen.

Eine große Abraumhalde bietet in Richtung Betriebsgelände einen natürlichen Kugelfang und so entscheide ich mich aus Sicherheitsgründen für die letztere Variante. Per Handy wird Forstamtsleiter S. T. verständigt und sagt dankenswerterweise zu. Mit seinem Terrier und dem Plott Hound Rowdy will er versuchen, die Sau aus dem Schilf herauszudrücken. Außerdem werden noch zehn Jäger organisiert, die das Schilf leise umstellen.

Im Zweifelsfall besser wildscharfe Hunde zum Herausdrücken organisieren.

Der Beobachtungsposten auf der Abraumhalde meldet, dass die Sau das Umstellen bemerkt hat und sich kaum noch bewegt. Unentschlossen prüft das Stück den Wind.. Nach einer Stunde ist S. T. vor Ort. Ich weise den Hundeführer ein. Cliff binde ich am Schweißriemen an einen Weidenstrauch und beziehe meinen Schützenstand.

Jetzt geht alles sehr schnell. Beide Stöberhunde dringen in das Schilf ein. Die Sau fliegt förmlich heraus, ich reiße die Waffe hoch und drücke ab. Im Schuss dreht sich das Stück und flüchtet wieder in das Schilf hinein.

Mein Nachbarschütze bringt ebenfalls noch einen Schuss an. Cliff springt in den Riemen, reißt sich los und verschwindet samt Schweißriemen im Schilf. Wilde Kampfgeräusche von den Hunden und der Sau sind zu hören. Jetzt hält mich nichts mehr. Ich dringe in das Schilf ein. Dieses ist durch die Auseinandersetzung zwischen den Kontrahenten im Umkreis von 10 Metern regelrecht plattgewalzt. Die Sau ist umstellt von den drei Laut gebenden Hunden.

In der Körpermitte der Sau sehe ich einen großen roten Schweißfleck. Meine Kugel hat die Leber getroffen. Ein Fangschuss ist wegen der stellenden Hunde nicht möglich. Schwer krank setzt sich das Stück schließlich auf die Keulen. Oberforstrat S. T. ist augenblicklich zur Stelle und setzt der Sau das Waidblatt schräg von hinten zwischen die Rippen.

Stellen mehrere Hunde das Stück oder haben sich in ihm verbissen, wird es mit Waidblatt oder Saufeder abgefangen.

Durch eine großartige Nachsuche meines Hundes in Zusammenarbeit mit dem Forstamtsleiter S. T., also mit Amtshilfe sozusagen, kam eine nicht führende Bache mit 65 Kilogramm zur Strecke. Die ursprüngliche Schussverletzung war ein tiefer Vorderlaufschuss.

Cliff und der Terrier wurden bei der Aktion geschlagen. Diese Nachsuche hat gezeigt, dass vor dem Schnallen eines Schweißhundes Risiken und Chancen im Vorfeld abzuwägen sind. Letztendlich zählt nur eines – der Erfolg.

Vor dem Schnallen eines Schweißhundes sind Risiken und Chancen im Vorfeld abzuwägen.

Mit anderen Augen gesehen

Der Schweißhundführer Jürgen Heinrich aus Burgau hat meinen Cliff im Zeitraum von 6 Jahren 54-mal erfolgreich und gekonnt geführt.

Hier nun die Schilderung einer Nachsuche mit meinem Hund aus dem Blickwinkel des Schweißhundführers Jürgen Heinrich:

„Es ist Ende November. Endlich hat es den ersten „brauchbaren" Schnee gegeben, der aber bereits tagsüber unter der Sonne leidet, vor allem auf den Freiflächen.

An einem Freitag gegen 22.30 Uhr klingelt das Telefon. Ein Jagdgast hat kurz zuvor an einem Wildacker auf eine Sau geschossen. Diese sei im Schuss vorn zusammengeknickt, habe dann aber flüchtig ein Stangenholz angenommen. Am Anschuss und auf der Fluchtfährte sei gut Schweiß zu sehen. Im Stangenholz habe man auch einen Röhrenknochensplitter gefunden und ein wenig Schweiß. Man muss kein großer Spezialist sein, um aus den überlieferten Daten einen Laufschuss zu prognostizieren.

Da der Jagdgast über keinen Hund verfügt, bittet er mich um Hilfe, möglichst noch in der Nacht. Ich bitte den „Unglücksraben", möglichst für den nächsten Tag noch ein paar Vorstehschützen zu organisieren und wir verabreden uns für den nächsten Morgen!

Da meine eigene Nachsuchenhündin „Biene vom Luchsforst" mit 18 Monaten zwar schon einige erfolgreiche Nachsuchen auf dem Konto hat, aber noch keine Hetze, hole ich ihren Vater Cliff zur Unterstützung.

Am nächsten Morgen, es ist ein herrlicher Wintertag, nicht zu kalt und nicht zu warm, untersuchen wir den Anschuss und finden bestätigt: Es handelt sich um einen hohen Laufschuss, wie sich im Fährtenbild bald herausstellt – vorne links! Ich ahne schon, dass diese Nachsuche länger dauern wird, und stelle die Vorstehschützen auf einen langen Tag ein.

Um den Ablauf einer Nachsuche nicht zu gefährden, werden die Vorstehschützen informiert, dass unter Umständen ein längerer Jagdtag bevorsteht.

Ein ortskundiger Mitstreiter erhält ein Funkgerät und übernimmt die restlichen Schützen, um sie an geeigneten Fernwechseln zu postieren. Ein etwas jüngerer Jäger soll mich begleiten und meine Hündin „Biene" nachführen. Ich selbst will die Arbeit mit „Altmeister" Cliff angehen. Wir kommen anfangs gut voran und finden auch immer wieder Bestätigung in den gut vorhandenen Restschneeflecken.

So arbeiten wir verschiedene Dickungen, Kulturflächen, Stangenhölzer, Windwurfflächen aller Altersklassen und Schilfpartien durch, ohne an die Sau zu kommen.

Wechselt das beschossene Stück die Fluchtrichtung, wird eine Nachsuchenpause eingelegt. Per Funk werden durch ortskundige Jäger die Vorstehschützen umgestellt.

Einige Male müssen über Funk die Vorstehschützen umgestellt werden, da die Sau öfters die Richtung wechselt. Es ist verwunderlich, nach welchen Kriterien sich kranke Sauen durch den Wald bewegen!

Nach ca. 3 Kilometern stehe ich mit Cliff in einer mannshohen Fichtennaturverjüngung, als vor uns Wild wegpoltert. Da ich nicht sehen kann, ob es sich um die kranke Sau handelt, mache ich auch keine Anstalten, den Hund zu schnallen, was in dem Verhau auch fast unmöglich ist.

Der Hund wird nur geschnallt, wenn wirklich das kranke Stück vor einem wegbricht.

Plötzlich fällt ein Schuss! Wir arbeiten weiter bis zu den vorgestellten Schützen und müssen erfahren, dass einer von ihnen die Sau auf eine Entfernung von 10 Schritt vorbeigeschossen hat. Da es zweifellos die Kranke war – dies konnte der Schütze deutlich sehen – schnalle ich Cliff auf der frischen Fluchtfährte. Wir hören weder Hetz- noch Standlaut und müssen einfach abwarten, was geschieht! Nach 20 Minuten kommt Cliff zurück. Der Zeitraum von 30 Minuten zwischen Aufmüden des Stückes und Schnallen an der Schützenlinie war zu groß.

Wir gönnen dem Hund und uns eine längere Pause und besprechen das weitere Vorgehen.

Bei langen, schwierigen Nachsuchen bieten Pausen die Möglichkeit, den Hund mit Wasser zu erfrischen, selbst Verpflegung zu sich zu nehmen und anhand der Revierstruktur weitere Maßnahmen zu besprechen.

Nach einer halben Stunde werden die Vorstehschützen neu postiert und ich lege Cliff erneut zur Fährte! Die Sonne hat ihren Zenit längst überschritten, als wir nach weiteren zwei Kilometern und vielen Hindernissen und Widergängen an einer Windwurffläche ankommen, die nach Osten an ein Fremdrevier angrenzt. So können wir die Fläche nur an drei Seiten abstellen. Diese Windwurffläche (ca. 7 Jahre alt) ist fast undurchdringlich, aber wir kämpfen uns vorwärts und kommen wieder an die Sau, die sofort flüchtig wird. Cliff tobt am Riemen und so brauche ich sehr lange, um an die Halsung des Hundes zu kommen.

Der Hund hetzt ins Nachbarrevier und kommt erst kurz nach Einbruch der Dunkelheit zurück. Der Jagdnachbar wird benachrichtigt, denn wir brauchten seine Erlaubnis, um die Nachsuche weiterführen zu können. Eine Genehmigung erreicht uns jedoch nicht. Auch am folgenden Tag werden wir nicht verständigt.

Der Zufall will es, dass Forstamtsleiter F. mit Familie und seiner Kopov-Bracke im angrenzenden Revierteil ca. 500 Meter Luftlinie von der Stelle entfernt, wo die Nachsuche wegen fehlender Wildfolge abgebrochen werden musste, einen Spaziergang macht. Sein Hund verweist ihm eine Fährte am Wegrand. Neugierig geworden, untersucht er dieselbe genauer und stellt fest, dass es sich um die einer leicht schweißenden Sau handelt. Da er aber von der Nachsuche keine Kenntnis hat, informiert er erst am nächsten Morgen den Revierleiter dieses Revierteiles im Forstamt Weißenhorn.

Gut eingearbeitete Hunde verweisen bei Reviergängen jede kreuzende Fährte. Wird dabei Schweiß verwiesen, ist eine Nachsuche obligatorisch.

Am nächsten Tag darf ich besagte Fährte wieder aufnehmen. Inzwischen liegt kein Schnee mehr und die Bestätigung ist nicht mehr möglich. Mit schneller Unterstützung des Jagdleiters werden sechs Vorstehschützen organisiert. Der Förster bringt jetzt seine beiden Wachtelhunde mit. Um 13 Uhr lege ich Cliff erneut zur Fährte.

Wieder geht es durch Dickungen, Windwurfflächen, Naturverjüngungen und Stangenhölzer, diesmal Richtung Westen. Nach zwei Stunden kommen wir an eine breitere Holzabfuhrstraße. Wir haben auf dem letzten Kilometer keinerlei Pirschzeichen mehr gefunden. Nach 500 Metern erreichen wir eine Fichtennaturverjüngung und hoffen, nun am Ziel zu sein. Über Funk werden die Vorstehschützen neu postiert und wir suchen in die Verjüngungsfläche hinein.

Cliff wird heftig und zieht aus der Verjüngung wieder hinaus. Wir finden frisch getropften Schweiß. Nach 300 Metern kommen wir an eine zehnjährige Aufforstungsfläche (Buche, Tanne und Brombeere). Die Sonne ist fast untergegangen, als die Vorstehschützen den Komplex umstellen. Suchmannschaft und Schweißhund sind am Ende ihrer Kräfte. Der Forstoberrat bringt jetzt seine beiden Wachtelhunde, die ausgeruht im Auto saßen, zum Einsatz. Endlich ertönt der ersehnte Standlaut. Die Sau sucht, heftig von den beiden Wachtelhunden bedrängt, ihr Heil in der Flucht.

Einer der Vorstehschützen macht dem Drama ein Ende. Nach drei schweren Nachsuchentagen kommt ein 40 Kilogramm schwerer Frischling zur Strecke. Als Cliff an der Sau steht, ist die Sonne bereits untergegangen.

Teamwork, Teamgeist und ein sehr guter Hund waren der Garant für den Erfolg. Während der dreitägigen Nachsuche haben wir über 12 Kilometer zurückgelegt.“

Altkrank

Am Morgen nach dem Ansitz geht ein Begehungsscheininhaber zu seinem Wagen. Er verstaut seine Waffe, leint seinen Hund an und läuft mit seinem Teckel einen Hohlweg entlang. Plötzlich gibt der Hund Laut und drei Meter neben dem Weg steht mühsam eine sichtlich abgekommene Sau auf. Das Stück ist so krank, dass es beim Versuch aufzustehen mehrfach wieder zusammenbricht.

Die kommt nicht weit, denkt der Jäger und rennt samt Hund so schnell wie möglich zum abgestellten Wagen. Jetzt kehren sich die Vorkommnisse um. Schnell den Hund in den Wagen, Waffe raus, laden und im Eilschritt zurück. Doch die scheinbar halbtote Sau ist weg. Spurlos verschwunden! Nichts ist mehr zu sehen oder zu hören. Der Jagdpächter ist nicht zu Hause, jedoch wird er bei seiner Rückkehr gegen 18 Uhr über die Geschehnisse informiert und verständigt daraufhin wiederum mich.

Ist der Anschuss nicht bekannt, lässt man den Hund vorsuchen.

Ich lasse Cliff vorsuchen, denn ein genauer „Anschuss“ ist nicht bekannt. Mit tiefer Nase, aber irgendwie nicht zügig genug, folgt er einer Fährte. Wir erkennen ein Trittsiegel entgegengesetzt der Arbeitsrichtung. Noch einmal nehme ich den Schweißhund zurück. Da bemerke ich 20 Meter weiter rechts eine etwa kesselgroße Stelle, an der das Gras niedergedrückt ist. Jetzt hat Cliff Wind bekommen und bewindet höchst interessiert diese Stelle. In einem kleinen Bogen arbeitet er steil den Hang hinauf. Ein Begleiter bezweifelt, dass eine schwer kranke Sau einen solchen Steilhang annimmt. Diese Meinung wird in der Fachliteratur sehr oft vertreten und von vielen Jägern einfach ungeprüft übernommen. Meiner Erfahrung nach stimmt diese Aussage aber nur begrenzt.

Aufgemüdetes oder beschossenes Schwarzwild geht zu Beginn der Fluchtfährte durchaus steilste Hänge hinauf und hinunter an. Auch bei Vorder- und Hinterlaufschüssen kann dieses Verhalten die ersten ein, zwei Kilometer beobachtet werden. Erst später folgt es schräg hangabwärts bzw. hangaufwärts folgenden Wechseln oder Bewirtschaftungswegen.

Aufgemüdetes, krankes Schwarzwild geht zu Beginn auch Hänge hinauf. Später erst tritt das bekannte Abwärtsziehen kranken Wildes auf.

Schweiß und Trittsiegel sind nicht zu sehen. Der Boden ist hart und trocken. Der Hund läuft ruhig, ab und zu verweist er etwas. Ich greife vor, kann aber nichts erkennen, was sein Verhalten erklären würde. Auf der Hochfläche angekommen, haben wir 800 Meter hinter uns gebracht. Das Stück ist im rechten Winkel nach rechts in den Bestand hineingezogen. Endlich können wir in einer Fahrgasse die Fährte erkennen. Die Schrittweite beträgt gerade nur noch 20 Zentimeter. Das Stück ist müde und langsam geworden. Dadurch arbeitet der Hund auch etwas schneller. Dann biegt die Fährte im rechten Winkel, einer grasbewachsenen Rückegasse folgend, nach links ab.

Plötzlich springt Cliff Laut gebend in den Riemen. Zwanzig Meter vor uns steht eine stark abgekommene Sau aus einer Suhle auf. Sie ist zu schwach, um zu flüchten. Im Knall meiner 8 x 57 bricht das Stück in der Suhle zusammen. Der Überläuferkeiler hat eine alte Schussverletzung am Brustkern und Vorderlauf, aus der bereits die Maden kriechen. Welche Qualen muss dieses Stück erlitten haben?

Trotz des Nachsuchenerfolges kommt auf der Heimfahrt keine Freude auf. Immer wieder die Frage, warum manche Jäger keinen Schweißhund holen …

Würden alle Jäger im Notfall einen Schweißhundeführer rufen, bliebe vielen Wildtieren Leid erspart. © *Dr. H. Meyer*

Ein verantwortungsbewusster Jäger

Der Monat März ist einer der ruhigsten Nachsuchenmonate. Trotzdem klingelt hin und wieder das Telefon. Meistens sind es vereinzelte Nachsuchen auf Schwarzwild, die noch anfallen.

Bei leichter Schneelage und für diese Jahreszeit angenehmen Temperaturen erreicht mich der Anruf eines Jägers aus der Nähe von Dornstadt. Jede Nacht wird eine Kirrung von einer Sau angenommen, die anscheinend nicht in der Lage ist, sich normal fortzubewegen. Das Fährtenbild ergibt eine schwankende, schleifende, sehr unbeholfen wirkende Fährte.

Der Jäger ging die Fährte aus und diese führte in eine bürstendichte Abteilung mit Fichtenanflug, Brombeerinseln und alten, nicht beseitigten Kulturzäunen. Er umschlug die Dickung und stellte fest, dass die Sau dort noch steckte. Die Abteilung wurde umstellt und mit zwei Hunden und Treibern versucht, das Stück vor die Schützen zu bringen. Hunde und Treiber waren mehrfach am Stück, aber es gelang nicht, dieses herauszudrücken. Nach drei Stunden gab man auf.

Am nächsten Morgen setzen wir Cliff an. Überall finden wir Hundespuren, eine undefinierbare Saufährte und die Abdrücke der Gummistiefel von den Treibern. Kreuz und quer, hin und zurück kriechen wir auf allen vieren durch die bürstendichte Abteilung. Cliff springt immer wieder in den Riemen. Das ist ein Zeichen, dass er geschnallt werden will. Aber er bleibt stumm – das Stück kann also nicht vor uns sein.

Springt der Hund in den Riemen, bleibt aber stumm, ist in der Regel das Stück nicht vor einem.

Mir stellt sich dadurch die Frage, was das zu bedeuten hat. Nach zwei Stunden gebe ich entgegen aller Regeln dem Hund recht und streife die Halsung über seinen Kopf. Mit meinem Begleiter arbeite ich mich mühsam zu den abgestellten Schützen vor. Cliff läuft an der Schützenlinie entlang des Bewirtschaftungsweges an den Jägern vorbei und biegt nach 400 Metern nach rechts in die nächste Abteilung ab. 30 Minuten warte ich bei der inzwischen versammelten Korona, bis ein junger Jäger glaubt, Cliff Laut geben zu hören. Und tatsächlich: Mein Hund gibt Standlaut.

800 Meter weit entfernt hat sich die Sau unter einem Wurzelstubben eingeschoben. Wütend umkreist Cliff das Stück. Das Haupt der Sau ist sichtbar. Ich setze den Fangschuss auf den Teller. Als wir den Überläuferkeiler bergen, wird die ganze Tragödie sichtbar. Der Sau fehlen ein Hinter- und ein Vorderlauf. Beide Stümpfe sind schon verheilt.

Vor sechs Wochen fand in dieser Region eine groß angelegte, revierübergreifende Drückjagd statt. Gleichgültigkeit, Fahrlässigkeit und Verantwortungslosigkeit der damals verantwortlichen Jagdleitung sind nicht akzeptabel. Bei dieser Jagd ist mit Sicherheit nicht jeder Schuss von einem Schweißhund kontrolliert worden.

Jeden Schuss zu kontrollieren, ist eine Sache der Verantwortung gegenüber dem Wild.

Mit zwei abgeschossenen Läufen geht eine Sau nicht weit. Es wäre ein leichtes gewesen, das Stück nach der Bewegungsjagd mit einem Schweißhund zur Strecke zu bringen. Ein großes Kompliment dem Jäger, der alles unternommen hat, um das Leiden des Überläufers zu beenden.

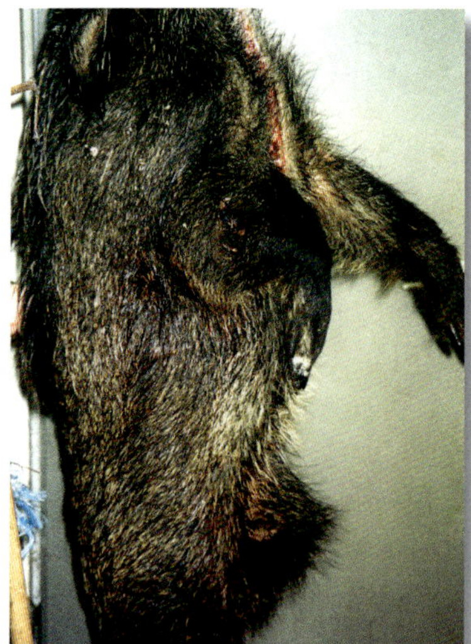

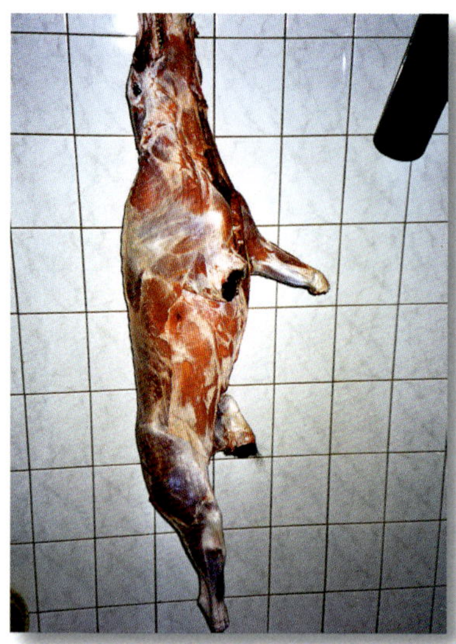

Ein Hinter- und ein Vorderlauf abgeschossen! © *Alex Scheible*

Der ausgebildete Schweißhund folgt dem Urtrieb des Beutemachens. Es ist ihm völlig egal, wer sich am Ende des Schweißriemens befindet. Trotzdem sollte der Hund nur einem erfahrenen Nachsuchenführer anvertraut werden.

Das geschrumpfte Wildschwein

Im Forstamt Weißenhorn wurde im ersten Tageslicht eine Sau beschossen. Der Beschreibung des Schützen nach musste es sich um ein kapitales Stück handeln. Am Anschuss wurde außer den Schaleneingriffen nichts gefunden.

Leider war ich an diesem Tag unabkömmlich. Ich beauftragte deshalb den Schweißhundführer Jürgen Heinrich, mit meinem Cliff die Nachsuche durchzuführen. Viele Male war er schon mit dem Rüden gelaufen. Cliff war immer außer sich vor Freude, wenn Jürgen ihn zur Nachsuche abholte.

Hier nun die Schilderung des Hundeführers Jürgen Heinrich:
Um 8.30 Uhr beginnt die Nachsuche. Etwa 10 Meter vor dem Anschuss lasse ich den Rüden vorsuchen. Er nimmt eine nach rechts verlaufende Fährte an. Der Bestand ist fast undurchdringlich. Plötzlich verweist Cliff einen winzigen Spritzer Schweiß. Jetzt bin ich sicher: Wir arbeiten die Fährte einer verletzten Sau. Förster Hillebrand stellt mit Jägern des Forstamtes den nächsten Bewirtschaftungsweg in Fluchtrichtung ab. Begleitet werde ich von Oberforstrat Baumhauer. Nach 200 Metern finden wir an Gräsern abgewischten Schweiß. Ab hier ist kein Pirschzeichen mehr in der Fährte zu erkennen. Wir kreuzen eine weitere Abteilungslinie. Cliff fängt zu

Geht die Nachsuche über viele Kilometer, müssen die Vorstehschützen immer wieder vorziehen.

kreisen an, folgt dem Weg und geht dann in Fluchtrichtung zurück, um letztendlich doch in ursprünglicher Fluchtrichtung weiterzuarbeiten.

Die Schützen werden wieder vorgezogen und Cliff nimmt die Nachsuche erneut auf. An einem Graben bekommt der Hund Probleme. Mehrfach greift er zurück, um endlich in fast gerader Richtung weiterzusuchen. Wir sind jetzt drei Stunden und über drei Kilometer unterwegs. Erschöpft machen wir Mittagspause. Nach einer Stunde nehmen wir die Nachsuche wieder auf.

Insgesamt sind wir fast fünf Stunden und geschätzte sechs Kilometer unterwegs, als Cliff einen Widergang um den anderen ausarbeitet. Ich kenne diesen Hund und vertraue ihm voll.

Fast eine Stunde lasse ich ihn arbeiten. Dann geht alles sehr schnell. Cliff steht im Riemen, gibt Laut und Sekunden später bricht aus Richtung Schützenlinie ein Schuss.

Über Funk wird allen Beteiligen der Nachsuche mitgeteilt, wenn das Stück zur Strecke gekommen ist.

Funkspruch: „Sau liegt."

Als ich am Stück ankomme, ist bei den Jägern eine heftige Diskussion im Gange. Es liegt ein Frischling mit 20 Kilogramm. Der Schütze allerdings behauptete, im Morgengrauen eine starke Sau beschossen zu haben. Am Hinterlauf stelle ich eine kleine Verletzung fest. Die passt der Höhe nach auch zum gefundenen abgestreiften Schweiß zu Beginn der Nachsuche.

Ich bin felsenfest überzeugt, dass es sich um die beschossene Sau handelt. Aber die Jäger bleiben skeptisch.

Noch am Abend schwarte ich den Frischling ab und finde jeweils einen winzigen Splitter am Hinterlauf und einen am Trägeransatz.

Schilderung Harald Fischer:

Am nächsten Morgen werde ich vom Oberforstrat Baumhauer angerufen. Man vermutet, dass eine starke Sau beschossen wurde und ein evtl. dahinter stehendes Stück Geschosssplitter abbekommen hat.

Noch einmal fahren wir in das Forstamt Weißenhorn. Am Anschuss schaut mich der Rüde an, als ob er sagen will: Wir waren gestern schon hier – meine Arbeit ist erledigt. Er wirkt lustlos und desinteressiert.

Vorsichtshalber suche ich die gegenüber der Fluchtrichtung liegende Seite der Schussschneise ab. Cliff zeigt keinen Abgang an.

Herrscht Unklarheit über den Sitz des Schusses, hilft es, den Kugelriss zu suchen und die Geschossflugbahn zu rekonstruieren.

Wir müssen, um Sicherheit zu haben, den Kugelriss suchen. Vom Hochsitz aus weise ich Jürgen Heinrich ein. Wir finden einen zerschossenen Kieselstein. Hier hat sich das Geschoss zerlegt und mit zwei Splittern den Frischling getroffen.

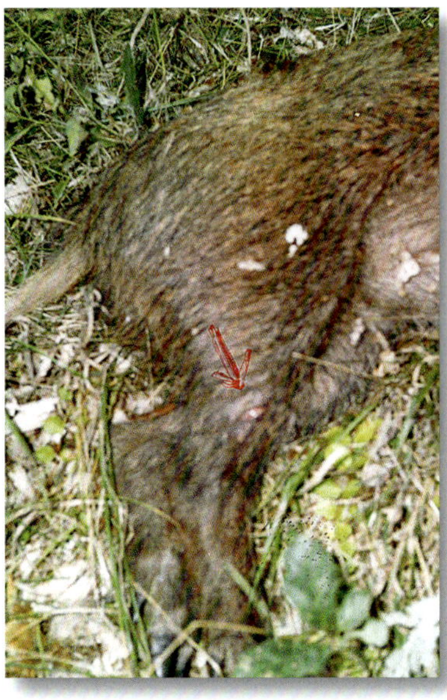

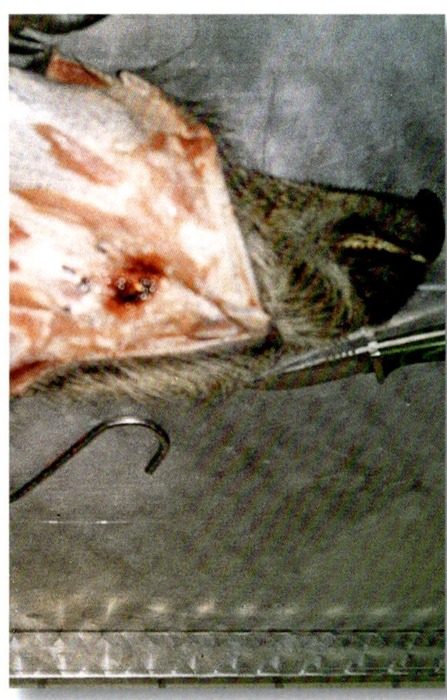

Splitter am Hinterlauf – Splitter am Kierferwinkel. *© Jürgen Heinrich*

Im Zweifelsfall muss der Nachsuchenführer den Anschuss vom Hochsitz, aus dem Bildwinkel des Schützen betrachten.

Da sehe ich vom Hochsitz aus einen großen schwarzen Fleck am Boden. Das ist die Stelle, wo vorigen Winter der Apfeltrester gelegen hat. Jetzt ist alles klar: Im schlechten Licht bei Morgennebel stand die Sau vor dem schwarzen Hintergrund, wodurch sie dem Jäger riesig erschien. Es handelte sich hier um ein visuelles Schrumpfschwein.

Diese Erfahrung zeigt, dass in Zweifelsfällen der Anschuss auch vom Standpunkt des Schützen, in diesem Fall vom Hochsitz aus, zu begutachten ist.

Gründlichkeit und Sorgfalt sind, sollten noch Zweifel die Aussage des Schützen betreffend bestehen, durchaus angebracht.

Auch bei großer Kälte können gut eingearbeitete Hunde die Krankfährte halten. Hier bestimmen Sonneneinstrahlung, Luftfeuchtigkeit und Wind die Erfolgsaussichten.

Sträfliche Nachlässigkeit

Es ist ein kalter Winterabend, als ein älteres Ehepaar im Lonetal zwischen Börslingen und Nerenstetten einen Abendspaziergang macht.

Das Bächlein Lone führt meistens kein Wasser und ist auch in diesem Jahr ausgetrocknet. Das Ehepaar wandert mit seinem Hund entlang des Bachbettes, als plötzlich böse grunzend eine Sau hochwird und schwerfällig flüchtet.

Zu Tode erschrocken melden die beiden den Vorfall dem zuständigen Jagdpächter. Am nächsten Morgen setzen wir Cliff im Bachbett an. Auf einer Eisplatte finden wir etwas verwaschenen Schweiß. Hier lag das Stück im Graben. Bei einer Temperatur von –10 °C und eiskaltem Wind ist der Boden steinhart gefroren. Trotzdem arbeitet der Hund ruhig, sich ab und zu korrigierend, 200 Meter schräg über das Lonetal. Am gegenüberliegenden Bestandsrand angekommen, geht es steil hinauf. Nach weiteren 600 Metern wird vor uns die Sau mühsam hoch und flüchtet langsam. Wir müssen Cliff zur Hetze nicht mehr schnallen. Auf meine Anweisung gibt mein Begleiter dem Stück den Fangschuss.

Beide Hinterläufe sind durchschossen. Was muss das Tier gelitten haben! Einen Monat vorher fand in dieser Gegend eine groß angelegte Bewegungsjagd auf Schwarzwild statt. Bei Schneelage wurde eine Sau beschossen, deren Fährtenbild im Schnee vermuten lässt, dass es sich um das von uns zur Strecke gebrachte Stück handelt.

Beide Hinterläufe abgeschossen. Beim Einsatz eines Schweißhundes wären dem Stück viele Qualen erspart geblieben. *© Dr. H. Meyer*

Ein Jungjäger mit einem Drahthaar wurde von der Jagdleitung beauftragt, die Sau nachzusuchen. Der Kommentar des Jungjägers nach erfolgloser Arbeit: „Die Sau läuft mit der Rotte – da kriegt man sie sowieso nicht." Wie oben bereits beschrieben (Siehe „Das Verhalten von beschossenem Schwarzwild") ist diese Annahme falsch. Sicherlich wäre das Stück zur Strecke gekommen und sein Leidensweg entsprechend verkürzt worden.

Wild West bei Illertissen

Fehlsuchen haben ihre Ursache häufig in einer Kombination aus menschlichem Versagen, überholten gesetzlichen Vorschriften und widrigen äußeren Bedingungen wie dem Wetter.

Ich bin auf dem Weg nach Illertissen. Dort hat ein Jäger an einer Kirrung bei Vollmond eine Sau beschossen, die zwar am nächsten Morgen mit einem Teckel nachgesucht, aber trotz Schneelage nicht gefunden wird, sodass man schließlich mich anruft.

Am Anschuss finde ich Knochensplitter vom Vorderlauf vor. Ruhig nimmt Cliff die Fährte auf und nach ca. zwei Kilometern durch Althölzer, Buchenanflug und Wiesen biegt der Hund plötzlich rechtwinklig nach links ab. Vor uns befindet sich eine bürstendichte Fichtendickung von 200 x 200 Metern. Die abrupte Richtungsänderung lässt vermuten, dass die Sau sich dort eingeschoben hat.

Abrupte Haken zu einem dichten Bestand hin deuten darauf hin, dass das Stück sich eingeschoben hat.

Mit dem Hund umschlage ich den Dickungskomplex, doch wir entdecken keine herausführende Fährte und so entschließe ich mich, den rückwärtigen Teil der Dickung mit sechs Vorstehschützen zu umstellen. Cliff ist kaum noch zurückzuhalten, ungeduldig zerrt er am Riemen, bis ich ihm auf allen vieren in die Dickung folge. Nach 80 Metern höre ich, wie das Stück in Richtung Schützenkette wegbricht. Kurz darauf fallen drei Schüsse. Mühsam arbeite ich mich in rückwärtiger Richtung aus der Dickung heraus und frage bei der Korona angekommen mit fröhlicher Miene: „Nun, wo liegt die Sau?"

Es ist kein Fehler, vor Beginn der Nachsuche die Vorstehschützen nach Waffenart und Kaliber zu fragen. Wer seine Begleiter kennt, positioniert die guten und meistens am besten ausgerüsteten Schützen an Erfolg versprechenden Wechseln oder anderen übersichtlichen Stellen.

Es herrscht betretenes Schweigen. „Wer hat geschossen?", frage ich. Ein Jäger tritt vor. Ich schaue ihn an und mir schwant nichts Gutes. Irgendetwas stimmt hier ganz und gar nicht. „Wo haben Sie denn Ihre Waffe?", frage ich den Jäger, der daraufhin grinsend einen riesigen silbernen Revolver aus der Tasche zieht. Fassungslos starre ich den Mann an, das Lachen ist mir gründlich vergangen. Man soll es nicht glauben: Schießt ein Jäger als Vorstehschütze mit einem Revolver bewaffnet auf eine hochflüchtige Sau! Gegen menschliches Versagen ist auch bei der Jagd kein Kraut gewachsen.

300 Meter weiter verläuft die Reviergrenze. Es gilt die gesetzliche Revierfolge. Bis wir den Reviernachbarn endlich erreichen, stehen wir eine Dreiviertelstunde im Nieselregen und warten darauf, dass die Nachsuche weitergehen kann. Inzwischen ist es 13 Uhr. Fast drei Kilometer arbeiten wir nun durch das nächste Revier. Unterwegs kommen wir bei Waldarbeitern vorbei. Sie berichten, dass die Sau keine 30 Meter entfernt an ihnen vorbeigelaufen sei. Langsam sei das Stück gewesen und habe das Gebrech weit offen gehabt. Kurz nach 15 Uhr sind wir an der nächsten Reviergrenze angekommen. Wieder müssen wir fast 20 Minuten warten, bevor wir das fremde Revier betreten dürfen. Um 16 Uhr brechen wir die Suche für den Tag ab. Trotzdem bin ich guter Hoffnung, die Sau bald zu finden. Meiner Meinung nach kann sie nicht mehr weit sein.

In Brandenburg, Hessen und seit April 2016 auch in Baden-Württemberg dürfen alle anerkannten Nachsuchenführer die Jagdgrenze ohne vorherige Benachrichtigung des jeweiligen Jagdausübungsberechtigten überschreiten. Dieser ist anschließend unverzüglich über den Sachverhalt in Kenntnis zu setzen. Zur Strecke gebrachtes Wild ist zu versorgen und gehört demjenigen, in dessen Revier es erlegt wurde. In Bayern und anderen Bundesländern ist die Wildfolge zurzeit noch durch freiwillige Vereinbarungen zwischen den Jagdnachbarn geregelt.

In der Nacht fängt es an zu schneien und als wir am nächsten Tag am Fährtenbruch stehen, liegen 10 Zentimeter Neuschnee auf der Fährte und es hat auch noch zu regnen angefangen (Siehe „Beeinträchtigung der Schweißarbeit durch äußere Einflüsse“).

Die Schneekristalle schmelzen an der Oberfläche, wodurch sich auf dem Schnee ein geschlossener Wasserfilm bildet, der verhindert, dass der Hund noch Geruchspartikel von der Fährte und dem Schweiß aufnehmen kann.

Starker Regen auf eine geschlossene Schneedecke erschwert jede Nachsuche ungemein.

Cliff hat keine Chance mehr, die Fährte weiterzubringen. Aus und vorbei!

Vier Wochen später erlegt der Jagdaufseher an einer Kirrung 500 Meter von der Abbruchstelle entfernt eine abgekommene Sau mit Schussverletzung am Brustkern und Vorderlauf.

Menschliches Versagen, gesetzliche Vorschriften und letztendlich das Wetter führten zu einer bitteren Fehlsuche.

Inzwischen bieten die Landesjagdverbände Bayern und Baden-Württemberg den Revierpächtern Wildfolgevereinbarungen an. Diese vorbildliche Regelung sollte von allen Revierpächtern unterzeichnet werden, denn damit wird der waidgerechten Jagd und dem Tierschutz endlich Rechnung getragen.

Wildfolgevereinbarungen tragen der waidgerechten Jagd und dem Tierschutz Rechnung.

Schnee, der trügerische Helfer

Schnee und guter Mond bedeuten viel Arbeit für die Nachsuchenführer.

Es ist Januar. Die Schwäbische Alb liegt unter einer geschlossenen Schneedecke. Jetzt sitzen passionierte Jäger nachts stundenlang auf Schwarzwild an. Es ist Nachsuchenzeit. Fast jeden Tag sind die Schweißhundegespanne unterwegs.

Nachts gegen 23 Uhr beschießt ein Jäger bei Laichingen in einem Wiesental aus einer Rotte heraus eine Sau.

Am nächsten Morgen stehen wir am Anschuss. Wir finden einen Knochensplitter vom Vorderlauf. Deutlich ist der links und rechts der Fährte verspritzte Schweiß im Schnee sichtbar. Einer der im Revier mitjagenden Jäger ist der Meinung, dass man bei solchen Voraussetzungen eigentlich keinen Schweißhund benötigt, da man die Fährte ja selbst gut halten könne.

Ich setze Cliff am Anschuss an. 200 Meter schräg über die verschneite Wiese suchend erreichen wir den gegenüberliegenden Buchenhochwald. Die Sau ist wie zu erwarten mit der Rotte geflüchtet. Immer wieder finden wir Schweiß. Nach einem Kilometer durch Buchendickungen und Fichtenbestände wird der Schweiß immer weniger. Gegen 14 Uhr haben wir über sechs Kilometer zurückgelegt. Nur noch sporadisch finden wir Schweiß in den Fährten der Rotte.

Bei Laufschüssen nimmt der Schweiß im Verlauf der Nachsuche immer weiter ab.

An den Traufeichen einer Wiese hat sich die Rotte längere Zeit aufgehalten. Hier haben die Sauen nach Eicheln gebrochen. Und ab dieser Stelle ist kein Schweiß mehr zu finden. Jetzt hilft der Schnee uns auch nicht mehr weiter.

Fast 30 Minuten kreist Cliff unter den Traufeichen, dann folgt er einer in Richtung Anschuss führenden Saufährte. Wir finden keinerlei Bestätigung für die Arbeit des Hundes. Nach 800 Metern erreichen wir eine kleine eingezäunte bürstendichte Kultur. Unter dem Zaun hat sich das Stück durchgezwängt. Jetzt finden wir auch wieder Schweiß. Wir umschlagen die 50 x 50 Meter große Fläche. Keine Fährte führt heraus.

Durch Umschlagen wird bestätigt, ob ein Stück im Bestand steckt.

Die Dickung ist keine 50 Meter von der Autobahn A8 entfernt. Ein Schnallen des Hundes kommt deshalb nicht in Betracht. Die Dickung wird umstellt.

Hund und Führer samt Begleiter schliefen unter dem Zaun ein. Wir sind keine 20 Meter in der Dickung, als die Sau hochwird und flüchtet. Ein Krachen und Bersten ist zu hören, als das Stück den morschen Zaun durchbricht. Dann fällt ein Schuss. Ein abgestellter Jäger hat die Sau auf 20 Meter Distanz gefehlt. Es ist bereits 16 Uhr und in kurzer Zeit wird es dunkel werden. Trotzdem darf und will ich den Hund direkt an der Autobahn nun einmal nicht schnallen. Außerdem ist eine Hetze in die Nacht hinein das Leichtsinnigste, was man machen kann. Wir müssen die Nachsuche abbrechen.

Eine Hetze in die Nacht hinein kommt nicht infrage.

In der darauffolgenden Nacht schneit es heftig. 20 Zentimeter Neuschnee liegen am nächsten Morgen auf der Fluchtfährte. Noch auf der Hinfahrt nach Laichingen fängt es stark zu regnen an. Die Schneekristalle schmelzen und bilden auf der Oberfläche eine undurchdringliche Geruchsbarriere für die Nase des Hundes. Angesetzt läuft Cliff kreisend und suchend umeinander. Er kommt nicht weiter.

Aus und vorbei!

Wie sagte am Anfang der Nachsuche ein beteiligter Jäger? Bei Schnee ist doch alles sehr leicht. Da benötigt man doch keinen Hund! So kann man sich täuschen!

Ein bitterer Tag

Wir schreiben den Monat August. Seit drei Wochen ist kein Regentropfen gefallen. Eine über Europa liegende Hochdruckwetterlage mit einem leichten, alles austrocknenden Ostwind macht Nachsuchen schwierig.

Je mehr Schweiß und Bodenverwundung infolge von Hitze und Wind abtrocknen, desto weniger Geruchsmoleküle können von der Hundenase aufgenommen werden.

Beim Blatten kommt einem Jagdgast auf einer Sturmholzfläche statt des erhofften Bockes ein Überläufer mit geschätzten 50 Kilogramm Körpergewicht. Im Schuss reißt es die Sau herum und sie flüchtet in einen zwanzigjährigen Fichtenbestand. In der Fährte liegt reichlich Schweiß.

Gegen 10 Uhr stehe ich am Anschuss. Inzwischen ist die Temperatur auf 28 °C gestiegen. Leider steht uns diesmal kein begleitendes Fahrzeug zur Verfügung.

Im Vorfeld jeder Nachsuche sollte immer ein Begleitfahrzeug in Bereitschaft gebracht werden. Bei schweren, langen Nachsuchen im schwierigen Gelände ist aus Sicherheitsgründen ein solches mit Funk und Handykontakt obligatorisch.

Ich setze Cliff an. Er pendelt sich ein und folgt ruhig der Krankfährte. Nach 200 Metern bleibt er stehen und verweist einen Röhrenknochensplitter von 3 Zentimeter Länge.

Zu diesem Zeitpunkt wäre es noch möglich gewesen, die Nachsuche besser zu organisieren. Nichts rächt sich mehr als

Gleichgültigkeit und Gedankenlosigkeit. Aber ich gebe dem Hund Riemen und folge durch unterschiedlichste Bestände und Dickungen aller Altersklassen. Stunde um Stunde folgen wir dem Rüden, der in seiner unnachahmlichen Art Widergänge und Haken entwirrt und löst. Gegen 16 Uhr haben wir neun Kilometer zurückgelegt und die Hitze hat uns ausgelaugt. Inzwischen herrscht eine Temperatur von 35 °C im Schatten.

Mit dem Handy versuchen wir vergeblich, Kontakt zum Forsthaus aufzunehmen. Wir benötigen Wasser für den Hund und auch wir haben eine Erfrischung dringend nötig. Doch in dem hügeligen Gelände gibt es keinen Handyempfang. Man muss sich einmal vorstellen, was das bei einem Unfall bedeuten würde! Leichtsinn und Gedankenlosigkeit pur!

In einem ausgetrockneten Graben finden wir an einem Brombeerblatt angetrockneten Schweiß. Normalerweise ist in diesem Graben immer Wasser. Auch die Sau hat anscheinend Kühle und Erfrischung gesucht. Hier machen wir Pause, was sich als schwerer Fehler erweist, denn mit hoher Wahrscheinlichkeit waren wir nicht mehr weit vom Stück entfernt. Der Revierleiter versucht, oben am Hang eine Handyverbindung zu bekommen. Cliff liegt auf der Seite. Seine Zunge ist blau und er hechelt stark.

Es dauert über eine Stunde, bis ein Geländewagen der Forstverwaltung mit Wasser uns findet. Cliff trinkt, legt sich wieder hin und arbeitet nicht mehr weiter. Er atmet heftig und jetzt weiß ich: Ich habe den Bogen überzogen. Ich hätte öfter eine kleine Pause machen müssen, um den Hund mit Wasser zu erfrischen.

Es darf nicht vorkommen, dass ohne Begleitfahrzeug langwierige und weit gehende Nachsuchen durchgezogen werden. Fehlsuchen wird es immer geben, doch abgesehen von witterungsbedingten Schwierigkeiten ist es der Mensch, der die entscheidenden Fehler macht.

Meist ist es menschliches Versagen, das zu einer Fehlsuche führt. Deshalb gilt: Gute Planung ist das A und O.

Bei dieser Nachsuche waren es vermeidbare Nachlässigkeiten, die sich zu einer Fehlsuche addierten. Wir gaben nach fast 10 Kilometern Riemenarbeit auf.

Krellschüsse

Die Axt des Försters Kanaske

Im Forstrevier Bermaringen findet eine große Bewegungsjagd statt. Förster Kanaske sitzt in einem Steilhang etwa 300 Meter von der Reviergrenze entfernt zwischen der Staatsjagd und den Privatrevieren.

Ein laut jagender Hund ist zu hören, bevor in schneller Reihenfolge weit hinter seinem Rücken mehrere Schüsse fallen. Plötzlich sieht der Förster eine starke Sau, die langsam und sichtlich krank in 150 Metern Entfernung den Bewirtschaftungsweg zwischen Hang und Gegenhang ins Tal zieht. Zweimal versucht das Stück den Gegenhang anzunehmen, doch jedes Mal dreht es nach fünf Metern wieder um und behält die ursprüngliche Fluchtrichtung bei. Einen gezielten Schuss anzutragen, ist aufgrund des im Hang befindlichen dichten Fichtenbestandes nicht möglich.

Von der Jagdleitung werde ich daher beauftragt, die Sau nachzusuchen, und bekomme Förster Kanaske als Begleiter zugeteilt. Auf dem Schotterweg finden wir einen Tropfen Schweiß. Cliff läuft den Weg hinunter und biegt rechtwinklig nach links ab. Nach fünf Metern geht er wieder auf den Weg zurück und läuft diesen weiter hinunter. Das ist die Stelle, an der die Sau das erste Mal versucht hat, den Gegenhang anzunehmen.

30 Meter später wiederholt sich das Spiel und auch hier zeigt Cliff den zweiten vergeblichen Versuch der Sau, nach links abzubiegen, an. Der Rüde läuft weiter. Kein einziger Tropfen Schweiß ist mehr auf dem Kalkschotterweg sichtbar. Sobald Gegenhang und Weg die gleiche Höhe haben, ist die Sau im scharfen Winkel nach links abgebogen. Sie scheint beim Überwinden steiler Stellen Probleme zu haben.

Das Vermeiden von steil nach unten oder oben führenden Passagen kann seine Ursache in der Verletzung des Skeletts haben. Meistens handelt es sich um Verletzungen der Wirbelsäule bzw. des Vorder- oder Hinterlaufes.

400 Meter bewegen wir uns auf der horizontal am Hang verlaufenden Fluchtfährte, als vor uns ein Hase aufsteht. Ich warte fünf Minuten. Ruhig nimmt Cliff die Nase wieder herunter und arbeitet die Fährte weiter. Nach weiteren 400 Metern finden wir einige winzige Tropfen Schweiß. Hier hat das Stück scheinbar verhofft. Ab dieser Stelle geht die Sau steil den Hang hinunter.

Steht gesundes Wild vor dem Hund auf, wartet man 5 Minuten, um die Fährte kalt werden zu lassen, und setzt dann die Nachsuche fort. Manchmal ist auch ein Vorgreifen ratsam.

Unten kreuzen wir wieder den Weg, der in einem weiten Bogen um den Berg herumführt. Cliff geht den Weg 50 Meter nach links, wo wir eine Stelle finden, an der der Bewuchs am Wegrand regelrecht plattgewalzt ist. Intensiv bewindet der Schweißhund diese Stelle.

Krankes Schwarzwild wehrt sich bis zum Äußersten. Schwere Verletzungen des Hundes sind die Folge. Daher sind bei Hunden, die zur Hatz auf Schwarzwild geschnallt werden, Schutzwesten obligatorisch.

Was hat sich hier abgespielt? Im Gras erkenne ich etwas Rotes, Längliches. Förster Kanaske nimmt es genauer in Augenschein. Wir können es kaum glauben: Es handelt sich um den abgebissenen hautlosen Pürzel einer Sau. Hier muss sich zwischen Stöberhunden und Sau eine erbitterte Auseinandersetzung abgespielt haben. Später erfahren wir, dass zwei Hunde an dieser Stelle schwer geschlagen wurden.

Die Zeit drängt. Es ist schon nach 15 Uhr. Cliff sucht schräg in den Gegenhang hinein. Etwa 300 Meter vor uns befindet sich eine Windwurffläche. Hier beschließe ich abzubrechen und am nächsten Morgen die Nachsuche fortzuführen, denn inzwischen ist es im Bestand schon fast dunkel geworden. Doch der Förster rät mir, die Windwurffläche noch durchzuarbeiten und am nächsten oberen Weg abzubrechen.

Ruhig sucht der Rüde durch den Windwurf in schräger Richtung nach oben durch. Vor uns liegt eine kleine Fichtengruppe, als Cliff mich am Riemen Laut gebend nach vorn reißt. Wir sehen eine starke Sau flüchten, kommen aber nicht mehr zum Schuss.

Und jetzt begehe ich einen schweren Fehler. Ich schnalle den Hund in die Dunkelheit hinein.

Cliff hetzt und stellt nach 400 Metern die Sau in einem dichten Fichtenanflughorst von 30 Metern Durchmesser. Inzwischen ist es so dunkel, dass ein Angehen des Bails nicht mehr möglich ist. Die Sau wetzt und greift mehrmals den Hund an. Cliff lässt nicht locker, aber das alles hilft uns nicht weiter. Kanaske will seinen Wagen holen und vom oberen Weg in die Dickung hineinleuchten. Ich bleibe am Bail. Immer wieder attackiert die Sau den Hund, der einmal, wie ich am Klagen erkennen kann, geschlagen wird. Inzwischen ist es stockfinster geworden. Cliff stellt weiter. Mir erscheint es wie eine kleine Ewigkeit, bis nach einer Stunde aus der Ferne der Motor des Wagens zu hören ist. Endlich wendet

Bei der Nachsuche ist Licht als Hilfsmittel erlaubt. Stellt der Hund in der Dunkelheit, kann ein Scheinwerfer sinnvoll sein.

Kanaske am Weg und die Scheinwerfer des Geländewagens beleuchten die Fichtendickung.

Ich versuche den Bail anzugehen, was aber im Fichtennaturanflug und noch dazu bei Nacht trotz Scheinwerferlicht ein aussichtsloses Unterfangen ist. Ich kann nichts erkennen. Jetzt fällt mir nichts mehr ein. Ratlos ist – gelinde ausgedrückt – mein befindlicher Zustand. Kanaske öffnet die Hecktür seines Wagens und entnimmt eine riesige Axt. Die ganze Aktion erscheint mir heute noch surreal: Ich liege, den Repetierer im Anschlag, auf dem Bauch und Kanaske schlägt mir eine Rückegasse in Richtung Hund und Sau.

Was wir hier tun, ist brandgefährlich oder wie Forstdirektor Tluczykont danach sagte: „Grenzwertig!"

Jetzt sehe ich 10 Meter vor mir meinen Hund und zwei Meter vor ihm liegt links etwas Dunkles und bewegt sich nicht. Ein Baumstamm, denke ich noch. Verdammt noch mal, was soll ich jetzt machen, die Sau liegt hinter einem Stamm! In diesem Moment geht der vermeintliche Stamm nach oben und bekommt Läufe. Die Kugel peitscht heraus und die Sau bricht klagend zusammen. Jetzt höre ich nur noch das dumpfe Knurren meines Hundes, der sich im Teller der Sau verbissen hat. Im Todeskampf bewegt der Keiler noch schlagend das Haupt, dann ist alles vorbei.

Der Förster grinst und überreicht mir die Axt als kleines Andenken. Sie hat seitdem einen Ehrenplatz am offenen Kamin meines Jagdzimmers, wo sie von jedem Besucher begutachtet werden kann.

Es ist fast 20 Uhr, als wir beim Schüsseltreiben erscheinen. Unsere Laune, Speisen und Getränke waren bestens.

Beim Aufbrechen konnte ich im Dunkeln die ursprüngliche Schussverletzung nicht feststellen, weshalb ich am nächsten Abend noch einmal zum Forsthaus nach Bermaringen fahre und mir im Kühlhaus das Stück genauer ansehe. Mit der Taschenlampe in den Brustkorb hineinleuchtend, erkenne ich über dem Rückgrat eine faustgroße, blutunterlaufene Stelle. Es handelt sich um einen Treffer durch die Schaufelspitzen mit Beschädigung des dritten Dornfortsatzes. Deshalb auch die Schwierigkeiten beim Annehmen steiler Hangkanten.

Waidwundschüsse

Standpauke mit Schwimmspur

Das Forstamt Weißenhorn ruft mich an. In der Nachbarjagd wurde am Mais eine Drückjagd durchgeführt. Terrier jagten eine größere Sau aus dem Mais heraus. Es fielen drei Schüsse. Die Sau brach zusammen und schnellte dann, sich mehrfach mit den Hinterläufen abstoßend, in die Höhe, bevor sie in den Staatsforst flüchtete. Schweiß lag nicht in der Fährte. Ohne Genehmigung des Forstamtes suchten die Jäger mit einem Vorstehhund nach. Nach einer Stunde brachen sie die Nachsuche ab und verständigten das Forstamt.

Ist der Einwechsel nicht sicher bekannt, zeigt der Hund aber einen an, wird dieser markiert und aus der anderen Richtung vorgesucht. Zeigt der Hund die gleiche Stelle an, arbeitet er relativ wahrscheinlich die Krankfährte.

Am nächsten Morgen stehen die Jäger am Anschuss. Forstoberrat Baumhauer hält vor versammelter Korona eine Standpauke, die sich gewaschen hat. Eine Wildfolge ohne Information des Jagdausübungsberechtigten, in diesem Fall den Staatsforstbetrieben, sei nur den anerkannten Schweißhundführern des Landesjagdverbandes Bayern gestattet.

Am Tag beschossenes Schwarzwild nutzt jede Deckung aus. Stehen sich schmale Dickungsbereiche an Wegen gegenüber, benutzen Sauen mit Vorliebe solche Passagen. Auf Freiflächen wird immer die nächste Deckung angelaufen. Dieses Verhalten ist ein wichtiger Hinweis für die Bestätigung der Arbeit des Hundes, insbesondere wenn keine Pirschzeichen in der Fährte zu erkennen sind.

Die Jäger werden als Vorstehschützen eingeteilt. Der Einwechsel in den Staatsforst ist nicht verbrochen. 50 Meter vor dem voraussichtlichen Einwechsel setze ich den Rüden zur Vorsuche an. Als er in den Bestand einwechseln will, markiere ich diese Stelle mit einem roten Signalband.

Ich gehe 30 Meter über den markierten Punkt hinaus und lasse den Rüden wieder in Richtung Markierung vorsuchen. Auch dieses Mal läuft er an der gleichen Stelle in den Bestand hinein. Jetzt kann ich trotz fehlender Pirschzeichen sehr sicher sein, dass die Sau an dieser Stelle eingewechselt ist.

Wir erreichen die Schützenlinie. Auf diesem Bewirtschaftungsweg macht das Stück den für Sauen typischen Versatz. 30 Meter lief sie in der einen Fahrspur nach links, um dann wieder im rechten Winkel in Fluchtrichtung abzubiegen. An dieser Stelle warten wir, bis die Vorstehschützen ihre Positionen eingenommen haben. Dann wird uns über Funk mitgeteilt, dass wir weiterarbeiten können.

Haben die Vorstehschützen beim Vorrücken ihre neue Position eingenommen, wird der Schweißhundführer informiert, dass er weiterarbeiten kann.

Auf 1,5 Kilometer haben wir keinen einzigen Schweißtropfen gefunden. Aber Cliff läuft ruhig weiter, sich ab und zu korrigierend. Es gibt keinen Grund, an der Arbeit des Hundes zu zweifeln.

Jetzt erreichen wir vor Jahren künstlich angelegte Wasserbiotope. Der Uferbereich ist verschlammt. Viele Fährten sind hier zu sehen, doch ein genaues Fährtenbild ist nicht erkennbar, da der weiche Schlamm an der Oberfläche zusammengefallen ist. Immer wieder steckt der Rüde, die Wittrung prüfend, seine Nase in einige in der Fährtenrichtung liegende Schlammlöcher. Was dann folgt, werde ich wohl mein Leben lang nicht vergessen: Er wendet sich am Ufer des Gewässers, nimmt das Wasser an und schwimmt los. Mein Begleiter ist sprachlos, als ich behaupte, dass die Sau – 18 Stunden vorher – ebenfalls den Teich durchronnen hat. Ich sehe ihm an: Er glaubt mir nicht.

In stehenden Gewässern können gute Schweißhunde der „Schwimmspur" des kranken Wildes folgen.

Er hält den zum anderen Ufer schwimmenden Hund am Riemen fest, während ich so schnell es geht um das Wasserloch eile. Auf Zuruf lässt mein Begleiter Cliff los. Der schwimmt samt Schweißriemen ans Ufer, schüttelt sich das Wasser aus dem Fell und nimmt nach kurzem Kreisen die Fährte wieder auf. Nach 200 Metern springt der Rüde Laut gebend in den Riemen. Mit Mühe gelingt es mir den noch vom Wasser glitschigen Riemen zu halten. Mein Begleiter sieht die Sau in Richtung Schützenkette flüchten.

Mit dem Schnallen des Hundes erfolgt an die Vorstehschützen der Funkspruch: „Hund ist geschnallt."

Ich schnalle meinen Rüden, wir hören Hetzlaut und dann fällt ein Schuss. „Sau liegt", quäkt das Funkgerät.

Die Sau hatte einen Schuss von hinten durch das Schloss mit Splitterwirkung tief waidwund.

Hat der Biber Zahnfleischbluten?

Am Rande eines Naturschutzgebietes wird ein Stück Schwarzwild beschossen. Nach Meinung des Schützen ein einzelner Überläuferkeiler. Die Fährte führt in besagtes Naturschutzgebiet. Weidengestrüpp, Sumpf, Schilf und tiefe Wassergräben machen diesen Revierteil fast undurchdringlich. Hier hat sich der Biber wieder eingestellt und das Schwarzwild findet sichere Einstände.

Ich setze Cliff an. Schweiß ist nicht zu sehen. Trotzdem läuft der Rüde ruhig und sicher. Das Wetter ist diesig und es weht ein kalter Wind. Nach 400 Metern erreichen wir einen 4 Meter breiten Entwässerungsgraben. Weit und breit kein Übergang. Cliff will das Wasser annehmen. Mir bleibt nichts anderes übrig, als zu folgen. Das eiskalte Nass geht mir fast bis zur Hüfte. Hinter dem Graben

Durchrinnt der Hund bei kalten Temperaturen ein Gewässer, muss er hinterher abgetrocknet werden, um nicht auszukühlen.

befindet sich ein Schilfgebiet mit einer Fläche von drei Hektar. Ruhig sucht der Rüde.

Die Nachsuche wird unglaublich beschwerlich. Zeitweise sinken Führer und Begleiter bis über die Knie im Schlamm ein. Auch Cliff steckt manchmal regelrecht fest. Kleinere Wasserflächen versucht der Rüde schwimmend zu überwinden. Verhängt er sich, greife ich vor und hebe ihn über die unter Wasser befindlichen Äste hinweg. Jetzt zeigt sich, welchen Finderwillen und welche Härte der Hund hat! Aber auch an Führer und Begleiter werden höchste Anforderungen gestellt. Bei Außentemperaturen von 10 °C ist eine solche Nachsuche in einem Sumpfgebiet kein Spaziergang.

Endlich erreichen wir festen Boden. Einen Kilometer haben wir zurückgelegt. Sobald wir anhalten, springt Cliff in den Riemen und zeigt an, dass er weitermachen will. Nach weiteren 600 Metern im schier undurchdringlichen Gestrüpp von Weiden und Erlen geht die Suche an einigen vom Biber gefällten Bäumen vorbei. An einem Baum hat der Biber seine Arbeit noch nicht vollendet. Große, frisch abgenagte, helle Späne liegen am Boden, von denen einige rot gefärbt sind. Ich vergewissere mich, dass es sich um Schweiß handelt. Hier hat die Sau also verhofft.

Etwas flapsig sage ich noch zu meinem Begleiter: „Der Biber hat Zahnfleischbluten." Wir lachen und ahnen noch nicht, dass uns in Kürze das Lachen vergehen soll.

Nach weiteren 50 Metern reißt mich der Hund am Schweißriemen nach vorn und ich höre im selben Moment einen Frischling klagen, den sich Cliff gegriffen hat. Nur mit Mühe gelingt es uns, dem Hund den handgroßen Frischling aus dem Fang zu reißen. Letzterer ist winzig, vielleicht gerade zwei Wochen alt. Wir schauen uns an und unausgesprochen wissen wir, was das bedeutet. Wir suchen keinen Überläuferkeiler nach – wir arbeiten die Fährte einer führenden Bache!

Wir warten 20 Minuten, bis der Schweißhund sich beruhigt hat. Dann geht es weiter. 20 Meter vor der Stelle, wo er rechts abbiegend den Frischling gegriffen hat, setze ich den Hund an. Nach 50 Metern flüchtet wieder ein Frischling vor dem Hund. Cliff ist außer sich und fast nicht mehr zu bändigen. Diesmal greife ich in Fluchtrichtung etwas vor und warte 30 Minuten. Cliff biegt in Richtung einer von Wasser umschlossenen Schilfinsel ab. Wenig später finden wir den leeren Wurfkessel. Ein kunstvolles, aus Schilf und Röhricht geschaffenes Gebilde. In der Schilfinsel erkennen wir eine Bewegung und die kranke Bache steht vor uns auf. Sie liegt im Knall.

Beschossene führende Bachen versuchen meistens, ihre abgelegten Frischlinge zu erreichen.

Der ursprüngliche Schuss war tief waidwund und hat die Milchleisten zerfetzt. Fast zwei Kilometer vom Kessel mit den abgelegten Frischlingen entfernt wurde die Bache beschossen. Nicht nur für den Jäger, auch für den Schweißhundführer sind das bittere Momente.

Der von Cliff gegriffene Frischling wurde mit der Flasche aufgezogen. Inzwischen ist eine stattliche Bache daraus geworden, die wir Diana tauften. Sie darf weiterleben, bis an ihr natürliches Ende. Das ist versprochen.

Eine von vielen

Es ist Mai. In den Morgenstunden ist auf einer Wiese ein Stück Schwarzwild beschossen worden. Nach dem Schuss flüchtete die Sau in ein Buchenaltholz. Mit einem Teckel wurde vorgesucht. Man kam allerdings nicht weit und brach nach 300 Metern ab.

Nun bin ich an der Reihe und setze Cliff auf der Wiese an. Er nimmt die Fährte sicher auf, aber irgendwie läuft er anders, als ich es von ihm gewohnt bin. Immer wieder bricht er seitwärts aus und wirkt unkonzentriert. Vorsichtshalber setze ich ihn noch einmal an. Das gleiche Spiel. Jetzt gebe ich Riemen und lasse den Hund laufen.

Einen Kilometer sind wir unterwegs, als Cliff an einer Rückegasse zu kreisen anfängt. Wir finden ein Tropfbett, doch Cliff zeigt heute ein Verhalten, das ich mir zu diesem Zeitpunkt noch nicht erklären kann.

Endlich nimmt er die Wundfährte wieder auf und arbeitet Richtung Waldrand.

Am Bestandsrand reißt mich der Hund am Riemen nach vorn und ich sehe schemenhaft einige gestreifte Frischlinge flüchten, die bei einer verendeten Bache lagen. Diese war mit einem tiefen Waidwundschuss verendet. Darmschlingen haben den Ausschuss verstopft, deshalb war kaum Schweiß in der Fährte zu finden.

Das eigenartig unkonzentriert erscheinende Verhalten des Rüden auf der Wundfährte lässt sich im Nachhinein leicht erklären. Die der Bache folgenden Frischlinge liefen nicht mehr hinter der

Folgen Frischlinge der beschossenen Bache, entsteht aufgrund der vielen Verleitfährten leicht der Eindruck einer unkonzentrierten Riemenarbeit.

Bache, als diese stehen blieb und verhoffte. Sie verteilten sich in alle Richtungen, blieben aber immer in der Nähe der Bache. Der Schweißhund registrierte die Richtungsänderungen und folgte diesen. Es entstand der Eindruck einer unentschlossenen und unkonzentrierten Riemenarbeit, da die leichten Frischlinge keine sichtbaren Trittsiegel hinterließen.

Aus diesem Grund war es für alle Beteiligten ein Schock, die verendete Bache und die von ihr wegflüchtenden Frischlinge zu sehen. Das sind bittere Momente, die man nie mehr vergisst.

Es gibt in Europa Länder im ehemaligen Ostblock, in denen Schwarzwild vom 15. Februar bis 1. September nicht erlegt werden darf. Die notwendige Reduzierung der Schwarzwildbestände findet dann im übrigen Zeitraum statt. Manchmal wünschte ich mir eine solche Lösung für unsere Jäger. Offenheit und Transparenz wären dann die Folge und das Erlegen von führenden Bachen eine Ausnahme.

Der Nachsuchenteufel

Er ist immer dabei, der Nachsuchenteufel. Schon wenn sich eine Nachsuche am Telefon ankündigt, fängt er an, mir Ratschläge zu geben: „Schau mal zum Fenster raus“, spricht er freundlich, „es regnet in Strömen, was soll das, da hast du sowieso keine Chance, das Stück zu finden.“

Wenn Nachsuchen hingegen erfolgreich sind, spricht er nicht mit mir. Wird es aber schwierig, dann fängt er zu reden an. Besonders wenn in der Krankfährte kilometerweit kein Schweiß zu sehen ist oder wenn Wetter und Gelände dem Nachsuchengespann zu schaffen machen. Manchmal solidarisiert er sich mit dem Begleiter, der den Nachsuchenführer zusätzlich beeinflusst aufzugeben. Dann reden sie zu zweit auf den Nachsuchenführer ein und veranlassen ihn zum Abbruch der Nachsuche. Und ich habe trotzdem jedes Mal den Eindruck, dass der Nachsuchenteufel mir helfen will.

Im November bei Vollmond hatte ein Jagdgast eine Sau an einer Kirrung beschossen. Es war kein Pirschzeichen auffindbar.

Am nächsten Morgen stehe ich am Anschuss. Als einziges Pirschzeichen finden wir die Schaleneingriffe der Sau im Laub.

Ruhig nimmt Cliff nach kurzem Kreisen die Fährte auf. Steil geht es einen Hang hinunter. Nach 300 Metern finden wir Schweiß in der Fährte. Links oder rechts an den Buchenreisern ist nichts abgestreift.

Schüsse auf den Teller ergeben häufig zeitraubende Nachsuchen mit Hetze.

Vier Stunden arbeiten wir uns durch Laubholzverjüngungen und ziehen uns an Buchenreisern auf allen vieren extrem steile Hänge nach oben bis zur Hochfläche hinauf.

Zweimal finden wir einige Tröpfchen Schweiß. Tage vorher hat es stark geregnet. Die Riemenarbeit bei diesen Bedingungen im rutschigen Steilhang ist sehr gefährlich. Total erschöpft machen wir 10 Minuten Pause.

Kurioserweise ist die Sau keine 10 Meter an einer Jagdhütte vorbeigeflüchtet.

Drei Kilometer arbeiten wir auf der Fährte, als Cliff an der rückseitigen Flanke des Höhenzuges nach unten abbiegt. Der Abstieg ist steil und rutschig und verlangt uns alles ab. Den Schweißriemen habe ich jetzt am Gürtel befestigt, da ich beide Hände für den Abstieg ins Tal benötige. An einem für die Schwäbische Alb charakteristischen Felsvorsprung finden wir erneut einen kleinen Tropfen Schweiß.

Eine Stunde später stehen wir im Tal. Deutlich erkenne ich im Gegenhang einen Wechsel, der steil hinaufführt. Cliff will weitermachen und springt in den Riemen. In kurzer Zeit wird es dunkel werden und wir sind jetzt sieben Stunden auf den Läufen.

Der Berufsjäger schüttelt den Kopf und sagt: „Das hat keinen Sinn, wir brechen ab.“ Ich protestiere nur schwach, denn auch meine körperliche Verfassung ist nicht mehr die beste.

Und da spricht er zu mir, der Nachsuchenteufel: „Was machst du da eigentlich? Merkst du nicht, dass ihr keine Chance habt, das Stück zu erbeuten?“ Der Berufsjäger stimmt dem Nachsuchenteufel zu: „Aufhören – es ist doch sinnlos weiterzusuchen!“

Ein letzter Blick auf den im Gegenhang steil nach oben verlaufenden Wechsel und dann docke ich den Riemen auf. Es ist dunkel, als wir die Autos erreichen. Total zerschlagen und müde fahre ich nach Hause.

Es war der Wunsch des Berufsjägers, die Nachsuche zu beenden, aber irgendwie habe ich das Gefühl, einen großen Fehler begangen zu haben. Und ich glaube, in der Nacht das hämische Lachen des Nachsuchenteufels zu hören.

Zwei Tage später ruft mich der Berufsjäger an. Der 100 Kilogramm schwere Keiler lag 250 Meter von der Stelle, wo wir aufgegeben haben, mit einem sehr tiefen Waidwundschuss in der Fährte. In sieben Stunden haben wir im extremen Gelände 8 Kilometer zurückgelegt. Cliff war noch auf der Fährte.

Man muss ihn kennen, den Nachsuchenteufel – nur dann kann man ihm widerstehen. Er weiß um die Schwächen der Jäger.

Das Schweigen der Jäger

Die Söhne meines Freundes U. hatten gleichzeitig die Jägerprüfung bestanden. Mit Passion und Eifer gingen beide auf die Jagd. So wie es sich für Jungjäger gehört, erlegten sie im ersten Jagdjahr Füchse und Knopfböcke und in nächtelangen Ansitzen hofften die Brüder, ihre erste Sau zu erlegen. Doch bekanntlich lässt sich auf der Jagd nichts erzwingen. Schon seit Wochen saßen beide vergeblich auf Sauen an. Bis zu dem Tag, als Folgendes geschah:

Es ist hilfreich, wenn Jäger das Stück nach dem Schuss beobachten oder sich Geräusche merken. Allerdings darf der Schweißhundführer diesen Beobachtungen nicht blind vertrauen.

Gegen 23 Uhr hörte der jüngere der beiden ein leises Knacken. Dann standen wie hingezaubert zwei Sauen an der Kirrung. Im Knall glaubte der Schütze, die Sau nach rechts flüchten zu hören. Am nächsten Morgen gegen 8 Uhr bin ich am Anschuss. Pirschzeichen finde ich keine, weder Kugelriss bzw. Kugeleinschlag noch Schweiß oder Borsten. Cliff kreist und nimmt eine steil den Hang hinaufführende Fährte an. Trittsiegel sind ab und zu die einzige Bestätigung, dass der Hund eine Saufährte arbeitet. Der Jungjäger reklamiert und ist felsenfest davon überzeugt, dass er die Sau nicht den Hang hinauf, sondern nach rechts hat flüchten hören.

Grundsätzlich gilt die Regel: Der Hund hat meistens recht.

Nach 300 Metern erreichen wir die obere Hangkante. Immer noch ist kein einziger Tropfen Schweiß in der Fährte zu finden.

„Bald sind wir an der Jagdgrenze", höre ich den jungen Jäger sagen.

Nach weiteren 200 Metern erreichen wir einen Grasweg im Hochwald und haben damit die Grenze wirklich erreicht. Die beiden Jagdnachbarn reden seit Jahren nicht mehr miteinander. Ausgangspunkt dieser Streitigkeiten ist eine rückgängig gemachte Abrundung einer Jagdgrenze bei einem Pächterwechsel.

Ich lege meine Waffe ab, überschreite die Grenze und finde nach 50 Metern an einem Buchenreis abgestreiften Schweiß. Der Schweiß ist dunkel und riecht nach Waidwundschuss. In Fluchtrichtung befindet sich ein 3 Hektar großer, mit niedrigen Fichten und Brombeeren bewachsener Dickungsbereich. 200 Meter hinter dem vermuteten Einstand verläuft eine viel befahrene Landstraße. Es gibt keine andere Möglichkeit: Der Jagdnachbar muss informiert werden und von beiden Pächtern herbeigerufene Schützen müssen den Einstand umstellen.

Zwei Stunden später treffen sich die beiden Jagdpächtergruppen an einem Straßenwärterhäuschen. Schweigend separieren sie sich in zwei Gruppen und reden kein Wort miteinander. Wir fahren ins Revier.

Beide Parteien beziehen getrennt voneinander um die Dickung Stellung. Über Funk werden beide Gruppen informiert, dass die Nachsuche nun weitergeführt wird. Cliff dringt in den Brombeerverhau ein.

Ist der Bestand sehr dicht, wird der Hund kurz am Riemen gehalten. Solche Situationen sind sehr gefährlich. Im Mais und Raps kann es notwendig sein, dass der Begleiter den Hund am Ende des Riemens führt, während der Nachsuchenführer dicht am Hund ist und bei einem Angriff sofort schießen kann.

Ich halte, auf dem Bauch kriechend, den Rüden kurz vor mir. Den Nachsuchenrepetierer schiebe ich vor mir her. Jederzeit kann das Stück angreifen. Zentimeterweise arbeite ich mich, dem Hund folgend, nach vorn. Eine andere Möglichkeit habe ich nicht, denn wegen der Straße kann ich den Hund nicht schnallen. Es bleibt mir nichts anderes übrig, als unter vollem Risiko mit kurz gehaltenem Hund und schussbereiter Waffe kriechend zu versuchen, zum Stück zu kommen.

Da sehe ich die Sau verendet liegen.

Die Jäger sammeln sich. Links die eine Gruppe und rechts die andere. In der Mitte stehe ich mit meinem Schweißhund und der Sau. Es herrscht eisiges Schweigen. Man merkt förmlich, wie sich ein Spannungsfeld aufbaut, das sich jederzeit entladen kann.

„Ich muss jetzt handeln", denke ich noch und: „Angriff war schon immer die beste Verteidigung." Ich wende mich an den Jagdpächter, dem laut Gesetz die Sau gehört, und sage: „Schenken Sie doch dem Jungjäger das Stück, es ist doch die erste Sau, die er erlegt hat."

Erlegtes Wild gehört immer dem Jagdpächter, in dessen Revier es zur Strecke kommt.

Er sieht mich kurz an, geht zu seinem seit Jahren nicht mehr kontaktierten Jagdnachbarn, schüttelt diesem die Hand und sagt: „Waidmannsheil – die Sau könnt ihr mitnehmen."

Auf einmal fangen alle Beteiligten an, miteinander zu reden– das Eis ist gebrochen. Meinem gelbroten Schweißhund ist es zu verdanken, dass verfeindete Nachbarn wieder zueinandergefunden haben. Und dafür bin ich ihm noch heute dankbar.

Gebrechschüsse

Insgesamt habe ich mit meinem Cliff in zwölf Jahren acht Gebrechschüsse nachgesucht. Fünfmal kam das Stück zur Strecke. Dabei lag die Länge der Fluchtdistanzen zwischen 1,5 und 8 Kilometern. Zweimal kam es zur Hetze und dreimal blieb die Sau, anscheinend von unsagbaren Schmerzen gepeinigt, einfach stehen.

1,5 Kilometer Riemenarbeit, keine Hetze.

Drückjagd in Illertissen

Besonders in Erinnerung geblieben ist mir eine Nachsuche anlässlich einer Drückjagd in der Nähe von Illertissen in den Revieren des Baron von Herrmann. Der Revierleiter, einer der motiviertesten Nachsuchenbegleiter, die ich kenne, und außerdem erfolgreicher Züchter von Wachtelhunden, hatte mich darüber informiert, dass während einer Drückjagd ein Überläufer beschossen worden war. Am Anschuss lagen Knochensplitter der Nasenscheidewand und ein Zahnfragment; ein Gebrechschuss also.

Als ich Cliff am nächsten Morgen ansetze, bedeckt leichter Neuschnee die Fährte. Drei Kilometer arbeiteten wir uns durch Dickungen, Althölzer und Windwurfflächen. Schweiß ist nur sehr wenig zu entdecken, nur ab und zu etwas links und rechts der Fährte verspritzt. Nach weiteren 1000 Metern gelangen wir an eine fast undurchdringliche Fichten- und Brombeerdickung.

Der Dickungskomplex wird umschlagen und Vorstehschützen werden angefordert, denn Cliff zeigt keinen Auswechsel an. Nach dem Anstellen der Schützen erfolgt der Funkspruch: „Hund wird geschnallt."

Es dauert fast zehn Minuten, bis der Standlaut des Hundes ertönt. Nun bin ich an der Reihe.

Fast 500 Meter muss ich mich kriechend zum Ort des Geschehens vorarbeiten. In einem Fichten- und Brombeerverhau einen Bail

Grundsätzlich gibt nur der Hundeführer den Fangschuss ab. Der Begleiter muss in diesem Fall in sicherer Entfernung zurückbleiben. Ausgenommen sind situationsbedingte Ausnahmen, die im Vorfeld besprochen werden müssen.

Nach Hetze zur Strecke gebracht. © *J. Göppel*

anzugehen, ist eine unsagbare Schinderei und außerdem brandgefährlich. Das größte Problem in solch einer Situation sind die Sichtverhältnisse. Um einen Fangschuss anzutragen, muss man Hund und Sau sehen, schließlich will man nicht versehentlich den Hund erschießen. Fast eine Stunde benötige ich und kann am Ende der Sau den Fangschuss antragen. Ein Überläufer mit Gebrechschuss liegt auf der Strecke.

Gebrechschuss bei Mondschein

Eine andere Nachsuche auf eine Sau mit Gebrechschuss endete kurz vor Einbruch der Dunkelheit gerade noch glimpflich. Vom Forstamt Weißenhorn wurde ich darüber informiert, dass ein Jäger eine Sau bei Mondschein auf einer Kirrung beschossen und einen Schuss auf den Teller riskiert hatte.

Tellerschüsse sind zu verurteilen. Kommt das Stück bei der schwierigen Nachsuche nicht zur Strecke, verhungert es jämmerlich.

An Stammtischen sind immer wieder Sätze zu hören wie: „Die liegt im Knall!" Noch niemals habe ich Jäger von ihren missglückten Tellerschüssen sprechen hören! Das jedoch ist viel häufiger der Fall, als man denkt.

Am Anschuss sind Zähne und ein Stück Nasenscheidewand zu finden, sodass wir uns entscheiden, die Nachsuche am nächsten Morgen zu beginnen.

Ruhig nimmt der Hund die Fährte auf. Zwei Stunden arbeiten wir im hügeligen Gelände durch Althölzer und Windwurfflächen. Nach 3000 Metern erreichen wir die Grenze zu einer Genossenschaftsjagd. Der Pächter will mithelfen und erscheint nach 30 Minuten mit seinem Mitjäger. Jetzt sind wir schon fünf Waidmänner. Drei davon werden als Vorstehschützen eingeteilt und ziehen mit ihrem Auto jeweils bis zur nächsten Abteilungslinie vor.

Stunde um Stunde arbeiten wir uns durch Windwurfflächen und Bestände aller Altersklassen.

Werden an Reviergrenzen die Jagdnachbarn informiert, sind zusätzliche Helfer als Vorstehschützen immer willkommen.

Es ist gegen 13 Uhr, als wir die nächste Jagdgrenze erreichen und wiederum den Jagdpächter informieren müssen. Auch der erklärt sich bereit, mit drei Jägern mitzuhelfen. Jetzt sind wir also schon acht Mann, die insgesamt zur Verfügung standen.

Tauwetter setzt ein und die Schneeoberfläche beginnt an freien, der Sonne ausgesetzten Stellen zu schmelzen. Die sich bildende Wasseroberfläche verhindert, dass der Hund die Geruchsmoleküle der Wundfährte aufnehmen kann. Von Minute zu Minute wird dadurch die Riemenarbeit schwieriger.

Einen Südhang querend, bei dem die Sau einen Widergang gemacht hat, geht die Fährte über das freie Feld zu einem Entwässerungsgraben. Ab hier hat Cliff große Probleme, die Fährte weiterzubringen.

Die nächsten drei Jäger gesellen sich zu uns. Einer von ihnen hat verwaschenen Schweiß gefunden. Der Hund wird neu angesetzt und nach weiteren 2 Kilometern erreichten wir ein mitten in der Feldmark stehendes Waldstück von 3 Hektar.

Neun Mann stellen sich auf einem mitten durch den Wald führenden Bewirtschaftungsweg auf, dann beginnt die Riemenarbeit im Bestand. Nach 300 Metern steht Cliff förmlich im Riemen, versucht wütend, sich selbst abzuschneiden. Also dann: Halsung über den Kopf und den Hund zur Hatz geschnallt!

Sofort höre ich ein Krachen, Klirren und Bersten sowie den Hetzlaut des Hundes. Es fallen sieben Schüsse. Dann ist es unnatürlich still.

Funkspruch: „Was ist los?“

Antwort: „Sau liegt und Hund steht auf der Sau.“

Auf 25 Meter Länge hat das vom Hund gehetzte Stück einen morschen Kulturzaun umgerissen, bevor eine regelrechte Kanonade begann. Cliff war dadurch nicht gefährdet, da er 50 Meter

Nach 10 Kilometern zur Strecke gekommen. © H. Heinrich

seitlich vom Schussbereich hetzte. Insgesamt waren wir 10 Kilometer auf den Läufen.

Die 60 Kilogramm schwere Sau hatte einen schrägen Treffer durch Nasenscheidewand und Unterkiefer.

Treffer im Leben oder daneben

Der Keiler von Comana

Comana ist ein kleines Nest in Rumänien. Genauer gesagt liegt es zwischen Bukarest und Giurgiu unweit der bulgarischen Grenze. Rumänien ist ein besonderes Jagdreiseland. In den riesigen Wäldern der Hochkarpaten leben Wolf, Bär und Luchs. Kapitale Hirsche ziehen hier ihre Fährten und das Donaudelta mit seiner einzigartigen Flora und Fauna ist ein großartiges Naturparadies. Menschen, Landschaften und das wirtschaftliche und politische Umfeld prägen die Jagd. Die Bevölkerung ist arm, aber nirgendwo habe ich eine größere Gastfreundschaft erfahren als in Rumänien.

Unterwegs sehen wir in den Dörfern kleine, einfache, hinter bunten Vorgärten sich versteckende Häuschen. Trist hingegen sind die Städte. Vor dem Krieg bezeichnete man Bukarest als Paris des Ostens. Viel ist davon nicht mehr übrig. Die Altstadt wurde von den Kommunisten dem Erdboden gleichgemacht und heute verschandeln seelenlose Betonkästen und Wohnsilos das Zentrum.

Von Ulm sind es 1 700 Kilometer bis nach Comana, die wir in zwei Etappen zurücklegen. Im Hotel International in Bukarest werden wir von der Dolmetscherin Rodica empfangen. Sie ist top gekleidet. Mit ihrem schwarzroten Kostüm und passenden Accessoires erscheint mir ihr Outfit für eine Jagdreise allerdings etwas unpassend. Auf dem Beifahrersitz übernimmt sie die Reiseführung. Ein handbeschriebener Zettel dient als Wegweiser ins Revier.

Die Straßenverhältnisse sind katastrophal. Trotz meines stabilen Nissan Patrol muss ich höllisch aufpassen, um keinen Achsenbruch zu erleiden.

Auf einer schlaglochübersäten Teerstraße biegen wir in einen mit Eichen und teilweise Linden bestockten Bestand ein. Rodica dirigiert in perfektem Deutsch unsere Fahrt, aber nach zwei Kilometern merke ich, dass hier etwas nicht stimmen kann. Der Weg wird immer schmaler und am Schluss stehen wir vor einer 30 Meter langen Wasserfläche. Ich weigere mich weiterzufahren. „Fahren Sie weiter", sagt Rodica in einem Ton, der keinerlei Widerrede zulässt. Auch in Rumänien ist es anscheinend nicht möglich, einer Frau beim Autofahren zu widersprechen. Also Allrad und Traktionskontrolle eingeschaltet und mit wenig Gas voran. Der Patrol schlingert, senkt sich nach 10 Metern auf die Seite und säuft vorn bis über die Reifen ab.

Während der Wagen voll Wasser läuft, steigt Rodica blass geworden aus. Nur noch ihre obere Körperhälfte ist elegant, der Rest der Bukarester Schönheit ist schlammverschmiert.

Da hören wir lautes Rufen. Forstamtsleiter Ionel Deacanu und sein Jäger Marica haben, im Wald uns erwartend, das falsche Abbiegen bemerkt und kommen uns zu Hilfe. Mit einem Dacia-Geländewagen erreichen wir das Jagdhaus.

Es ist spartanisch einfach. In meinem Zimmer steht ein eisernes Bettgestell mit Matratze und einer Wolldecke. Ein wackliger Tisch mit Schüssel und Wasserkrug und ein blinder Spiegel vervollständigen die Einrichtung.

Im Garten steht ein Holzhäuschen ohne Tür. Für eventuelle Peinlichkeiten wird man mit freiem Seeblick entschädigt. Dieser Umstand hat jedoch auch zur Folge, dass wir den Garten nicht betreten dürfen, solange Rodica den Ausblick auf den See genießt.

Die Frau des Försters bereitet das Essen auf zwei freien Feuerstellen im Hof zu. Es gibt eine hervorragende Hühnergemüsesuppe, gebratene, frisch erlegte Wildenten und selbst gemachten Schafskäse. Dazu rumänischen Rotwein und zur anschließenden Verdauungsförderung den unvermeidbaren selbst gebrannten Pflaumenschnaps.

Während wir unser Essen genießen, ist auch mein Patrol mit einem Raupenfahrzeug unversehrt geborgen worden.

Nach der langen, anstrengenden Fahrt und dem ausgiebigen Nachtmahl sinken wir müde ins Bett.

Am nächsten Morgen besteigen wir ein mit einer Ölfunzel beleuchtetes Pferdefuhrwerk und in stockdunkler Nacht fahren wir durch den Wald. Einzeljagd auf Keiler ist gebucht. Nach einer halben Stunde hält der Kutscher an. Die letzten 500 Meter pirschen wir zu einem auf einem Erdhügel errichteten Hochsitz. Langsam wird es Tag und ich höre den Lärm von Enten, Reihern und anderen Wasservögeln an einem unweit gelegenen See. Vor uns eine riesige Suhle mit Salzlecke. Plötzlich eine Bewegung im Unterholz. Ein Keiler mit geschätzten 150 Kilogramm Lebendgewicht steht halb im Wasser der Suhle. Der rumänische Förster nickt und mein Freund Paul geht in Anschlag. In dem Moment, als die Sau die Suhle verlässt, bricht der Schuss. Mit weitausgreifenden Fluchten flüchtet der Keiler den Hang hinauf.

Schlamm und Wasser einer Suhle machen das Auffinden von Pirschzeichen schwierig.

Anschuss und Kugelriss sind in Wasser und Schlamm „untergegangen". Was uns bleibt, ist die schlammverspritzte Fährte des Keilers.

Wir besteigen das wacklige Pferdefuhrwerk und beschließen, erst einmal ausgiebig zu frühstücken. Paul glaubt, beim Abdrücken „ein bisschen hinten" abgekommen zu sein.

Nach fünfstündiger Wartepause lege ich Cliff an der deutlich sichtbaren Fluchtfährte an. Der rumänische Förster hat noch nie eine Schweißhalsung samt Riemen gesehen. Mit Erstaunen sieht er, wie Cliff die Nase herunter- und die Fährte aufnimmt.

Insbesondere in Osteuropa sind Nachsuchengespanne leider wenig bekannt.

Nach 500 Metern finden wir den ersten Tropfen Schweiß. Seine Form ist rund, somit steht fest, dass der Keiler langsamer geworden ist.

Runde Schweißtropfen deuten auf eine Verletzung am Rumpf und eine langsame Flucht hin.

Der Wald ist licht und wirkt aufgeräumt. Anscheinend wird das am Boden liegende Holz hier von der armen Bevölkerung gesammelt.

Drei Kilometer haben wir in einer Stunde zurückgelegt, als wir den Bestandsrand erreichen. Vor uns Brach- und Weideland mit großen Schwarzdornbüschen. Wir finden Schweiß an einem Wassergraben und entdecken die verluderten Reste eines Wildschweins. Was ist das für ein Omen?

Die Wundfährte führt hinaus in die Brache. Wir passieren einen Schwarzdornverhau von 60 Metern Durchmesser.

Cliff wendet sich und will einen tunnelähnlichen Wechsel in den Schwarzdorn annehmen. Ein Einschliefen des Hundes am Riemen ist, falls die Sau annimmt, nicht zu verantworten und Stöberhunde sind hier im tiefsten Süden von Rumänien nicht aufzutreiben.

In zu dichtem Bestand kann der Hund am Riemen nicht ausweichen, wenn Schwarzwild annimmt. Vorsicht bei Schwarzdorninseln oder Hecken.

Also umschlage ich den Schwarzdornverhau. Auf der entgegengesetzten Seite des Einwechsels bleibt Cliff stehen und knurrt. Jetzt weiß ich, dass der Keiler noch lebt. Jäger Marica gibt uns zu verstehen, dass wir aufgeben sollen. Es ist zu gefährlich, erklärt er uns mit Händen, Füßen und wilder Gestik. Doch ein Abbruch der Nachsuche kommt nun nicht mehr infrage. Es hilft alles nichts – ich muss selbst in den Schwarzdorn hinein. Paul hält draußen Cliff am Riemen fest und ich schliefe in den Schwarzdorn ein, den Repetierer im „Infanterieanschlag" haltend: Die Waffe ist entsichert und der Finger am Abzug. Zentimeterweise, immer wieder eine kleine Pause machend, arbeite ich mich voran.

Da höre ich ein leises Knacken. Es ist der Keiler! Fünf Meter halb links vor mir stehend, sichert er zu mir herüber. Anscheinend ist er schwer krank.

Ich muss den Repetierer noch einmal nach hinten ziehen, um überhaupt nach links in Schussposition zu kommen. Wenn er jetzt angreift, denke ich noch, dann wird es problematisch. Millimeterweise schiebe ich meinen alten 98er-Repetierer wieder nach vorn und setze der Sau die Kugel auf den Stich. Sie fällt wie vom Blitz getroffen.

Ein fünf Jahre alter Keiler mit 22 Zentimeter Waffenlänge ist der Lohn der Angst. Wir feiern abends im Jagdhaus noch bis nach Mitternacht.

Schwarzdornhecken werden umschlagen. Bei Sumpf mit Schilf, Raps, Miscantus oder ähnlichen Gegebenheiten führt der Begleiter den Hund am kurz gehaltenen Schweißriemens im Zeitlupentempo. Der Hundeführer befindet sich mit schussbereiter Waffe direkt hinter dem Hund. Im Falle eines Angriffes kann man dann entsprechend reagieren. Für den geschnallten Hund ist eine Schutzweste obligatorisch.

Schrotschuss

Laut Jagdgesetz ist der Schrotschuss auf Schalenwild verboten. Niemand sollte aber dem Jäger, der in situationsbedingter Hektik den falschen Abzug betätigt oder die Umschaltung der Läufe verwechselt, Vorwürfe machen. Nur eines muss der Schütze beachten: Er darf dem Nachsuchenführer den Schrotschuss nicht verschweigen!

Elmar Z. ist Jagdpächter einer Genossenschaftsjagd bei Neu-Ulm. Den Bemühungen dieses Jagdpächters ist es zu verdanken, dass im Revier Hasen, Kaninchen, Fasanen und die in unserer Region selten gewordenen Rebhühner noch zahlreich vorkommen. Das Schalenwild beschränkt sich auf das in den Auwäldern der Donau stehende Rehwild. Vereinzelt kommen auch Sauen vor.

Ich werde zur Hasenjagd eingeladen. Seit Jahren kann ich aufgrund meiner Nachsuchentätigkeit keine Jagdeinladung fest annehmen. Der Beginn der Treibjagd ist für Samstagvormittag festgesetzt. Unter der Voraussetzung, dass keine Nachsuche anfällt, sage ich zu. Aber wie befürchtet klingelt am Freitag in der Nacht das Telefon. Bei Weißenhorn wurden zwei Sauen beschossen.

Pirschzeichen wurden nicht gefunden. Damit ist die Hasenjagd für mich gestrichen.

Die Nachsuchen in Weißenhorn dauern bis 15 Uhr. Als ich Elmar anrufe, ist die Jagd schon fast zu Ende, weshalb wir beschließen, meine jagdlichen Aktivitäten auf das Schüsseltreiben zu beschränken. Treffpunkt ist ein Gasthaus an der B10. Die Jagdgesellschaft ist noch nicht eingetroffen, als ich den Parkplatz erreiche. Doch ich muss nicht lange warten, bis auch schon mein Handy klingelt. Mir wird berichtet, vier Sauen lägen auf der Strecke und eine fünfte sei mit Brenneke beschossen entkommen. Schweiß oder andere Pirschzeichen habe man nicht gefunden. Der überwiegende Teil der Jäger vermutet einen Fehlschuss. Lediglich der Jagdpächter und ein anderer Jäger vertreten die Meinung, wenn schon ein Schweißhundführer bei einer Hasenjagd vor Ort ist, sollte man ihn auch einsetzen.

Der Anschuss befindet sich auf einer Wiese, die Schussentfernung betrug 40 Meter. Die Fluchtrichtung geht nach rechts in Richtung der wenige hundert Meter entfernten Bundesstraße. Nach kurzer Strecke arbeitet Cliff in ein sumpfiges Schilfgebiet am Bach Roth. Hier lagen die Sauen. Wir finden Kessel um Kessel und es riecht wie im Saustall. Ruhig und sicher arbeitet Cliff durch das Schilf. Zeitweise sinken Hund und Führer im Schlamm tief ein. Wir erreichen das Bachufer. Cliff will das Wasser annehmen. Genau gegenüber erkennen wir den Ausstieg der Sau. Und genau dort leuchtet zwischen den grünen Blättern der ins Wasser hereinreichenden Zweige schweißrot ein einzelnes Blatt. Jetzt sind wir sicher: Die Sau hat einen Treffer. Ich vermute einen Steckschuss mit dem Flintenlaufgeschoss.

Durchrinnt ein Stück einen Bach und ist der Ausstieg zu erkennen, kann der Bach umgangen werden und die Wundfährte auf der anderen Seite wieder aufgenommen werden.

In Anbetracht des bevorstehenden Schüsseltreibens habe ich keine Lust, den Bach hüfthoch im Schlamm zu durchwaten. Mein Begleiter umschlägt das Schilf, überquert die Brücke, die über die Roth führt. Am gegenüberliegenden Ufer angekommen, begutachtet er das einzige schweißrot leuchtende Blatt am Ufer. Ich kann es fast nicht glauben: Alle Blätter sind grün, nur dieses nicht. Es ist von der Natur rot gefärbt. Wir müssen den Hund am anderen Ufer ansetzen. Auf dem Weg dahin nimmt Cliff die Nase hoch, biegt rechts ab und wir stehen an einem 40 Kilogramm schweren Frischling.

Beim Aufbrechen finden wir 8 Schrotkugeln 3 Millimeter unter der Schwarte und in der Lunge.

Bei dieser Hasenjagd kamen zwei Hasen und fünf Sauen zur Strecke. Schwein muss der Mensch (Jäger) haben!

Diese Nachsuche war beileibe kein Einzelfall. Sieben Mal habe ich irrtümlich mit Schrot beschossene Sauen nachgesucht. Fünf Mal kamen wir zum Stück. Eigenartigerweise betrug die längste Fluchtstrecke gerade einmal 500 Meter. Fast in allen Fällen verloren die Stücke keinen Schweiß und lagen – bis auf einen Frischling – verendet in der Fährte.

Zwei Schrotkugeln im Herz eines Frischlings. Kein Schweiß in der 400 Meter Wundfährte.

Schweißhunde-Leasingstation

Es ist schon einige Jahre her, da wurde im Regionalrundfunk folgende Meldung verbreitet: „Heute Morgen wurde am Rande einer Ortschaft im Alb-Donau-Kreis ein angefahrenes Wildschwein in einem Vorgarten erlegt."

An jenem Tag war ich als Richter für eine Hundeprüfung eingeteilt. Gerade das Haus verlassend, erreicht mich per Handy ein Anruf. Max erklärt mir folgenden Sachverhalt: Seit Wochen wurden direkt am Friedhof von O. Sauen gefährtet. Er meint noch pietätlos, dass am Friedhof mehr Würmer sein müssten und das hätte sich inzwischen auch unter den Wildschweinen herumgesprochen. An diesem Morgen sei am Friedhof ein Fiat mit einer Sau kollidiert.

Fahruntüchtig musste der Kleinwagen abgeschleppt werden. Die Sau läge mit Sicherheit im angrenzenden Rapsfeld und ich solle kurz mit meinem Cliff vorbeikommen.

Leider muss ich aufgrund der bereits erwähnten Hundeprüfung absagen, woraufhin Max vorschlägt, Cliff selbst abzuholen und auch wieder zurückzubringen. Max ist ein guter Kumpel und ein gewissenhafter Jäger und so willige ich schweren Herzens ein. Schweißhunde leiht man doch nicht aus – oder?

Bei der Hundeprüfung sind meine Gedanken immer wieder bei Max und meinem Hund. Hoffentlich geht alles gut und hoffentlich kommt es nicht zu einer Hetze.

Es ist spät, als ich nach Hause komme. Meine erste Frage gilt meinem Hund. Meine Frau lächelt nur und zeigt ins Wohnzimmer, wo Cliff mit der Rute wedelnd auf dem Sofa sitzt. Ein Stein fällt mir vom Herzen. Ich soll Max anrufen, richtet mir meine Ehehälfte sogleich aus. Max ist happy und erklärt, dass Schweißhunde zu führen ja eine Leichtigkeit sei. Man brauche sich nur hinten am Riemen festzuhalten und dem Hund zu folgen. Er hätte sich das alles wesentlich schwerer vorgestellt.

Cliff arbeitete durch den Raps, dann über ein geeggtes Feld in den nächsten Raps hinein. Man fand abgestreiften Schweiß und plötzlich sprang der Hund Laut gebend in den Riemen. Die Sau flüchtete über eine Nebenstraße in die Ortschaft. Max schnallte den Hund und ab ging die Post. Nach 100 Metern geht die Hatz durch eine geöffnete Hofeinfahrt in ein geschlossenes Privatgrundstück hinein. Cliff stellte die Sau direkt in den Rosenrabatten an der Hauswand. Ratternd ging eine Jalousie hoch und Max hörte von Weitem eine Frau laut schreien:

„Karl, in unserem Garten ist ne Wildsau."

Im Knall brach das Stück zusammen. Der Ausschuss beschädigte und beschmutzte noch die Kellerbetonwand. Am nächsten Tag besuchte ich die betroffene Familie. Ich erläuterte den Sachverhalt und entschuldigte mich für die Aufregung. Im schönsten Schwäbisch erklärte mir die Frau des Hauses: „I han mi so uffgregt, da han i mi mit nen kalten Wäschlumpe auf dem Busen ins Bett lege müsse." (Hochdeutsch: Ich habe mich so aufgeregt, dass ich mich mit einem kalten Waschlappen auf der Brust ins Bett legen musste.) Daraus lässt sich folgern, dass auch ein Waschlappen in seinem Dasein ein schönes Plätzchen finden kann.

Zwei Tage später rief mich Max noch einmal an. „Warum", fragte er mich, „gründest du nicht eine Schweißhunde-Leasingstation?"

Etwas irritiert stellte ich die Gegenfrage: „Wie soll das funktionieren – und was benötigt man dazu?"

„Einen Schweißhund, einen Schweißriemen und ein Sofa", antwortete Max. „Hund samt Riemen werden ausgeliehen und du legst dich in der Zwischenzeit aufs Sofa."

Eigentlich keine schlechte Idee – ich sollte einmal darüber nachdenken.

Im Zweifel für das Leben

Es ist Sonntagmorgen. Ein Blick auf den Radiowecker zeigt 7.25 Uhr. Seit langer Zeit das erste Mal, dass ich mit meinem Schweißhund zu dieser Zeit nicht unterwegs bin.

Als Nachsuchenführer muss man sich darauf einstellen, oft schon frühmorgens unterwegs zu sein.

Es soll ein schöner Tag werden. Eine Weile will ich noch liegen bleiben und dann auf der Terrasse ein ausgiebiges Frühstück genießen. Doch es soll anders kommen, wie mir das klingelnde Telefon zu verstehen gibt. Es liegt seit Jahren neben meinem Kopfkissen und ich weiß schon, was los war, bevor ich das Gespräch auch nur annehme. Cliff geht es da nicht anders. Mit untrüglichem Instinkt hat er verknüpft, dass Anrufe zu dieser Zeit eine Nachsuche bedeuteten. Er springt um das Bett herum und bellt.

Am Abend vorher ist eine einzelne, große Sau beschossen worden. Erst am nächsten Morgen wurde Schweiß gefunden und nachdem man die eigene Nachsuche aufgab, erfolgte der meine Pläne vernichtende Anruf. Eine Tasse Tee und ein Stück trockenes Brot, das ist schon ein spartanisches Frühstück für einen Sonntagmorgen.

Bei heißen Temperaturen trocknet der Schweiß schneller, daher sollte möglichst frühmorgens begonnen werden.

Um 9 Uhr stehe ich am Anschuss. Inzwischen zeigt das Thermometer 25 °C im Schatten. Es wäre viel besser gewesen, der Jäger hätte am Abend vorher angerufen, denn der Schweiß beginnt schon anzutrocknen. Am Anschuss finde ich relativ viele kurze Schnitthaare, die darauf hindeuten, dass der Treffer unterhalb von Bauch und Brustkern saß, vielleicht ein Streifschuss am Lauf ist.

Der Schütze meint dagegen, zu hoch abgekommen zu sein. Einmal finden wir einseitig abgestreiften Schweiß in etwa 30 Zentimeter

Hat der gut eingearbeitete Hund ein Stück zu Stande gehetzt, versucht er es am Platz zu halten, bis der Führer den Fangschuss gibt.

Höhe, doch nach 100 Metern sind die Trittsiegel die einzige Bestätigung, dass Cliff noch auf der richtigen Fährte arbeitet. 1000 Meter sind wir unterwegs, als sich vor uns eine Blöße auftut. Cliff biegt nach rechts ab und springt Laut gebend in den Riemen. Bache und Frischlinge flüchten nach rechts, ein einzelner Frischling versucht nach hinten auszubrechen.

Ich greife zur Halsung, um reflexartig den Schweißhund zu schnallen – doch ich gebe den Hund nicht frei. Geschnallt würde Cliff die Bache zu Stande hetzen und dann müsste ich den Fangschuss antragen. Stellt sich dann nur eine geringfügige Schussverletzung heraus, wäre es trotzdem das Todesurteil für die gerade etwas über handtellergroßen Frischlinge. Das gleiche Schicksal ereignet sich auch, wenn die Bache an der ursprünglichen Schussverletzung verendet. Kommt sie jedoch durch, dann haben die Frischlinge eine Chance.

Ich nehme den Hund zurück und docke den Schweißriemen auf. Im Zweifel für das Leben!

Ich denke heute immer noch, richtig gehandelt zu haben.

Wo liegt Frechenrieden?

Das habe ich mich auch gefragt, als vor vielen Jahren mein Telefon am frühen Morgen klingelte. Am Apparat die Jagdpächter B. und F. An einer Kirrung wurde nachts spitz von vorn ein Überläufer beschossen. Anscheinend hatte der Begehungsscheininhaber einen Schuss auf das Haupt riskiert. Bei solchen Schüssen gibt es in der Regel nur zwei Möglichkeiten: Entweder liegt das Stück im Knall oder es gibt eine schwierige zeitraubende Nachsuche.

Am Anschuss finde ich Schnitthaare (vermutlich Mitte Rumpf) und einige winzige Schweißspritzer. Cliff nimmt die nach rechts verlaufende Krankfährte auf. Nach 100 Metern erreichen wir die Bestandsgrenze. Vor uns liegt eine große Viehweide. Der Boden ist trocken, denn seit Wochen ist kein einziger Tropfen Regen gefallen. Zusätzlich weht ein eiskalter Wind über die abgehütete Weide.

Cliff sucht immer wieder zurückgreifend hangabwärts die Viehweide hinunter. In der Mitte derselben befindet sich eine große steinerne Tränke, in deren Umkreis das Vieh die Grasnarbe zertrampelt hat. Cliff sucht direkt an der Tränke vorbei. Trotzdem kann ich im harten trockenen Boden keinen Schalenabdruck erkennen.

Im trockenen, harten Boden zeichnen sich Trittsiegel nicht ab. Dadurch kann die Arbeit des Hundes schwerer bestätigt werden.

Nach 400 Metern erreichen wir den gegenüber dem Anschuss liegenden Bestandsrand und finden nach 50 Metern in etwa 20 Zentimeter Höhe abgestreiften Schweiß an Gräsern und 100 nach Metern wieder links hoch abgestreiften Schweiß an einem Buchenreis.

Nach einem Kilometer wird es bürstendicht. Der mich begleitende Schütze, ein älterer Jäger, bekommt Schwierigkeiten. Er kann mir kaum noch im Fichtennaturanflug folgen, der ab und zu mit Brombeerinseln durchsetzt ist. Immer wieder lässt er abreißen und ich muss minutenlang warten, bis er wieder aufgeschlossen hat.

Begleiter ohne Einsatzwille und Kondition sind nicht gerade hilfreich.

Jetzt nahm die Sau einen Entwässerungsgraben an. Links und rechts an den Uferseiten dichte Brombeerbestände. Immer wieder wechselt das Stück die Uferseite. Mein Begleiter will aufgeben. Er ist körperlich am Ende. Notgedrungen mache ich 10 Minuten Pause. Cliff winselt, springt in den Riemen. Unmissverständlich zeigt er an, dass er weitermachen will. Wir machen weiter.

Endlich biegt der Hund nach Verlassen des Grabens nach links in ein Kiefernaltholz ab. Nach weiteren 1000 Metern versperren frisch gefällte Fichten den Weg, als Cliff laut wird und in den Riemen springt. 10 Meter vor uns höre ich es laut krachen und wir finden hinter einem Fichtengirbel den Wundkessel der Sau. Cliff wird geschnallt und ich höre den Spurlaut des jagenden Hundes immer leiser werden.

Wir arbeiten uns bis zum nächsten Bewirtschaftungsweg vor. Nichts ist mehr zu hören. Da sehen wir den Geländewagen des Försters. Er gibt Lichthupe, steigt aus und in dem Moment klingelt das Handy meines Begleiters. „Sau liegt“, sagt er trocken. Über eine Freifläche kam der Überläuferkeiler einem der vorgestellten Schützen. Hochflüchtig und vom Hund in einer Entfernung von 50 Metern verfolgt. Auf eine Entfernung von 80 Metern erlegte er die Sau mit einem meisterlichen Schuss! Die Riemenarbeit war 4 Kilometer lang und die Hatz wurde durch den Schuss nach 1 500 Kilometern beendet. Insgesamt dauerte die Arbeit 5 Stunden.

Die ursprüngliche Schussverletzung ist bemerkenswert: Die Kugel hatte linksseitig von vorn zwischen Brustkorb und Schwarte das Stück getroffen, ohne dabei den Brustkorb zu öffnen. Ein innerer Streifschuss sozusagen. Danach streifte sie, zwischen Schwarte und

Rippenaußenseite den Wildkörper nach 20 Zentimeter verlassend, noch den hinteren Lauf tief unten. In wenigen Tagen wäre dieser Schuss ohne jegliche Folgen für das Stück ausgeheilt.

Diese schwere Nachsuche war der Beginn einer freundschaftlichen und vertrauensvollen Zusammenarbeit zwischen den bodenständigen Jägern Simon jun. und sen. und der Schweißhundestation Langenau. Über 10 Jahre komme ich nun schon in mehr oder weniger langen Abständen nach Frechenrieden. Und jedes Mal waren es schwerste Arbeiten, die erfolgreich beendet wurden.

Ja, wo liegt nun Frechenrieden? Hinter Ottobeuren, fast 90 Kilometer von meinem Wohnort entfernt.

Der Untergang

Der Berufsjäger einer Eigenjagd bei Weißenhorn informiert mich an einem Sonntagmorgen im Januar, dass ein Jagdgast in der vorangegangenen Nacht gegen Mitternacht an einer Kirrung auf eine größere Sau geschossen hat.

Um 9 Uhr stehe ich am Anschuss. Wir finden einige Spritzer Schweiß, längere und kurze Schnitthaare. Ruhig untersucht Cliff den Anschuss und sucht durch einen Dickungsbereich aus Fichten und Buchen hindurch. Wir überqueren einen breiten Bewirtschaftungsweg. Außergewöhnlich ist, dass die Sau den Weg ohne den typischen Versatz überfallen hat. Das Stück bewegt sich einfach geradeaus. Abteilung um Abteilung wird durchquert.

Nach 2 Kilometern haben wir den Bestandsrand erreicht. Hier hat die Sau verhofft. Wir finden winzige Spritzer Schweiß auf dem Grenzweg, woraufhin wir den Jagdnachbarn verständigen. Weiterhin organisieren wir per Handy einen Geländewagen, der dem Gespann im Abstand von 300 Metern folgen soll. Vor uns liegt völlig offenes Gelände mit Wiesen, Weiden und Äckern.

Seit Wochen herrscht eine Eiseskälte und der schneefreie Boden ist steinhart gefroren. Somit kann auch die Richtigkeit der Arbeit des Hundes aufgrund fehlender Trittsiegel nicht bestätigt werden. Auch Schweiß oder andere Pirschzeichen sehen wir nicht mehr, doch Cliff läuft unbeirrt in bolzengerader Richtung weiter. Weit und breit erkenne ich in dieser Richtung keine Möglichkeit für die Sau, sich zu stecken. Am Horizont erscheint in Fluchtrichtung ein kleiner Hügel mit einer Kapelle. Das wäre allerdings ein ungewöhnlicher Platz für eine Wildsau, um sich einzuschieben.

Nach einer Stunde sind weitere 4 Kilometer gearbeitet und das Stück läuft anscheinend immer noch völlig unbeeindruckt geradeaus. Meine zwei Begleiter beginnen an der Arbeit des Hundes zu zweifeln, weshalb der Berufsjäger zu dem Entschluss kommt: „Noch 1 000 Meter, dann erreichen wir einen Entwässerungskanal von 20 Metern Breite. Hier brechen wir ab, wenn sich die Sau nicht im Uferbereich eingeschoben hat."

Markante Punkte (z. B. Schweiß, Trittsiegel) werden unterwegs mit Signalband markiert, um sie beim Zurückgreifen leicht wiederzufinden.

Wir erreichen den Kanal. Einen Meter weit in das Wasser hinein sind die Ufer vereist. Eindeutig erkennen wir am eingebrochenen Eis den Ein- und Ausstieg der Sau. Über die Leistung meines Schweißhundes Cliff sind meine Begleiter sprachlos. Inzwischen ist auch der Geländewagen eingetroffen. Wir markieren die Einstiegsstelle mit rotem Signalband und besteigen anschließend das Auto, das uns zur nächsten Ortschaft mit einer den Kanal überführenden Brücke bringt.

Auf der anderen Seite des Kanals stoppen wir etwa 50 Meter vor dem deutlich sichtbaren Markierungsband und setzen den Rüden am Ausstieg erneut an. Deutlich erkennbar nimmt er die Fluchtfährte wieder auf. Mich wundert es nicht mehr – sie verläuft wieder in völlig gerader Richtung.

Nach 150 Metern stehen wir am Ufer eines großen, vollkommen zugefrorenen Teiches. Durch das Eis hat die Sau wie ein Eisbrecher eine 50 cm breite Rinne in Richtung einer schilfbewachsenen kleinen Insel gebrochen. Hier schwimmt sichtbar Schweiß auf dem Wasser.

Jetzt sind wir sicher: Die Sau hat keine Chance mehr zu entkommen!

Wir waten in der von der Sau gebrochenen Rinne bis zur Insel. Kniehoch versinken wir im Schlamm.

Cliff sucht wieder – wie sollte es auch anders sein!? – in gerader Richtung weiter. An der gegenüberliegenden Seite der Insel angekommen, trauen wir unseren Augen nicht:

Von dieser Stelle ist die Sau, die Insel verlassend und in gerader Richtung das Eis brechend, weitergeschwommen.

Mitten im Teich hört die Rinne im Eis auf. Sie ist spitz zulaufend, somit hat die Sau im Wasser nicht gewendet und ist nicht zurückgeschwommen. Wir können es nicht fassen – die Sau ist ertrunken und unter dem Eis abgetrieben.

Im Frühjahr findet ein Angler die Reste des Kadavers am Ablauf des Teiches.

Diese Nachsuche hinterlässt viele offene Fragen bei den Beteiligten: Wo saß die Kugel? Welche Schussverletzung verursacht ein solches Verhalten? Wir fanden darauf keine Antwort. Haarscharf am Erfolg erlitten wir eine Niederlage und Diana zeigte sich von ihrer sprödesten Seite.

Der Keiler von Ottobeuren

Wer nicht täglich seine Angst überwindet,
hat die Lektion des Lebens nicht gelernt.
(Ralf Waldo Emerson)

Der Hundeobmann der Jägervereinigung Memmingen meldet sich bei mir. Nachts gegen 22 Uhr hat er bei Mondschein eine stärkere Sau auf einer Wiese beschossen. Im Knall ist die Bühne leer. Mit großen weitausgreifenden Fluchten wechselte das Stück in den Bestand. Am Anschuss findet der Obmann reichlich Schweiß und einige längere Borsten. Am nächsten Morgen versucht er mit seinem Hund die Fährte zu arbeiten. Er kommt nicht weit.

Anfangs stark zunehmender Schweiß bedeutet nicht automatisch eine kurze Totsuche.

Gegen 11 Uhr stehe ich mit Cliff und dem Hundeobmann am Anschuss. Wir finden lediglich einige Spritzer Schweiß. Nach 200 Metern nimmt dieser aber immer mehr zu. Er ist seitlich beidseitig abgestreift und alles deutet auf eine Totsuche hin. Nach weiteren 500 Metern jedoch liegt kein Schweiß mehr in der Fährte. Das ist durchaus kein Grund zur Beunruhigung, da tödlich getroffenes Wild häufig die letzten Meter bis zum Niedertun nicht mehr schweißt.

Tödlich getroffenes Wild schweißt häufig die letzten Meter bis zum Niedertun nicht mehr.

Doch diesmal stimmt meine Prognose nicht. 2000 Meter durch dichte Buchenverjüngung haben wir zurückgelegt, bis wir den nächsten, winzigen Tropfen Schweiß finden. An einer Straße beginnt Cliff zu kreisen. Nach fünf Minuten findet er 60 Meter weiter rechts den Übergang.

Die Straße ist die Jagdgrenze. Ab hier beginnen die Reviere des bayerischen Staatsforstes Memmingen. Alle bayerischen Staatsforste haben in vorbildlicher Weise die Wildfolgevereinbarung unterschrieben, sodass wir ohne Verzug weitermachen können.

Wir arbeiten durch mehrere mit Fichtennaturanflug bestockte Sturmholzflächen. In zwei Stunden legen wir gerade einmal etwas über einen Kilometer zurück. Nachsuchen in solchen Dickungsbereichen sind brandgefährlich. Wir sind nur zu zweit, benötigen aber einen dritten Mann zur Sicherheit und als vorgezogenen Beobachter. Daher informieren wir den zuständigen Revierleiter. Dankenswerterweise kommt er uns sofort zu Hilfe. Seine Aufgabe ist es, auf den Abteilungswegen vorgreifend zu warten und auf diese Weise Gespann und zweiten Mann zu begleiten. Mühsam arbeiten wir uns durch diese Dickungen. Insgesamt haben wir 4 Kilometer zurückgelegt, als Cliff stehen bleibt und die Behänge anhebt. Irgendetwas muss er gehört haben. Doch dann arbeitet er ruhig weiter.

Bei Nachsuchen durch große Dickungsbereiche sollte ein dritter Mann mit Funkgerät als vorgezogener Beobachter fungieren.

Plötzlich ertönt vor uns ein Krachen, Cliff steigt in den Riemen und ist fast nicht zu beruhigen. Wir finden den Wundkessel mit Schweiß. Mit Mühe gelingt es mir, dem aufgeregten Hund die Halsung abzustreifen. Die Hatz beginnt. Kurz darauf Hetzlaut, dann nach 400 Metern Standlaut. Es ist eine Schinderei, sich in der Dickung voranzuarbeiten!

Es ist zu unterscheiden zwischen hellem, giftigem Hetzlaut und tiefem, bassigem Standlaut.

Endlich stehe ich 30 Meter vor dem Bail, sehe jedoch nichts – der Bewuchs ist zu dicht. Auf dem Boden liegend, robbe ich in Richtung Hund und Sau. Ich höre ein Krachen, kurz ist der Hund verstummt, dann ist sich entfernender Hetzlaut zu vernehmen. Schließlich höre ich abermals den Standlaut des Hundes.

Am Bail angekommen, habe ich keine Chance, den Fangschuss anzutragen. Schier undurchdringlich ist das Fichtenunterholz. Geschätzte 10 Meter bin ich von Hund und Sau entfernt, als der Keiler mich annimmt. Mit voller Wucht schlägt er sein Gewaff in meinen Oberschenkel. Ich liege halb auf dem Rücken und höre, wie Cliff die Sau von hinten fasst. Dann vernehme ich meinen Hund klagen. Mühsam richte ich mich seitlich auf. Der Keiler steht keine drei Meter neben mir, dahinter steht Laut gebend und am Hals stark blutend mein Hund.

Mit letzter Kraft gehe ich in Anschlag. Im Schuss geht die Sau rückwärts und setzt sich auf die Keulen. Dann bricht sie zusammen.

Die Schutzkleidung muss so beschaffen sein, dass sie ernsthafte Schläge eines Keilers einigermaßen abwehrt.

Es dauert 10 Minuten, bis ich aufstehen kann. Der Schlag des Keilers hat mich auch an meinen männlichen Körperteilen getroffen, die für die Familienplanung zuständig sind. Dank der Schutzkleidung komme ich mit einer schmerzhaften Quetschung davon.

Cliff hingegen blutet stark. Deutlich ist die offen liegende, aber nicht beschädigte Halsschlagader zu sehen. Einen Millimeter tiefer, dann wäre es wohl vorbei gewesen! Durch seinen mutigen Angriff auf den Keiler hat er mich vor Schlimmerem bewahrt. Eine freundliche Tierärztin in Ottobeuren versorgt seine Wunde. Für meine Blessuren gilt der Spruch: Schmieren und Salben hilft allenthalben.

Es hat sich bei dieser Nachsuche wieder einmal bestätigt, dass Schwarzwild, das zweite Mal angehetzt, meistens angreift. Trotz dieser Tatsache muss man versuchen, den Bail zu erreichen, um den Fangschuss anzutragen. Zugegeben: Etwas Angst ist immer dabei.

Der Keiler hatte einen Schuss mittig unterhalb des Rückgrates abbekommen, der die Lungenspitzen gestreift hatte. Ein klassischer Hohlschuss sozusagen.

Es ist bekannt, dass solche Schussverletzungen manchmal ausheilen.

Gefährliche Begegnung

Mehrfach wurden in einem Albrevier bei Blaubeuren an einer Kirrung starke Trittsiegel eines auf 100 Kilogramm geschätzten Stückes Schwarzwild gefährtet. Nächtelang saß Jäger M., der leitender Angestellter bei einer traditionsreichen Jagdwaffenfabrik ist, hier ohne Erfolg an. Dann endlich hörte er in einer Nacht gegen 24 Uhr ein leises Knacken. Vorsichtig den Wind prüfend, stand plötzlich ein starkes Stück Schwarzwild an der Kirrung.

M. ist ein erfahrener Schwarzwildjäger und so ging er ruhig ins Ziel. Im Schuss war die Bühne leer, doch M. war sich seiner Sache sicher: Das Stück liegt.

Ein Jagdfreund mit einem Wachtel wurde gerufen und im Schein einer Taschenlampe begann die Nachsuche. Doch vergeblich: Nach mehreren hundert Metern brachen sie an einem Hohlweg ab.

Am nächsten Morgen stehe ich an besagtem Hohlweg. Die Wundfährte ist verbrochen und es dauert nicht lange, bis Cliff den sehr steilen Hang annimmt. Nach 200 Metern ging das Stück – durch

Pirschzeichen bestätigt – im rechten Winkel nach links. Zu meinem Erstaunen führt die Wundfährte wieder hinunter zum Weg. Einen Moment lang bin ich unaufmerksam und schon ist es passiert: Ich rutsche aus, bleibe mit dem linken Bein am Wurzelwerk eines Baumes hängen und verdrehe mir das linke Knie. Der Schmerz ist heftig, doch aufzugeben, kommt nicht infrage!

In unwegsamem Gelände kann ein Bergstock gute Dienste leisten.

Wir stehen wieder unten am Weg, deutlich sichtbar geht die Wundfährte den Weg entlang. Drei rechtwinklige Haken hat der Keiler auf 250 Metern geschlagen. Aus dem Auto hole ich mir vier Aspirin, um die Schmerzen im Knie zu betäuben, und ein im Wagen befindlicher Bergstock soll helfen, das malträtierte Knie zu entlasten.

„Das fängt schon gut an", denke ich noch, als Cliff den Hang in einem weiten Bogen wieder annimmt. Mühsam geht es mit dem lädierten Bein voran. Der Schweiß in der Fährte wird weniger und hört schließlich auf. Cliff läuft unbeirrt weiter.

Buchenalthölzer mit dichtem Unterwuchs erschweren die Nachsuche sehr. Ab und zu finden wir zur Bestätigung starke Trittsiegel in der Fährte. Nach 3 Kilometern erreichen wir einen Bewirtschaftungsweg.

Cliff geht nach kurzem Kreisen nach rechts und wir finden in der rechten Fahrspur auf den Kalkschottersteinen Schweiß. Fast 300 Meter lief die Sau auf dem Weg, bevor Cliff stehen bleibt, zurückgreift, zu kreisen beginnt und uns damit anzeigt, dass die Sau den Weg verlassen haben muss. Er geht links und rechts vom Weg in den Bestand hinein, untersucht jeden Wechsel und läuft dann über den Einwechselpunkt auf dem Weg in entgegengesetzter Richtung weiter. Dann biegt er nach links in die ursprüngliche Fluchtrichtung ab.

Krankes Schwarzwild sucht nach längerer Fluchtstrecke bei warmen Temperaturen gern Suhlen auf.

Nach 200 Metern erreichen wir eine kleine Suhle. Die ist rot getränkt vom Schweiß des Keilers. Hier hätten bei mir schon die Alarmglocken läuten müssen, denn häufig hat sich das Stück eingeschoben, wenn die Krankfährte in Richtung Anschuss zurückgeht. Es geht durch dichten Buchenanflug und wir überqueren eine grasbewachsene Rückegasse.

Plötzlich nimmt der Keiler an, rauscht auf mich zu. Dann Kampfgeräusche von Cliff und ihm. Ich werfe mich auf die Seite. Wie ein Spuk ist es so schnell vorbei, wie es begonnen hat. Meine zwei Begleiter können nicht einmal eingreifen.

In der Regel gibt der Hundeführer den Fangschuss ab. Als Jagdleiter ist er jedoch berechtigt, diesen bei Verletzung, Erschöpfung o. ä. Umständen an den Begleiter zu delegieren.

Der Angriff des Keilers respektive mein Satz auf die Seite hat meinem Knie den Rest gegeben. Cliff dagegen hat anscheinend nichts abbekommen. Ich schnalle den Hund. Nach fünf Minuten hören wir im Gegenhang Standlaut. Die Schmerzen im Knie sind fast unerträglich, weshalb M. an meiner Stelle der Sau den Fangschuss antragen soll.

Wir warten. Heftig ist Cliffs Standlaut. Schließlich bricht der Schuss.

Was dann kommt, werde ich wohl mein ganzes Leben lang nicht mehr vergessen. Ich höre einen furchtbaren Schrei. So schreit ein Mensch in Todesangst! Dann ertönt wieder der Standlaut meines Hundes. Ich schaue meinen zweiten Begleiter an, hänge mir die Waffe um und krieche in Richtung Bail.

Stellt der Hund in Dickungsbereichen nahe der Vorstehschützen, dürfen diese nach vorheriger Absprache und unter Beachtung der Sicherheitsvorschriften den Fangschuss antragen.

M. liegt regungslos auf dem Rücken, das Gebrech des Keilers nur wenige Zentimeter von seinem Kopf entfernt. Gott sei Dank ist der Rumpf der Sau hinter dem Jäger. Ich gehe auf 40 Meter hoch anfassend ins Ziel. Im Schuss reißt es den Keiler von den Läufen. Cliff hängt am Teller und ist nicht mehr zu beruhigen.

M. ist schrecklich zugerichtet: Das Wadenbein ist durchgebissen, an der rechten Hand sind durch einen Biss alle Finger verletzt und eine große Fleischwunde klafft im Oberschenkel.

Mit dem Funkgerät informieren wir den Jagdpächter, der den bereits per Handy gerufenen Rettungsdienst treffen und ins Revier an den Unfallort bringen soll. Nicht auszudenken, wenn keine Funkgeräte und kein Handy zur Verfügung gestanden hätten. Unvorstellbar, wenn nicht der Jagdpächter mit dem KFZ auf den Bewirtschaftungswegen in unserer Nähe gewesen wäre.

Das Begleitfahrzeug kann im Notfall einen Rettungswagen zum Unfallort führen.

Wir betten den Schwerverletzten auf unsere Jacken, daneben liegt der Keiler. Endlich hören wir das Signal des Rettungswagens. Kommentar der beiden Sanitäter: „So etwas haben wir auch noch nicht gesehen."

Hier nun die Schilderung der Ereignisse aus der Sicht von M:
Ich ging den Bail an. Im dichten Buchenanflug hörte ich das Wetzen des Keilers und den wütenden Standlaut des Hundes. Von beiden war, obwohl ich höchstens 20 Meter entfernt stand, nichts zu sehen. Um eine bessere Schussposition zu haben, ging ich noch

einige Meter weiter. Blitzschnell nahm der Keiler an. Der Fangschuss ging ins Leere. Die Sau warf mich auf den Rücken und schob mich, wild um sich beißend, durch die Buchenrauschen. Ein Faustschlag auf das Gebrech hatte zur Folge, dass der Keiler zufasste und mir die Finger der rechten Hand zerquetschte. Cliff hatte sich hinten in der Sau verbissen. Deshalb ließ der Keiler schließlich von mir ab. Endlich brach der Schuss des ebenfalls verletzten Schweißhundführers.

M. hat bleibende Schäden davongetragen. Er kann infolge der Durchtrennung von Nervenbahnen einen Fuß nicht mehr richtig bewegen. Doch M. wäre nicht M., wenn er die ganze Sache nicht auch mit etwas Humor sehen könnte, und so hat er sich über seine Ehrung auf der einige Wochen später stattfindenden Hegeringversammlung sehr gefreut: Vor versammelter Jägerschaft schilderte ich den Ablauf der Nachsuche, anschließend wurde M. unter großem Hallo die Schwarte seines Kontrahenten überreicht. Zusätzlich erhielt er noch eine Urkunde mit dem Motiv eines sich vor einem annehmenden Keiler auf einen Baum rettenden Jägers. Der Urkundentext gestattete M., ab sofort den Namenszusatz Nahkampferprobter Schwarzwildjäger auf Briefbögen und Visitenkarten zu führen.

So hatte auch dieses Erlebnis, wenn schon kein perfektes Happy End, dann doch zumindest einen versöhnlichen Ausklang.

Denksportaufgabe

Es gibt auch Kurioses aus der Nachsuchenwelt zu berichten. So zum Beispiel die Geschichte von Toni, einem bayerischen Jäger, der sich Mitte Mai an einer großen Wiese am Waldrand ansetzte. So langsam kam die Bockjagd in die Gänge und die schlecht veranlagten Böcke galt es jetzt zu erlegen. Gegen 20 Uhr fiel rechts weit entfernt ein Schuss. Links vom Hochsitz ästen zwei Rehe mit ihren starken Kitzen. Trotz des vorherigen strengen Winters sahen sie gesund und gut genährt aus. Das gefiel Toni. Da entdeckte er rechts am Waldrand eine Bewegung. Im Glas erkannte er ein Stück Schwarzwild, das dem gegenüberliegenden Bestandsrand im langsamen Troll zustrebte. Schussentfernung 200 Meter. Getreu dem Motto: „Nicht geschossen ist auch gefehlt“, nahmen die Dinge ihren Lauf.

Lodenfleck unter den Repetierer geschoben, eingestochen und schon ging fauchend die .30-06 auf die Reise. Das Stück blieb unbeeindruckt. Repetiert, eingestochen und abgedrückt, doch die Sau zeichnete nicht, wurde weder schneller noch langsamer und verschwand in einer Senke. Etwa 30 Meter vor dem Waldrand war sie erneut zu sehen, als sie sich in der Fährte blitzschnell wendete, zusammenbrach und regungslos liegen blieb.

„Ein Superschuss", dachte Toni. „Das macht mir so schnell keiner nach!" Nach der roten Arbeit fuhr er stolz wie ein Spanier mit Bruch am Hut an der nächsten Dorfkneipe vor. Es wurde noch ein langer Abend. Traditionsgemäß flossen Freibier und Schnaps, denn solch ein Superschuss muss gefeiert werden.

Am nächsten Morgen erreicht mich ein Anruf. Mit Kaliber 9,3 hatte ein Jäger am Abend vorher auf eine Sau geschossen. Im Schuss beschleunigte das Stück stark. Im Unterholz habe es geprasselt und gekracht, das Geräusch nach 50 Metern aber schlagartig aufgehört.

Der Jäger wollte seinem Hund eine kleine Schweißarbeit bieten. Sicher führte sein vierbeiniger Jagdbegleiter ihn in Richtung der Stelle, wo das Stück zusammengebrochen war. Fast dort angekommen, war im dichten Unterholz ein Krachen zu vernehmen und die Sau flüchtete. Der Jäger brach ab und beschloss, mich am nächsten Morgen anzurufen.

Vom Anschuss weg sucht Cliff ruhig und sicher. An der Stelle des Aufmüdens gibt es das erste Problem. Cliff kreist und kreist lange 10 Minuten, bis er den Abgang findet. Ab hier ist kein Schweiß mehr in der Wundfährte.

Es geht 700 Meter bis zu einem Waldweg. An der gegenüberliegenden Seite befindet sich ein alter, schadhafter Kulturzaun. An diesem läuft Cliff entlang und verweist an einer niedergedrückten Stelle etwas Feist. Dann geht es im rechten Winkel einen Hang hinunter. Etwa 30 Meter vor einer großen Wiese muss die Sau einen Widergang gemacht haben. Endlich findet Cliff bogenschlagend den Abgang und überquert am Waldrand einen Graben. Hier finden wir abgestreiften Schweiß.

Doch dieser Graben ist die Jagdgrenze und es besteht keine Wildfolgevereinbarung. Also rufen wir den Jagdnachbarn – Toni – an. Er wird vorbeikommen, inzwischen sollen wir aber weitermachen.

Nebenher erwähnt er noch, dass er gestern Abend ebenfalls eine Sau erlegt hat. Sein Schuss sei einige Minuten später gefallen als der, den er am Vorabend vernommen hat. Irgendwie kommt mir das komisch vor, aber der Beweis ist erst vollbracht, als der Rüde am Aufbruch stehen bleibt. Es handelt sich um die gleiche Sau. Wir lassen uns das Stück zeigen. Im Kühlraum hängt ein Keilerchen mit 40 Kilogramm. Es hat nur einen Treffer. Ich schaue Toni an. Er ist merklich blasser geworden. Vorsichtig nehme ich den Jägerhut von seinem Haupt und entferne den Erlegerbruch, der dann seinen Besitzer wechselt.

Toni sieht schlecht aus. Ich kann ihn verstehen.

Bäckerkeiler

12.11.2005

Noch ziemlich geschafft von einer Nachsuche am Sonntagvormittag liege ich auf dem Sofa. Mit dem typischen Gesichtsausdruck einer Frau, die unter der Nachsuchenleidenschaft ihres Mannes zu leiden hat, überreicht mir meine Ehefrau das Telefon.

Ein leidenschaftlicher Jäger, Terrierführer und guter Freund, der dem Beruf des Bäckermeisters nachgeht, bittet um meine Mithilfe. Der für Wildschweine gefährliche Virus der Jagdleidenschaft ist inzwischen auch auf seine minderjährigen Söhne übergesprungen. Schon im zarten Alter von 12 Jahren rannten seine Sprösslinge durch die Maisfelder und stachen mit der Saufeder von den Terriern gehaltene Sauen ab. Das ist die schwäbische Variante der Parforcejagd („Einen Gaul brauch mer da net, der isch zu teuer!").

Eine gewisse Resistenz gegenüber dem Virus der Jagdleidenschaft scheinen nur unsere Ehefrauen entwickelt zu haben. Ihr Verhalten gleicht eher einer im Laufe der Zeit gewachsenen, resignativen Duldung des in ihren Augen närrischen Treibens ihrer Ehemänner.

Doch zurück zu den Sprösslingen. Endlich hatte der ältere Sohn den Jugendjagdschein gemacht und nun wurde die neue Flinte auf Deckung der Schrotgarbe und auf Trefferlage der Brenneke im Revier getestet.

Alles bestens, und so beschloss man, wenn man schon im Revier war, Suhlen und Kirrungen zu kontrollieren. Sie näherten sich der ersten Suhle, in deren Nähe sich am Waldrand noch ein riesiger Haufen Hühnermist befand, und trauten ihren Augen kaum: In der Suhle lag ein kapitaler Keiler. Jetzt war Schluss mit Probeschüssen, das neu erworbene Stück von der Schulter und schon wurde dem Bassen eine Brenneke auf die Schwarte gesetzt.

Schussentfernung 20 Meter, aber im Unterschied zu den für die Probeschüsse verwendeten Pappkartons fiel die Sau nicht um, sondern flüchtete.

Zwei Stunden später bin ich am Tatort. Es stinkt an der Suhle penetrant nach rauschigem Keiler und Hühnermist. Der Keiler muss sich vorher am Waldrand noch genüsslich darin gesuhlt haben. Cliff hat mit dieser speziellen Wittrung seine Probleme. Endlich arbeitet er von der Suhle weg, um nach 200 Metern wieder kehrtzumachen. Lange kreist er um die Suhle, nimmt dann endlich wieder die Nase herunter und folgt einer für uns nicht sichtbaren Fährte.

Nach 200 Metern ein großes Trittsiegel – danach schätzen wir den Keiler auf mindestens 100 Kilogramm!

Mein Begleiter gibt mir „Feuerschutz", er darf nicht abreißen lassen, da das Stück mit Sicherheit noch lebt. Dichter Buchenanflug mit vereinzelten niedrigen Fichtengruppierungen erschwert die Riemenarbeit sehr.

Nach weiteren 600 Metern reißt der Hund mich am Riemen nach vorn und ich höre schweres Wild wegbrechen. Schemenhaft erkenne ich noch einen riesigen schwarzen Schatten. Funkspruch an die abgestellten Jäger: „Hund wird geschnallt."

Im großen Bogen hören wir Hetzlaut und nach 400 Metern Standlaut. Ein abgestellter Jäger sieht ein einmaliges Bild: Drei Überläuferbachen gefolgt von einem kapitalen Keiler werden von Cliff gehetzt. Trotz der Schussverletzung ist der Basse der Rotte gefolgt.

Verletzte rauschige Keiler folgen der Rotte noch lange.

Als die Hatz den zweiten Schützen passiert, folgt der kranke Keiler der Rotte nur noch langsam und liegt auch schon im Knall. Ein Gewicht von 135 Kilogramm aufgebrochen ist für die heimatlichen Verhältnisse kapital. Das Alter wird auf fünf bis sechs Jahre geschätzt.

Das Stück hat einen Steckschuss hochblatt, der die Lungenflügel oben gestreift hat.

Erster Bäckerkeiler. © *Jörg Bopp*

13.11.2005

Ein Jagdgast von Hermann, den ich schon seit 30 Jahren als gewissenhaften und passionierten Schwarzwildjäger kenne, hat nachts gegen 1 Uhr einen Überläufer beschossen.

Ich fahre auf die Schwäbische Alb, wo Cliff am Anschuss die Nase herunternimmt, um nach 60 Metern hoch abgestreiften Schweiß auf der Ausschussseite zu verweisen. Vorläufige mit Vorbehalt abgegebene Diagnose: Waidwundschuss. Nach weiteren 300 Metern ist kein Schweiß mehr in der Wundfährte sichtbar.

Ruhig, sich ab und zu selbstständig korrigierend, folgt der Hund einer für uns unsichtbaren Fährte. Vor einer schmalen Fichtendickung hat das Stück an einem Wurzelstubben Schweiß abgestreift.

Nach 100 Metern haben wir die Dickung durchquert und Cliff folgt im rechten Winkel nach rechts einem Grasweg. Nach 40 Metern biegt er wieder in die Dickung ab. Der Riemen wird schlaff, wir sind am Stück.

Die Freude des Schützen ist groß – auch dieser Jäger ist von Beruf Bäckermeister.

14.11.2005

Wieder klingelt am frühen Morgen das Telefon. Nachsuche bei Langenau. An einem stehen gelassenen Maisfeld ist um 23 Uhr eine Sau beschossen worden. Im Schuss klagte das Stück, dann war die Bühne leer.

Ich bin als Erster am Ort des Geschehens und umschlage das Maisfeld. Die Sau ist ausgewechselt und schweißt stark. Die Fluchtrichtung biegt nach 150 Metern rechts in das Staatliche Forstamt Langenau ab. Problemlos überqueren wir das Lonetal und das gleichnamige Bächlein und steigen in den Gegenhang ein.

Ist man sich der Arbeit des Hundes nicht sicher, nimmt man ihn zurück und lässt ihn vom letzten bestätigten Pirschzeichen aus erneut suchen. Schlägt er die gleiche Richtung ein, ist er auf der Fährte.

Nach 200 Metern kreist der Rüde, um dann nach rechts abzubiegen. Die letzten 100 Meter ist keinerlei Bestätigung für die Richtigkeit der Arbeit zu finden. Ich nehme den Hund zurück, aber wieder folgt er in stoischer Ruhe der gleichen Richtung. 300 Meter weiter endlich die Bestätigung in Form eines kleinen runden Schweißtropfens. Die Sau ist also langsamer geworden.

Wir folgen der Fährte in der Hangmitte Richtung Südwesten. Plötzlich steigt Cliff in den Riemen und gibt wütend Laut. Wundkessel mit Schweiß festgestellt und Hund geschnallt sind reflexartige Handlungen.

Hetzlaut und dann 200 Meter entfernt Standlaut. Vor und zurück federt Cliff, aber die Sau hat sich unter einer dichten Schirmfichte eingeschoben. 20 Meter bin ich mit der Waffe im Anschlag entfernt, als sie herausstürmt und mich annimmt.

Der Schweißhund ist jetzt direkt hinter der Sau und ich kann nicht mehr schießen. Der 50 Kilogramm schwere Keiler legt mich glatt um. Am Boden liegend sehe ich das Gebrech der Sau keine 30 Zentimeter vor meinem Gesicht.

Da höre ich, wie Cliff die Sau hinten fasst. Wiederum hetzt der Rüde den Keiler, dann abermals wütender Standlaut. Den ersten Schuss quittiert die Sau mit einem Durchbiegen der Rückenlinie, der nächste lässt sie zusammenbrechen.

Fast hätte ich vergessen, es zu erwähnen: Der Schütze ist von Beruf Bäckermeister.

Einige Tage später …

… kommt nach drei Kilometern Nachsuche mit kurzer Hetze im Forstamt Altheim/Alb ein Überläuferkeiler mit Hinterlaufschuss zur Strecke. Mehr im Spaß und aus Übermut frage ich den Schützen: „Sind Sie zufällig von Beruf Bäckermeister?“

Irritiert schaut mich der Schütze an und sagt: „Ich bin kein Bäckermeister, aber mein Name ist Becker."

Der Mann weiß heute noch nicht, warum ich schallend gelacht habe.

Eine perfekte Kontrollsuche

Herbstzeit ist Jagdzeit. Seit dem Jahr 1991 steigen die Bestände des Schwarzwildes bundesweit stark an. Um dem Schwarzwildproblem zu begegnen, werden große raumübergreifende Bewegungsjagden organisiert. Solche Jagden, an denen viele Schützen, Hunde und Treiber teilnehmen, bedürfen einer sorgfältigen Planung und Organisation. Bei bewegtem Wild und unterschiedlicher Schießfertigkeit der Jäger lassen sich Nachsuchen nicht vermeiden.

Es ist Sonntagvormittag. Am Vortag fand eine Jagd bei Bermaringen statt. Ein Förster beschoss laut Standplatzkarte um 10 Uhr aus einer Rotte von fünf Überläufern das letzte, etwas geringere Stück. Am Anschuss war nichts zu finden. Fünf Minuten später kam die Rotte in unveränderter Stückzahl dem nächsten Schützen, leider zu schnell und zu weit. Nach weiteren zehn Minuten wurden die fünf Sauen vom nächsten Jäger gesehen, der auch nicht zum Schuss kam. Anhand der drei Standplatzkarten waren Fluchtrichtung und Anzahl der Überläufer sowie der zeitliche Ablauf genau nachvollziehbar.

Ich setze meinen Schweißhund an. Nach zwanzig Minuten passieren wir den ersten Hochsitz. Die vom dortigen Schützen eingetragene Distanz vom Sitz zu den flüchtigen Sauen stimmt mit der Arbeit des Hundes überein. Bisher haben wir keinen Tropfen Schweiß gefunden. Nach weiteren dreißig Minuten kommen wir an der zweiten Kanzel vorbei. Jetzt dürften wir 1000 Meter zurückgelegt haben … und immer noch kein Schweiß. Teilweise erkennen wir im Laub die Fluchtfährte der Rotte.

Am Boden liegendes Laub ist an der Unterseite feucht und damit dunkler. Wird es durch die Läufe des flüchtenden Stückes umgedreht, ist die Fluchtfährte deutlich sichtbar.

Erst jetzt können wir davon ausgehen, dass mit hoher Wahrscheinlichkeit ein Fehlschuss vorliegt. Am Anschuss keine Pirschzeichen und kein Regen in der Nacht, der den Schweiß hätte wegwaschen können, lassen uns in diesem Fall ziemlich sicher sein. Fast eine Stunde dauert diese Kontrollsuche. Auf ein Stück Wild völlig danebenzuschießen, kommt selten vor. Deshalb sind Kontrollsuchen mit äußerster Sorgfalt und Umsicht durchzuführen.

Ein wirklicher Fehlschuss ist recht selten. Deshalb sind ausreichend lange Kontrollsuchen enorm wichtig.

So kann man sich täuschen!

Aufgeregt erzählt mir ein Jäger, dass am frühen Morgen am gegenüberliegenden Waldrand zwei stärkere Sauen aus dem Bestand herauskamen. Schussentfernung 150 Meter. Im Feuer erkannte er, dass es auf der Sau „gestaubt“ hat. Deshalb ist er hundertprozentig sicher, getroffen zu haben.

Mit einem jungen, noch in Ausbildung befindlichen Hund habe man nachgesucht und nach einer Stunde ergebnislos abgebrochen. Schweiß oder andere Pirschzeichen waren nicht auffindbar.

Kurz vor 12 Uhr setze ich Cliff an. Seit Wochen ist kein Tropfen Regen gefallen. Der Boden ist trocken und hart. Deshalb erkennen wir kein einziges Trittsiegel in der Fährte. Nach 2 Kilometern überqueren wir den Bergrücken. Vor uns liegt eine Wiese mit hohem Gras. Deutlich erkennt man das typische Fährtenbild von zwei leicht versetzt nebeneinander laufenden Sauen. Sorgfältig untersuchen wir, ob das beschossene Stück Schweiß abgestreift hat. An den Grashalmen ist aber nichts zu sehen.

Erst jetzt sind wir sicher, dass es sich um einen Fehlschuss handelt. Wir brechen ab.

Warum, frage ich mich, hat es dann auf der Sau gestaubt?

Wir müssen den Anschuss noch genauer untersuchen. Mit dem Fährtenkontrollstock markieren wir die zwei Punkte am Boden, wo sich bei Hoch- bzw. Tiefschuss der Kugelriss befinden muss. Zu dritt drehen wir dann zwischen diesen beiden Punkten jeden Grashalm um. Ich finde im Kugelriss einen zerschossenen Kalkstein. Deshalb die Staubwolke. Mithilfe des Kontrollstockes wird einwandfrei ein Tiefschuss festgestellt.

Der Geschossflugbahnkontrollstock ist ein unentbehrliches Hilfsmittel bei der Anschussuntersuchung. Mit ihm können Treffer oder Fehlschüsse bestätigt werden.

Fast vier Stunden hat die Kontrollsuche gedauert, bevor hundertprozentig feststand, dass es sich um einen Fehlschuss handelte.

Nun sitzen wir am westlichen Albtrauf auf der Terrasse einer komfortablen Jagdhütte. Im Abendlicht sehen wir den Kaiserberg Hohenstaufen. Der Württemberger Rotwein funkelt im Glase, als wir nach schwäbischer Sitte Vesper machen. Wir sind zufrieden.

Nur keine Hektik – Der September-Keiler

Keine Nachsuche gleicht einer anderen. Fehler bei Organisation und Biotop-Schwierigkeiten führen zu Fehlsuchen. Da heißt es Ruhe und Umsicht zu bewahren.

Ende September gegen 22 Uhr klingelt mein Handy. Ein Jagdpächter berichtet Folgendes: Bei der Maisernte flüchtete eine „große Sau" vor dem Häcksler aus dem Mais.

Es fielen zwei Schüsse und im letzten Knall blieb das Stück regungungslos liegen.

Das wars, dachten sich die Jäger und schauten wieder auf den Häcksler.

Nach 5 Minuten blickte ein Jäger in Richtung Sau – doch da lag keine mehr. Er sah das Stück gerade noch am Waldrand einwechseln.

Ein Vorstehhund mit Verbandsschweißprüfung nahm die Nachsuche auf. Bis zum Waldrand war eine Bestätigung der Riemenarbeit durch Schweiß erkennbar. Nach 600 Metern erreichte das Gespann einen Dickungskomplex von zwei Hektar. Der Hund gab Laut, knurrte und wurde geschnallt. Der geschnallte Hund jagte in der Dickung ein anscheinend krankes Stück hin und her. Kurz vor dem Dunkelwerden kam er erschöpft zurück. Ende der ersten Aktion.

Erste vorläufige Prognose: Falls der Hund schon nach 600 Metern in der Dickung am Stück war, muss es aller Erfahrung nach schwer krank sein. Danach erfolgte der Anruf.

Am nächsten Morgen bin ich vor Ort. Fünf Jäger warten am Treffpunkt und deshalb beschließen wir, den hinteren Dickungsbereich in Fluchtrichtung abzustellen. Aus der Korona suche ich mir einen jungen Jäger als Begleiter aus. Doch ein älterer Jäger meldet sich und will unbedingt mitlaufen. Ich frage ihn, ob er schon einmal bei einer ernsthaften Nachsuche dabei war. „Das schaffe ich schon", ist seine Antwort.

Kurze Einweisung: Vorgreifen, wenn ich festhänge. Markieren, wenn ich Schweiß melde, und auf keinen Fall zwischen Gespann und Begleiter abreißen lassen. Verständnisvolles Nicken und schon setze ich Artus an.

Schweiß ist im Bestand keiner mehr zu erkennen. Artus arbeitet rechts an der Dickung vorbei.

Hinter mir wird Protest laut: Der Hund arbeite falsch, das könne nicht stimmen. Solche Bemerkungen tragen mit Sicherheit nicht zur Motivationssteigerung bei.

Ich höre nicht hin, sondern schaue nur auf den Hund. Seine Körpersprache zeigt: Er ist auf der Fährte. Aus Erfahrung habe ich gelernt, dass beschossene Sauen nach kurzer Fluchtstrecke Dickungsbereiche meiden. Sie laufen meistens seitlich vorbei, um dem Hindernis auszuweichen. Schnell möglichst weit weg vom Anschuss zu kommen, ist ihr Bestreben. Dickungen bremsen das Fluchtverhalten.

Endlich ein kleiner Tropfen Schweiß. Bitte markieren, melde ich – keine Antwort. Mein Begleiter ist außer Sichtweite. Ich rufe ihn herbei und ermahne ihn, hinter mir zu bleiben. Es wird nicht besser – dreimal muss ich anhalten, weil er es nicht schafft, dem Gespann zu folgen.

Wir erreichen einen Bewirtschaftungsweg und rufen per Funk die abgestellten Jäger herbei. Vorläufige Bilanz: 800 Meter Riemenarbeit, ein Tropfen Schweiß.

Um weitere Verzögerungen zu vermeiden, wird der Begleiter ausgewechselt. Das mag unter Umständen für den Betroffenen unhöflich wirken, aber es ist im Sinne der Nachsuchenoptimierung unumgänglich.

Wir machen weiter. Jetzt geht es mir besser. Der junge Mann hat begriffen, um was es hier geht und ist hochmotiviert dabei.

Artus hat die Fährte verloren. 20 Minuten kreist er, immer wieder selbstständig zurückgreifend, um die gleiche Stelle. Endlich strafft sich der Riemen und wir folgen unserem Hund. Große Erleichterung, als Artus verweist und wir einen Tropfen Schweiß finden.

Losung in der Wundfährte ist selten, kann aber ein Zeichen von großen Schmerzen des verwundeten Stückes sein.

Zweimal finden wir Losung in der Fährte. Das kommt relativ selten vor, kann aber ein Zeichen von großen Schmerzen des beschossenen Stückes sein.

Wir erreichen wieder einen Bewirtschaftungsweg. Inzwischen ist es warm geworden. Ein Jäger fährt zu meinem Wagen und holt in einer Kühltasche aufbewahrtes Wasser. Artus schöpft gierig. Wir machen eine Pause, um ihn etwas ausruhen zu lassen und trinken selbst etwas. Wir können große Hektik vermeiden, denn Sauen behalten fast immer ihre Fluchtrichtung bei. Die Vorstehschützen stellen sich deshalb in voraussichtlicher Fluchtrichtung am nächsten breiteren Waldweg auf und Artus nimmt die Fährte auf. Doch die Probleme steigen. Das Stück hat nacheinander mehrere Suhlen durchquert. Das bedeutet eine weitere Erschwerung für

Sauen behalten fast immer ihre Fluchtrichtung bei.

den Hund. Alle Sauen, die sich vorher in der Suhle aufgehalten haben, hinterlassen ihren Eigengeruch in Schlamm und Wasser. Somit verliert die beschossene Sau ihren dem Hund bekannten Eigengeruch. Der stellt sich erst nach 50 bis 100 Metern Fluchtstrecke wieder ein.

Mehrfach greift Artus zurück und nimmt dann endlich eine Fährte auf. Wir können dem Hund nicht helfen, wir müssen ihm glauben. Wobei das Zitat: „Glauben heißt nicht wissen" durchaus hier seine Berechtigung haben kann. Zwei weitere Suhlen lassen unsere Bedenken steigen. Doch jedes Mal kreist der Rüde, manchmal minutenlang, was uns doch wieder Hoffnung macht.

Endlich sehen wir einen kleinen Tropfen Schweiß am Wegrand, abgestreift am hohen Gras.

Inzwischen haben wir laut Navi 4 km zurückgelegt. Wieder machen wir Pause, während die Jäger abermals in voraussichtlicher Fluchtrichtung vorgezogen werden, und lassen Artus schöpfen.

Die nächste Abteilung ist reiner Fichtenbestand mit feuchtem Untergrund. Ein weicher, hellgrüner Moosteppich bedeckt den Boden. Artus kennt solche Biotope nicht und wir merken, dass er Mühe hat, die Fährte zu halten. Langsam buchstabiert er mit deutlich hörbarem Naseneinsatz, immer wieder selbstständig zurückgreifend, die Fährte aus. Am nächsten Waldweg finden wir Schweiß. Erneute Pause, dem Hund Wasser geben, die Vorstehschützen anstellen.

Jetzt geht es in eine 10 ha große Abteilung mit mannshohen Fichten, gelbem, hohem Altgras und Brombeerflächen. Das sind Biotope, wo sich Sauen mit Vorliebe einschieben. Keine 100 Meter weiter erreichen wir eine Brombeerfläche. Artus bleibt stehen, knurrt und springt Laut gebend in den Riemen.

Hund geschnallt – die Hatz beginnt! Es gelingt mir, zweimal bis auf 20 Meter zum Standlaut vorzudringen. Doch jedes Mal bricht die Sau vor mir weg. Mit wechselnden Entfernungen stellt der Hund mehrfach, bis endlich nach langen 50 Minuten ein vorgestellter Jäger den Fangschuss antragen kann. Ein starker Keiler mit Gebrechschuss kommt zur Strecke.

Der Erfolg von solchen Nachsuchen hängt manchmal am seidenen Faden.

Erfolgreiche Nachsuche auf einen Keiler mit Gebrechschuss.

Einmal dem Hund nicht geglaubt, kein Wasser dabei, keine optimierte technische Ausrüstung und – sehr wichtig – keine Begleiter mit guter Ortskenntnis, dann wird man scheitern.

Wieder hat es sich gezeigt: Man muss seinen Hund kennen und ihm vertrauen. Ein hochmotiviertes Team von helfenden Jägern gepaart mit Ruhe und Umsicht führen zum Erfolg.

Eine besondere Keilernachsuche

Artus verstarb viel zu früh mit 8 Jahren. Unvergessen wird wohl allen Beteilgten eine Nachsuche bleiben, welche sich im Naturschutzgebiet Langenau ereignete.

Mein Handy liegt nachts griffbereit neben mir, denn die Schweißhundestation hat wie immer Tag und Nacht Bereitschaft.

Wir haben Vollmond mit leicht bedecktem Himmel und ich bin mir sicher: Bald wird eine SMS oder ein Anruf eine Nachsuche ankündigen.

Um 23 Uhr läutet das Mobiltelefon: Ottokar ist am anderen Ende der Leitung. Ein Begehungsscheininhaber hat einen Überläufer beschossen, der laut seiner Aussage geschätzt 50 kg wiegt. Am Anschuss sind Knochensplitter zu finden, hohl, spitz und scharfkantig, sodass ein Laufschuss die vorläufige Diagnose ist.

Ottokars Jagd befindet sich am Rand des Langenauer und Leipheimer Naturschutzgebietes. Mehrere 100 Hektar Sumpf, Schilf, verfilzte Weidengehölze und unter Wasser stehende Bruchwälder sind ein Paradies für seltene Pflanzen, Insekten, Amphibien, Vögel und Biber. In den letzten 20 Jahren hat sich hier auch das Schwarzwild eingebürgert. Auf den umgrenzenden Feldern und Wiesen sind Jahr für Jahr große Schäden zu vermelden.

Aufsteigender Nebel im Herbst und Winter erschwert die Bejagung per Ansitz. Für Drückjagden finden sich kaum Hundeführer mit Stöberhunden, denn sie scheuen aus verständlichen Gründen das Risiko. Infolge massivster Dickungsbereiche, Sumpf und Schilf kann man den stellenden Hunden hier nicht zu Hilfe eilen und im Schlamm und Wasser können die Hunde annehmenden Sauen kaum ausweichen.

Aber als Nachsuchenführer darf man sich nicht drücken und so stehe ich am nächsten Morgen mit sorgenvoller Miene am Anschuss. Das Wetter ist sonnig und es herrscht leichter Bodenfrost, der stillstehende Wasserflächen mit einer dünnen Eisschicht überzogen hat.

Artus verweist den Anschuss und dringt in einen total von Weidengestrüpp verfilzten Windschutzstreifen ein.

Eine normale Gangart ist hier nicht möglich. Seitwärts auf den Schultern liegend folgen Begleiter und Nachsuchenführer dem stark im Riemen liegenden Hund. Laufend hängen Hund oder Nachsuchenführer fest. Bei solchen Nachsuchen muss ein Schweißriemen eine Überlänge von mindestens 15 Meter haben. Das Material sollte signalfarben sein und aus Biothane bestehen, denn ein brauner Lederriemen ist vom vorgreifenden Begleiter schlecht zu erkennen und führt dadurch zu unnötigen Zeitverzögerungen.

In Gelände, wo Hund und Nachsuchenführer leicht festhängen, sollte ein signalfarbener Schweißriemen aus Biothane verwendet werden, damit ein vorgreifender Helfer diesen leichter erkennt.

Der Begleiter arbeitet sich seitwärts am Gespann vorbei und lässt den Riemen bis zum Ende durch die Hand laufen. Der Nachsuchenführer greift dann wieder bis zum Begleiter vor. So geht es Meter um Meter mühsam voran. Wasser und Schlamm dringen eiskalt in die Kleidung. Artus ist über und über schlammverschmiert.

Passion und Fährtensicherheit des Rüden sind unglaublich. Ab und zu finden wir sehr wenig Schweiß, manchmal tief abgestreift. Nach 600 Metern erreichen wir den bayrisch-württembergischen Grenzgraben, den wir überqueren. Ab hier waten wir teilweise bis zu den Knien im eiskalten Wasser durch Schilfgebiete mit bürstendickem Weidengestrüpp.

Ist das Gelände sehr undurchsichtig und die kranke Sau direkt vor einem, hat es sich bewährt, bis zum Hund vorzugreifen und diesem direkt zu folgen, um beim Annehmen vor dem Hund einen Fangschuss antragen zu können.

Plötzlich bleibt Artus stehen, gibt Laut und springt in den Riemen. Wir hören die Sau wetzen und dann ihr platschendes Flüchten im Wasser. Ab jetzt ist absolute Vorsicht geboten! Im Schilf kann der Hund der annehmenden Sau am Riemen nicht ausweichen. Deshalb greife ich bis zum Hund vor, während der Begleiter den Riemen am hinteren Ende festhält. Dem stark im Riemen liegenden Hund wird in langsamster Gangart gefolgt. Nimmt die Sau jetzt an, kann ich noch versuchen, kurz vor dem Hund den Fangschuss anzutragen. Auch in Biomaisfeldern hat sich diese Vorgehensweise bewährt.

Nach ewig lang erscheinenden 200 Metern höre ich die Sau im dichten Schilf vor uns wetzen und rumoren. Ich ziehe den Hund zurück und öffne die Schweißhalsung. Artus verschwindet im Schilf. Hatzlaut, Platschen, nach 150 Metern wütender Standlaut.

Für diese Strecke benötigen wir fast 30 Minuten. Als wir 20 Meter vor dem Bail sind, brechen Sau und Hund deutlich hörbar im Wasser sich bewegend vor uns weg. Nach 250 Metern zeigt das Navi wieder an, dass der Hund die Beute gestellt hat. Diesmal benötigen wir fast eine Stunde, um in die Nähe des Standlautes zu kommen.

Die Sau lässt uns fast auf 10 Meter auflaufen und flüchtet, den Hund mitnehmend, fast 300 Meter. Drei Vorstehschützen stehen am Rand des Schilfgebietes und können nicht eingreifen.

Erschöpft machen wir 30 Minuten Pause. Unentwegt höre ich Artus in dieser Zeit am Stück Laut geben. Wir können dem Hund in dieser Zeit nicht zu Hilfe eilen.

Wir dirigieren die Vorstehschützen per Funk in die voraussichtliche Fluchtrichtung und waten durch Schlamm, Wasser und Schilf Richtung Standlaut. Wieder bricht das Stück vor uns weg.

Das Navi zeigt nach 20 Minuten an: Hund hat in 500 Meter Entfernung die Beute gestellt. 500 Meter in diesem Gelände – wie sollen wir das schaffen?

Zugegeben: Resignation macht sich breit. Aber wir können nicht abbrechen, solange der Hund am Stück ist und keine Anstalten macht, davon abzulassen. Wir waten aus dem Sumpf heraus und umschlagen in großem Bogen halbwegs trockenen Fußes das Schilfgebiet, um uns dann aus entgegengesetzter Richtung zum Standlaut vorzuarbeiten.

Und wieder gelingt es uns nicht, einen Fangschuss anzutragen. Schilf und Weidengestrüpp sind einfach zu dicht. Rücken wir näher, flüchtet die Sau wiederholt. Solange es uns nicht gelingt, das Stück in offeneres Gelände zu drücken, werden wir keine Chance haben.

Inzwischen sind sechs Stunden vergangen. Da überqueren drei Sauen den einzigen Grasweg, der mitten durch das Naturschutzgebiet führt. Die letzte Sau ist auffällig langsam. Ottokar schießt, trifft aber leider nicht.

Aber es gelingt uns wenigstens, den verfolgenden und inzwischen total erschöpften Artus abzurufen. Er muss endlich eine Pause machen und bekommt, bevor auch wir etwas essen und trinken, eine Portion Kraftfutter zugeteilt.

Die Fluchtrichtung der drei Sauen führt in offeneres Gelände. Hoffnung keimt auf und mein Jagdfreund Ottokar, den man auch in die Kategorie „Harter Knochen" einordnen kann, ordnet an: „Wir machen weiter."

Artus wird wieder an den Schweißriemen genommen und wir finden nach 200 Metern erneut tief unten abgestreiften Schweiß. Artus ist müde und bleibt an einen Wasserlauf stehen. Deutlich ist zu sehen, dass die Sau die dünne Eisschicht brechend und watend überwunden hat. Artus will nicht weiter. Völlig erschöpft bleibt er stehen. Ich nehme den Rüden auf den Arm und trage ihn – bis über die Knie im eiskalten Wasser laufend – ans andere Ufer. Auf festem Boden wieder angesetzt, sucht er mit tiefer Nase langsam weiter. Nach einigen Metern springt er plötzlich wie elektrisiert, Laut gebend in den Riemen.

Vor uns steht eine kapitale Sau auf und flüchtet langsam.Ottokar ragiert am schnellsten.

Im Knall bricht das Stück zusammen.

Wir trauen unseren Augen nicht. Vor uns liegt ein riesiger Keiler. Aufgebrochen bringt er 147,5 kg auf die Waage! Die vorläufig geschätzte Waffenlänge beträgt 24 cm.

Die ursprüngliche Schussverletzung war ein tiefer Hinterlaufschuss unter dem rechten Kniegelenk. Glaubt man den Schilderungen erfahrener alter Jäger in unserer Region, ist noch niemals ein solcher Keiler, noch dazu bei einer Nachsuche, zur Strecke gekommen. Noch

Alte Keiler verlassen ihren Einstand ungern.

Ein Monster. Es ist der stärkste Keiler der in unserer Region erlegt bzw. durch eine Nachsuche zur Strecke gehkommen ist.

steht uns die Bergung bevor. 7,5 Stunden haben wir ihn nachgesucht. Nun dauert es erneut drei Stunden, bis wir ihn zu viert aus dem Naturschutzgebiet geborgen haben. Kreisrund steht der Mond am Himmel, als wir mit unserer Beute in Richtung Jagdhütte aufbrechen.

Eine Erkenntnis habe ich gewonnen: Alte Keiler verlassen ihren Einstand ungern.

In der Jagdhütte wartet ein kaltes Buffet auf uns. Artus bekommt einen Ehrenplatz auf der Sitzbank. Müde legt der Rüde seinen Kopf auf die Tischplatte. Von den Jägen mit feinster Wurst und Schinken dankbar gefüttert, genießt er seine Rolle als Hauptdarsteller einer denkwürdigen Nachsuche. Wir sind stolz auf Artus und auf das funktionierende Nachsuchenteam.

Aber ehrlich gesagt – noch einmal möchte ich solche Situationen nicht erleben.

Worst Case – die Angst, seinen Hund zu verlieren

Sonntag, den 11. Februar, klingelt um 9.30 Uhr mein Handy. Ein Anruf um diese Zeit bedeutet nichts Gutes. Meine Ahnungen bestätigen sich:

Ein Stück Schwarzwild wurde nachts gegen Mitternacht sehr steil nach unten und von vorn spitz in einer großen Suhle stehend bei grenzwertigen Lichtverhältnissen beschossen. Bei solchen fehlerhaften Gegebenheiten muss ein Nachsuchenführer schweigen und jede Kritik am Schützen unterlassen. Das ist nicht immer einfach ...

Im Knall brach die Sau in der Suhle kurz zusammen, wendete sich dann und flüchtete den Gegenhang hinauf.

Pirschzeichen im aufgewühlten Schlamm der Suhle zu finden, ist aussichtslos. Aber nach der Suhle ist in Fluchtrichtung 30 cm breit gewendetes Buchenlaub mit Schweiß zu erkennen, der nach 30 Metern allerdings am Boden nur noch sporadisch zu finden ist, dafür einmal etwa 20 cm hoch abgestreift ist.

Artus liegt fest im Riemen. Einmal korrigiert er sich bogenschlagend. Seine Körpersprache ist eindeutig: Er ist noch auf der Fährte.

In der Schwäbischen Alb sind Nachsuchen keine Erholungsspaziergänge. Fast zwei Stunden arbeiten wir uns – teilweise auf allen Vieren – durch Buchenanflug, Fichteninseln und Brombeeren.

Meine Vermutung ist ein Krellschuss.

Ich werde vom Jagdpächter begleitet. Fast 3 km sind wir laut Navi unterwegs, als es extrem steil nach unten geht. Der Hang ist übersichtlich, unten erkennen wir ein breites den Hang entlanglaufendes Wiesental.

Dann geht alles viel zu schnell. Auf halber Höhe gibt Artus Laut, steigt wie ein Berserker in den Riemen und reißt mich nach vorn um. Kopf und Schulter schlagen hart auf den felsigen Hang auf. Zwanzig Meter vor uns flüchtet die Sau nach links.

Im rechten Arm habe ich durch den Aufprall keinerlei Kraft mehr. Ich versuche noch mit links den Riemen zu ergreifen und den Hund zu stoppen – keine Chance. Artus hetzt mit Riemen.

Mühsam stehe ich auf und übergebe meinen Semprio nach kurzer Einweisung samt Navi meinem Begleiter. In einem solchen Zustand kann ich weder dem Hund schnell folgen noch mit nur einem funktionsfähigen Arm den Fangschuss antragen. Weit weg sich entfernend, höre ich den Hatzlaut meine Hundes ... der in Richtung einer stark und einer weniger stark befahrenen Landstraße geht. Zugegebenermaßen macht sich Angst breit. Von meinem Begleiter ist nichts mehr zu sehen. Nach einer Stunde erreiche ich eine Landstraße.

Im Gegenhang versperren mir nach 100 Metern hangaufwärts steile Felsen den Weg. Aussichtslos – ich weiß nicht, wo Hund und Begleiter sind.

Deshalb gehe ich zur Straße zurück und versuche den Verkehr zu beruhigen bzw. zu verlangsamen. Das gelingt nicht immer. Trotz signalfarbiger Nachsuchenkleidung fahren manche Autofahrer unverändert schnell weiter. Es ist total frustrierend.

Schließlich höre ich weit weg und undeutlich dumpf klingend ein dreimaliges wummerndes Geräusch. Etwas Hoffnung macht sich breit. Waren das drei Fangschüsse?

Nach einer weiteren Stunde kommt mir auf der Straße endlich ein Geländewagen entgegen.

Meine erste Frage: „Wo ist Artus?“

Antwort: „Sitzt auf dem Rücksitz.“

Die 2. Frage: „Die Sau?“

„Liegt im Kofferraum“, ist die Antwort.

Ein Stein – nein ein Felsen – fällt von mir ab. Artus hetzte die Sau am Riemen (man muss sich das einmal vorstellen) laut Navi über 2 km und stellte sie 300 Meter vor der nächsten Landstraße in einem Fichtenhorst.

Die Sau nahm den tüchtigen Jäger zweimal an. Drei gut sitzende Fangschüsse beendeten das Drama.

Ursprüngliche Schussverletzung: Streifschuss an Teller und Träger sowie das rechte Schultergelenk von außen touchiert.

Dass mein rechtes Schultergelenk ebenfalls lädiert ist, finde ich hinterher beträchtlich komisch, denn somit war das meine erste Nachsuche, wo Sau und ich an gleicher Stelle Schmerzen verspürten.

Artus gegen Thomas

Am 23.02.2017 überzog das Sturmtief Thomas Baden-Württemberg mit Windgeschwindigkeiten bis zu 100 km in der Stunde. Kein Ansitzwetter – wer sitzt schon bei solchen Wetterverhältnissen auf Sauen an?

In der Nacht zum 24. Februar rütteln Sturm und Regen an den Fensterläden meines Hauses – nichts, aber auch gar nichts deutet bei diesem Wetter auf eine Nachsuche hin.

Doch dann klingelt am nächsten Morgen mein Handy. Gegen 12 Uhr nachts wurde eine Sau auf 130 Meter Entfernung beschossen. Eine Nachsuche in der Nähe des Kernkraftwerkes Gundremmingen kündigt sich an.

Eine Stunde später stehe ich am Anschuss. Soweit mein Auge blickt, ringsum völlig ebenes Gelände mit kurz geschorenen Wiesen. Zusätzlich hat es in der Nacht stark geregnet und manche Wiesen stehen bis zu 2 cm unter Wasser.

Etwa 3 km links vom Anschuss sehe ich die beiden Kühltürme des Kernkraftwerkes. Ein Kühlturm ist außer Betrieb. Der Wasserdampf des 2. Turmes wird waagerecht von den Restausläufern des Sturmtiefes Thomas weggeblasen.

Ich reiße einige Grashalme aus und halte meine geöffnete Handfläche mit den Halmen knapp über der Grasoberfläche. Der Starkwind bläst die Halme aus meiner Hand. Jetzt weiß ich, was auf uns zukommt.

Anschuss und Fluchtrichtung sind nur ungenau bekannt.

Ich lasse Artus vorsuchen. Er kreist und kreist mehrere Minuten und verweist dann endlich, ohne dass wir an dieser Stelle eine Bestätigung finden können, doch er nimmt anscheinend die Krankfährte auf.

Überall haben die Sauen auf den Wiesen gebrochen, sodass auch ein Trittsiegel nicht unbedingt die Richtigkeit der Arbeit des Hundes bestätigen kann.

Nach jeweils 30 bis 50 Metern verliert der Hund die Fährte immer wieder. Er greift zurück, sucht, verweist. Jeden dieser Verweiserpunkte untersuchen wir mehr als genau, fast akribisch. Endlich haben wir nach 2 km eine Bestätigung der Arbeit des Hundes: Ein winziger Tropfen Schweiß!

Weit und breit weder Hecken noch andere Deckungsmöglichkeiten, wo sich eine kranke Sau einschieben könnte. Anfänglich vermutete ich, dass die Sau die Auenwälder der Donau um das Kernkraftwerk annehmen würde, doch die Fluchtfährte geht in die entgegengesetzte Richtung. Immer wieder greift Artus zurück. Man hört sein heftiges Ein- und Ausatmen und ich frage mich, wie lange er diese Beanspruchung noch aushalten kann. Wir sind inzwischen 4 Stunden unterwegs, als wir einen Entwässerungsgraben erreichen.

Passieren kranke Sauen Gräben, so finden sich am Ausstieg eher Pirschzeichen als am Einstieg.

Entwässerungsgräben sind hervorragende Indikatoren. Je steiler Ein- und Ausstieg sind, desto höher ist die Wahrscheinlichkeit, dass – meistens am Ausstieg – Pirschzeichen gefunden werden. Tatsächlich finden wir hier etwa in 10 cm Breite am Gras wenig, aber doch gut sichtbar abgestreiften Schweiß. Damit steht fest: Das Stück streift am Bauch unten ab. Waidwundschuss?

Die Zunge von Artus färbt sich blau. Wir müssen eine Pause von 30 Minuten einlegen. Den Hund jetzt zu überfordern, würde das Ende der Nachsuche bedeuten.

An Erhöhungen in der Landschaft kommt es zu Luftverwirbelungen.

Schließlich geht es weiter. Fast 5 Stunden sind wir unterwegs, als wir einen Feldweg erreichen, der ca. 30 cm höher steht als die

Wiesen. Dadurch verwirbeln sich durch den Starkwind die Geruchspartikel der Krankfährte. Mehrfach versucht Artus diese Hürde zu überwinden. Immer wieder greift er zurück, doch es gelingt ihm nicht.

Wir sind inzwischen in der Nachbarjagd angelangt und informieren den zuständigen Jagdpächter. Da wir die Ländergrenze zwischen Baden-Württemberg und Bayern überschritten haben, gilt ab hier die gesetzliche Wildfolge.

In etwa 1,5 km Entfernung sehe ich in Fluchtrichtung einen Schilfgürtel. Jetzt wird mir klar, wo sich die Sau eingeschoben hat.

Wir machen noch einmal 20 Minuten Pause, dann lasse ich Artus am Schilfgürtel vorsuchen. Wiederholt prüft der Rüde in den Schilf hineinführende Wechsel und dreht nach 5 bis 10 Metern wieder um.

Kein Schweiß macht uns Hoffnung, als Artus einen Wechsel annimmt und ihm weiter folgt. Nach 50 Metern immer noch kein Schweiß, doch als ich anhalte, gibt er Laut und will weiterarbeiten. Ich weiß: Artus irrt sich nicht.

Nachsuchen im sumpfigen Schilf sind brandgefährlich! Ich weise meinen Begleiter an, das Zielfernrohr von seinem Repetierer zu entfernen. Er muss jetzt direkt hinter dem Hund laufen. Am Ende des Schweißriemens bestimme ich das jetzt sehr langsame, fast zeitlupenmäßige Arbeitstempo. Es muss nun absolute Ruhe herrschen. Artus liegt wie ein Berserker im Riemen. Zweifellos spürt der erfahrene Hund das Finale nahen. Nach geschätzten 300 Metern im Schilf gibt Artus Laut. Es ist der Laut, den ich allzu gut kenne: Tief und bassig.

Nachsuchen im sumpfigen Schilf sind gefährlich!

Mein Ruf: „Hund ist vor der Sau“ und der Knall der Schusswaffe meines tüchtigen Begleiters sind gleichzeitig.

Nach 6,5 km Riemenarbeit und fast 6 Stunden Arbeitszeit ist eine sehr schwere Nachsuche zu Ende. Das Keilerchen mit knapp 40 kg hatte einen tiefen Waidwundschuss und hat nach 16 Stunden noch gelebt.

Der Schachtelhalmwald

Es ist wie es immer ist.Auf dem Nachttischkästchen Vibrationsalarm. Schlaftrunken greife ich nach dem Handy .

Ich kenne die Handy Nummer.Es steht eine Nachsuche in einem Donauauenrevier an.

Auf der schwäbischen Alb haben die Sauenbestände wegen Trockenheit und Einsatz von Nachtziehltechnik stark abgenommen.

In den Auenwäldern von Donau und Iller jedoch sind die Sauenbestände noch höher.

Der Jagdpächter führt u.a. einen Drahthaarfoxterrier der schon eine größere Anzahl von Nachsuchen durchgeführt hat.

Der Hund ist natürlich kein Spezialist arbeitet aber trotzdem gut auf Schweiß und wird auch zum Stöbern eingesetzt. Leichte und auch mittelschwere Totsuchen meistert er zuverlässig. Deshalb wird er für Totsuchen nachts eingesetzt.

Das ist auch sinnvoll weil sonst das Stück über Nacht verhitzt oder vom Fuchs angeschnitten wird.Wird die Nachsuche zu schwierig wird abgebrochen.In diesem Revier gibt es eine unumstößliche Regel :Jeder Schuss wird nachgesucht egal ob getroffen oder nicht .Und so stehe ich am nächsten Morgen am Treffpunkt.

Als ich mir den Anschuss ansehe kommen Erinnerungen hoch. Es ist innerhalb von 30 Jahren das dritte Mal, daß ich einen gleichartigen Anschuss stehe.

Eine 15 cm breite und fast 2 Meter lange Schweißspur auf dem Gras der Wiese.

Das erste mal sah ich dieses Pirschzeichen vor 18 Jahren bei einer Nachsuche in der Nähe von Ottobeuren.

Ich konnte mir keinen Reim daraus machen. Meinen unvergessenen Cliff vom Rieskopf angesetzt. Nach dem Anschuss fast kein Schweiß in der Fluchtfährte. Nach 400 Meter gibt der Rüde laut und will geschnallt werden.

Hinter einen querliegenden Stamm hat sich die Sau eingeschoben. Fangschuss – Ende.

Es war ein Treffer durch die Kehle. Die Drossel war durchschossen. Nach einer Nacht hat das Stück noch gelebt. In so einem Fall ist der Tod eine Erlösung.

Das zweite Mal war es wieder mit Cliff bei Illertissen. In einer Rückegasse das gleiche Bild: 2 Meter eine 15 cm breite Schweißspur im Schnee. Das dauert nicht lange sagte ich zu meinem Begleiter. Inzwischen habe ich gelernt den Mund nicht zu voll zu nehmen.Immer weniger Schweiß in der Fährte. Wir durchqueren eine Abteilung nach der Anderen und brechen nach 7 Stunden und geschätzt 8 km ab.

Macht nichts – morgen ist auch noch ein Tag. Außerdem habe ich eine Ehefrau die sich ums Geschäft kümmert und den Narreteien ihres Mannes freien Lauf läßt. Am nächsten Tag setzen wir wieder an. Es ist bitter kalt. Und wir laufen und laufen. Greifen manchmal mit Vorstehschützen vor um Zeit zu sparen. Ja verdammt noch mal -warum gibt die Sau nicht auf .Die Zeit verrinnt und bei Einbruch der Dunkelheit verlieren wir in einem Kiefernbestand die Fährte. Aus und vorbei.Eine geschlagene Truppe tritt in der Nacht den zweistündigen Heimweg an.

Und jetzt stehe ich am Anschuss in diesem vorbildlichen betreuten Revier unserer Kreisgruppe und der gleicht dem von Ottobeuren und Illertissen wie ein Ei dem anderen.

Ohne jemals Schauspielunterricht genommen zu haben setze ich meine Sachverständigenmimik

auf und sage bedeutungsschwanger :Das ist ein Treffer im Kehlbereich und ergänze :Das kann schwer werden.

Meine Begleiter, die Vorgeschichte nicht kennend, schauten etwas zweifelnd aus der Wäsche.

Aber unter Umständen hat die Kugel die Halsschlagader gestreift und das Stück liegt nach wenigen 100 Metern verendet in der Fährte.

Vor 9 Jahren hat mein Artus in einem anderen Donau Auenrevier viermal am Riemen die Geleise überquert .Am nächsten Tag standen wir vor der inzwischen verendeten Sau .Fast 10km legten mein Artus damals zurück.

Jetzt schlägt die Stunde meines Eras. Auenwälder sind Fitnesscenter für Nachsuchenführer. Sämtliche Gangarten von robbend, kriechend, gebückt und aufrecht sich bewegend sind ein Fitnesstraining der besonderen Art.

Weiterhin hat man noch die Gelegenheit an einer kostenfreien Kneippkur teilzunehmen. Selbstverständlich dürfen auch beim Durchwaten von sumpfigen Stellen kühle Schlammpackungen nicht fehlen.

Muss mal mit der AOK verhandeln ob ich da eine Gutschrift beantragen kann.

Wir kriechen,robben sind klatschnass bis zur Hüfte und sehen aus wie verdreckte Säue (am Geruch wird noch gearbeitet) – sind aber guter Dinge.Noch sind wir auf der Fährte.Halten wir an beißt Eras winselnd in die Sträucher und zeigt unmißverständlich an: Nicht schlappmachen – weiter geht's.

Nach fast 3 Stunden kommen wir an eine große lichte Stelle. So etwas habe ich noch nie gesehen: Überall kniehoch wächst Schachtelhalm.Viele Sauenwechsel durchziehen diesen Biotop.Das muss ein bevorzugter Aufenthaltsort der Sauen sein. Ein Wechsel nach dem Anderen und es riecht wie im Saustall.

Und da gibt Eras laut und springt in den Riemen .Die Sau steht auf und bleibt uns den Pürzel zeigend nach 2 Metern schwer krank stehen.Fangschuss - Ende -Aus und vorbei.

Nach über 3 Stunden war liegt vor uns die Sau mit einem Kehlschuss – was sonst ?

Richtiges Verhalten des Jagdpächters, gute Begleiter und Eras.

Da hat mal wieder alles gepasst. Die gezeigte Leistung meines Eras läßt für die Zukunft hoffen.

Rehwildnachsuchen

Rehwildnachsuchen unterscheiden sich erheblich von Nachsuchen auf Schwarzwild.

Erst wenn der Hund mehrfach erfolgreich Schwarzwild gehetzt und gestellt hat, wird mit Rehwildnachsuchen begonnen.

Sie sind statistisch gesehen erfolgloser. Beim Rehwild werden zwar über eine Million Stück gestreckt, doch diese Wildart hat bei der Nachsuche ihre eigenen Gesetze.

Verhalten von beschossenem Rehwild

Rehwild lebt territorial. Es flüchtet nach dem Schuss in seinen Einstand und verlässt diesen nicht, solange es in Ruhe gelassen wird. Die Einstände sind nicht groß. Im Allgemeinen kann man davon ausgehen, dass das Stück im Umkreis von 150 bis 600 Metern liegt. Doch immer wieder werden von den Jägern die gleichen Fehler gemacht:

- Das Stück wird nachts mit Taschenlampen bewaffnet aufgemüdet.
- Der Hund wird kurz nach dem Schuss geschnallt.

Gehetztes Rehwild stellt sich nicht.

Ist das Stück nicht krank genug (z. B. Laufschuss), kann die Hatz erfolglos sein, denn gehetztes Rehwild stellt sich nicht.

Erschwerend kommt hinzu, dass die Bodenverwundung von Rehwild geringer ist als z. B. bei einem Frischling von 30 Kilogramm. Dadurch ist nach ca. 8 Stunden eine durch Rehwild verursachte Bodenverwundung für den Hund fast nicht mehr wahrnehmbar. Diese Zeitspanne ist ein guter Richtwert, um die Erfolgschancen einer Nachsuche im Vorfeld zu beurteilen. Ohne Schweiß hat der auf die Bodenverwundung eingearbeitete Schweißhund also nach 8 Stunden kaum eine Chance mehr, die Fährte vorwärtszubringen. Lauf- und Krellschüsse schweißen nach einiger Zeit nicht mehr, sodass hier die Erfolgschancen beständig sinken.

Rehwild drückt sich und flüchtet vor dem Nachsuchengespann – häufig in Richtung Anschuss zurück. Dem spurlaut auf der Fährte jagenden Hund entzieht sich das Wild durch Widergänge. Jeder Jäger kann dieses Verhalten bei Bewegungsjagden beobachten. Hetzen auf Rehwild sind manchmal deshalb erfolglos, weil der Hund

Die Bodenverwundungen durch Rehwild sind gering, sodass die Fluchtfährte umso schwerer zu halten ist, je länger die Stehzeit wird.

beim heutigen modernen Waldbau infolge dichten Bestandes keinen Sichtkontakt zum Wild bekommt. Kommt es zur Hatz, ist davon auszugehen, dass das Rehwild in einem großen Bogen wieder seinen Einstand annimmt.

Eine weitere typische Verhaltensweise von beschossenem Rehwild ist, sich überlaufen zu lassen.

Organisation von Nachsuchen auf Rehwild

Da Rehwild häufig zum Anschuss zurückflüchtet, muss das infrage kommende Einstandsgebiet mit Schützen abgestellt werden. Auch bei der Hatz sind gut postierte Schützen von Vorteil, denn das Rehwild flüchtet häufig zum Anschuss zurück. Der Erfolg einer Nachsuche auf Rehwild ist somit stark abhängig von der Mitarbeit der Jäger als Vorstehschützen und Beobachter.

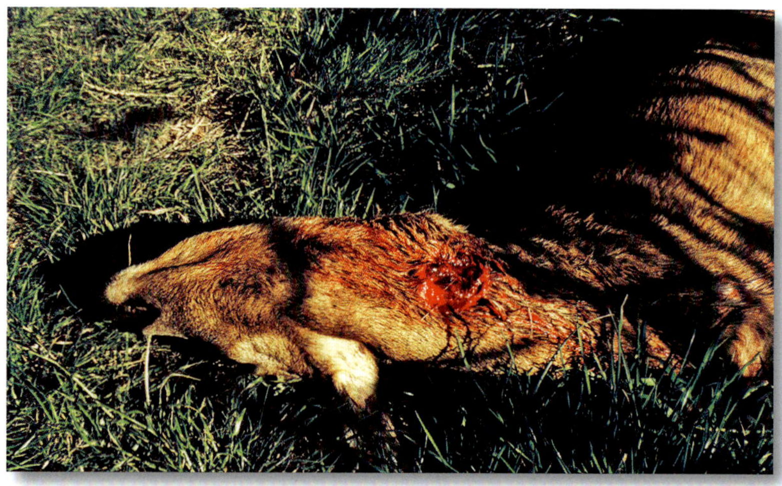

Missglückter Trägerschuss, Wundfährte 600 Meter, Hetze 300 Meter.

Bei Laufschüssen ist mindestens eine Stehzeit von 4 Stunden einzuhalten, damit das Stück durch Blutverlust und Wundfieber geschwächt ist. Kürzere Hetzen sind die Folge.

Bei Äser-, Gebrech-, Krell- und Laufschüssen bei Rehwild müssen Jäger als Schützen oder Beobachter vorhanden sein.

Es darf nicht vorkommen, dass man das Funkgerät ausschaltet und beim Hören von Stellen und Niederziehen nichts unternimmt.

Bei Laufschüssen sollte man vier bis fünf Stunden warten, bis das Stück, durch Wundfieber und Blutverlust geschwächt, erfolgreich gehetzt werden kann.

Nachsuchenberichte

Schüsse auf Träger und Haupt

Der Bock von Krumbach

Es ist einer jener Tage im Mai, die man sich als Nachsuchenführer nicht wünscht. Es ist kalt und regnerisch und der Wetterbericht verspricht keinerlei Besserung. Gegen Mittag klingelt mein Handy. Ein Jäger aus Krumbach hatte in den frühen Morgenstunden auf eine Entfernung von 150 Meter einen Bock beschossen. Mit zwei nacheinander suchenden Hunden wurde vergeblich versucht, das Stück zu finden.

Als ich in meinen Wagen steige, fängt es immer stärker zu regnen an. In Krumbach am Treffpunkt angekommen, haben sich die Wetterverhältnisse weiter verschlechtert und der Regen geht wolkenbruchartig nieder.

Regen verwässert den Schweiß und lässt ihn farblich anders wirken.

Mit einem Bruch hat der Jäger den Anschuss markiert. An einem Grashalm finde ich einen verwässerten hellroten Tropfen Schweiß. Ein stürmischer Wind peitscht uns die Regentropfen ins Gesicht. Cliff kreist um den Anschuss und ich sehe sofort, dass er bei diesen Witterungsbedingungen die Fährte nicht aufnehmen oder weiterbringen kann.

Bei Sturm und Starkregen ist das Halten einer Fährte im freien, offenen Gelände kaum möglich.

Ich lasse mir den Einwechsel in den Fichtenwald zeigen und markiere diese Stelle mit einem roten Signalband.

Dann laufe ich 30 Meter nach rechts und lasse den Hund in Richtung Markierung vorsuchen. Cliff überläuft die Markierung. Jetzt setze ich den Rüden 30 Meter links von der Markierung an und suche wieder in Richtung Einwechsel vor. Und wiederum überläuft der Hund die Markierung. Nun bringe ich die Markierung innerhalb des Bestandes an. 30 Meter innerhalb des Waldes lasse ich Cliff in Richtung Einwechsel vorsuchen. Da bleibt er stehen, verweist kurz und geht im rechten Winkel nach rechts. Ich schaue zum Waldrand und erkenne die innen angebrachte Markierung. Das könnte stimmen, denke ich und folge meinem sehr langsam arbeitenden Hund.

Im Bestand ist weniger Sturm und Regen. Hier kann eine Vorsuche in Richtung Fluchtfährte hilfreich sein.

Mit dem beschriebenen Vorgehen können wetterbedingte Probleme manchmal gelöst werden.

700 Meter arbeitet der Rüde im Fichtenaltholz, als es eine Senke hinuntergeht. Eine Traktorspur steht voller Wasser und am Rande derselben sehe ich das gespreizte Trittsiegel eines Rehs. Scheinbar versucht das Stück, durch ungleichmäßige Belastung des Körpers dem Schmerz auszuweichen.

100 Meter vor uns ist eine Blöße mit 50 Metern Durchmesser. Sollte hier der Einstand des Bockes sein? Zu unserer Enttäuschung arbeitet Cliff links an der Blöße vorbei. Der Regen hat auch im Inneren des Fichtenbestandes jeden Tropfen Schweiß weggewaschen und wir haben keinerlei Bestätigung für die Richtigkeit der Arbeit des Hundes.

Doch Cliff hat die Nase unten und ich erkenne an seinem mehrfachen Korrekturverhalten, dass er noch auf der Fährte ist, aber Probleme hat, diese zu halten.

Da biegt der Rüde nach links ab. Im gleichen Moment fasst mich von hinten mein Begleiter an der Schulter und zeigt nach vorn. „Da liegt er", sagt er trocken.

Die Kugel hatte den Trägeransatz am Stich geöffnet. Des Bockes letzte Fährte war 900 Meter lang.

In Anbetracht der ergebnislosen Vorsuche von zwei Hunden und der vorherrschenden Witterungsbedingungen war es eine sehr gute Arbeit meines Schweißhundes.

Die Lüge

Es wird niemals so viel gelogen
wie vor der Wahl,
während des Krieges
und nach der Jagd.

(Otto von Bismarck)

Es ist Januar. Nachts sinken die Temperaturen auf minus 15 °C. Ein Jagdpächter einer kleinen Jagd am Rande der Stadt Ulm berichtet mir empört, dass Spaziergänger ein Reh aufgemüdet haben. Am Träger des Stückes würde „etwas Rotes" heraushängen.

Gegen 12 Uhr sind wir vor Ort. Eine große Anzahl von Rehwildfährten ist im Schnee zu sehen, aber es liegt in keiner Fährte Schweiß. Ich lasse Cliff vorsuchen. Etwas zögerlich fällt er eine Fährte an. Nach 20 Metern spannt sich der Riemen und in seiner unvergleichlichen Art und an seiner Körpersprache erkenne ich, dass er irgendetwas an der von ihm ausgewählten Fährte bemerkt hat. Allerdings können wir keinerlei Bestätigung für die Richtigkeit seiner Arbeit feststellen. Das Fährtenbild weist keinerlei Auffälligkeiten auf und nicht der kleinste Tropfen Schweiß ist zu sehen. Anscheinend sorgen die Schutzmechanismen des verletzten Wildes dafür, dass sich die Wunde geschlossen hat und nicht mehr schweißt. Unter Umständen ist auch die extreme Kälte für einen Blutungsstopp verantwortlich.

Häufig führen natürliche Schutzmechanismen zu einem Blutstopp, sodass kein Schweiß gefunden wird.

Nach 800 Metern Riemenarbeit befinden wir uns auf einem vermutlich im 2. Weltkrieg im Wald aufgeschütteten Damm. Plötzlich bleibt Cliff stehen und springt dann Laut gebend in den Riemen. 50 Meter vor uns flüchtet das Stück in eine mehrere Hektar umfassende Dickung. Deutlich erkenne ich im Drosselbereich große heraushängende Fleischfetzen.

Die Stadt Ulm ist umgeben von autobahnähnlichen Tangenten und Schnellstraßen. Ein Schnallen des Hundes ist hier aus Sicherheitsgründen problematisch. Zum Glück zeigt die Fluchtrichtung nicht in Richtung einer Straße.

Ruhig gehe ich bis zum Absprung des Stückes. Cliff winselt und beißt in den Riemen. Unmissverständlich gibt er zu verstehen, dass er geschnallt werden will. Von Riemen und Halsung gelöst, verschwindet er in der Dickung. Nach zwei Minuten ertönt giftiger Hetzlaut. Dann ist es still.

Mit einer zerschossenen Drossel kann das Stück nicht mehr klagen. Im Schnee laufe ich die Hatzfährte aus. Cliff hält ein Kitz an der Drossel fest – oder vielmehr an dem, was davon noch übrig geblieben ist. Ich fange es ab.

Der Träger des Stückes ist unterhalb des Unterkiefers durchschossen. Drossel und Wildbret hängen nach unten. Eine furchtbare Schussverletzung. Unfassbar, dass das Kitz die Nacht mit dieser schweren Verletzung überlebt hat.

Der Jagdpächter bemerkt noch lautstark, dass vermutlich sein Jagdnachbar diesen unwaidmännischen Schuss zu verantworten hat.

Drei Jahre später halte ich einen Vortrag vor den Jägern des Hegeringes Ulm. Bei der dazugehörenden Diashow wird auch das Kitz mit dem missglückten Trägerschuss gezeigt.

Nach der Veranstaltung spricht mich ein Jäger an. Er kenne das Kitz, sagt er. Mit seinem Deutsch-Drahthaar habe er am Abend vor meiner Nachsuche das Stück erfolglos nachgesucht. So muss ich nach drei Jahren erfahren, dass der Sohn des Jagdpächters, der mir den Nachsuchenauftrag verschaffte, der Unglücksschütze war.

Am nächsten Abend suche ich den Betreffenden in seiner Jagdhütte auf. Ich zeige ihm das Foto und sage: „Ich weiß jetzt, wer auf das Stück geschossen hat." Der Mann wird blass und entschuldigt sich für seine Lüge.

Nach anfänglichen Problemen hat das Verhalten des Jägers der gemeinsamen zukünftigen Zusammenarbeit keinen Abbruch getan. Wenn nötig, werde ich immer noch zur Nachsuche in dieses Revier geholt. Vertrauen schafft Vertrauen. Wir sind jetzt gute Freunde geworden.

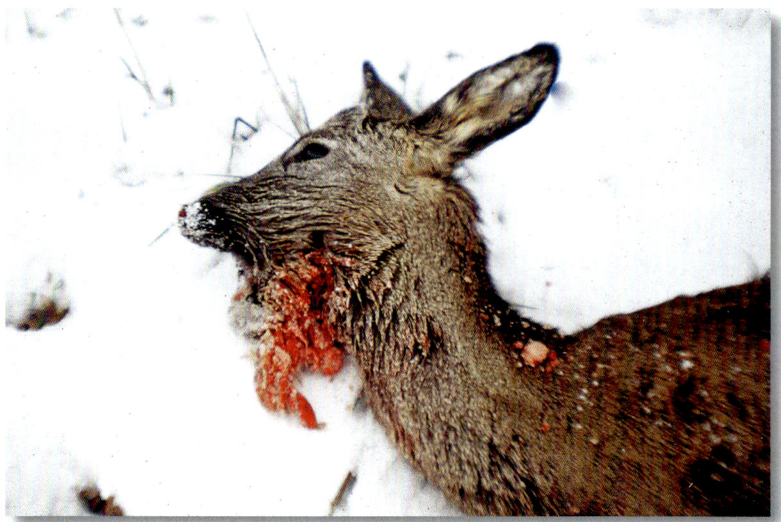

Missglückter Trägerschuss.

Der Schulmeister

Wenn erfahrene Jäger eine Meinung lautstark vertreten, wird diese häufig ungeprüft übernommen.

Ob man ein Stück bei einer Nachsuche erbeuten kann, hängt von vielen Faktoren ab. In erster Linie von Hund und Führer.

Aber auch manchmal von äußeren Einflüssen wie z. B. dem Wetter.

Deshalb sollten Nachsuchenführer oder Beteiligte mit Prognosen über den Ausgang einer Nachsuche zurückhaltend sein.

Lehrer wissen naturgemäß mehr als ihre Schüler. Im Laufe ihres Berufslebens glauben einige wenige dieser Spezies auch, mehr zu wissen als der Rest der Menschheit. Besonders ausgeprägt kann dieses Verhalten sein, wenn ein Lehrer gleichzeitig Jäger ist.

Es ist 10 Uhr vormittags, als bei mir im Geschäft das Telefon klingelt. Aus Erfahrung weiß ich, wenn so spät am Vormittag angerufen wird, ist mit großer Wahrscheinlichkeit mit anderen Hunden schon vorgesucht worden.

Seltsam ist auch der Wunsch des Jagdpächters, dass ich frühestens in zwei Stunden am Treffpunkt sein soll. Drei Stunden später fahre ich mit dem Jagdpächter und dem Schützen, einem Jungjäger, zum Anschuss.

Wenige Schnitthaare und winzige Spritzer Schweiß geben mir Rätsel auf. Ein Kugelriss ist nicht auffindbar. Ruhig folgt Cliff der Fährte. Nach 50 Metern nimmt der Schweiß zu. Und schon finde ich die ersten gesteckten Fährtenbrüche in der Wundfährte. Jetzt hat sich meine Vermutung, dass schon ein anderer Hund die Fährte gearbeitet hat, also bestätigt. Das ist an sich nichts Außergewöhnliches, aber als Schweißhundführer erwartet man, dass man wahrheitsgemäß über alle Umstände, die mit der Nachsuche zusammenhängen, informiert wird. Ich ziehe einen Bruch heraus und erkenne, dass dieser mit einem Taschenmesser sorgfältig, man muss sagen fast pedantisch genau, angespitzt wurde.

Schon am Telefon, spätestens vor Ort, sind einige Informationen vom Schützen einzuholen. Das betrifft die Schussentfernung, die Position (breit, spitz) des Stückes im Schuss, andere Beobachtungen des Schützen, wie z. B. Zeichnen und Fluchtgeschwindigkeit oder ob mit anderen Hunden vorgesucht wurde.

Im Alb-Donaukreis kenne ich nur einen Hundeführer, der so vorgeht. Und jetzt weiß ich auch, dass mit einer Hündin vorgesucht wurde. Meinen Begleitern verschweige ich meine Erkenntnisse.

Inzwischen liegt kein Schweiß mehr in der Fährte. Nach weiteren 300 Metern geht es schräg einen steilen Hang hinauf. Irgendwie bin ich mir nicht sicher und nehme den Hund zum Anschuss zurück. Mit einem Signalband markiere ich die Abbruchstelle. Unentschlossen sucht Cliff um den Anschuss herum. Er nässt und zeigt eindeutig an, dass vor ihm ein anderer Hund auf der Fährte war. Nach 10 Minuten, die mir endlos erscheinen, geht er wieder den Hang hinauf. An der Markierung angekommen, sucht er weiter, ohne dass wir einen Tropfen Schweiß erkennen. Plötzlich verweist mein Hund einen großen, dunklen Fleck im Nadelstreu.

Ich fasse nach unten und meine Finger färben sich rot. Nach weiteren 100 Metern stehen wir am Bock. Er liegt da, den Träger auf den Ziemer, als ob er schläft. Ein schmales Rinnsal Schweiß läuft aus dem Äser.

Die irrtümlich abgefeuerte Kleinkaliberkugel des Einstecklaufes hatte den Unterkiefer im Drosselbereich durchschlagen und war dann im Oberkiefer stecken geblieben. Der Bock ist durch diesen Treffer qualvoll erstickt.

Nach schwäbischer Art gibt es beim Jagdpächter eine zünftige Vesper.

Dieser ist es auch, der die Stimme des Schulmeisters imitiert. Lautstark hat er anscheinend verkündet: „Den Bock kriagt man nie." Ich bin der Meinung, wenn dies auch die Meinung eines jagenden Schulmeisters war, sollte man sie nicht allzu ernst nehmen.

Der Bock ist qualvoll erstickt.

Gewonnen und verloren

Ein Sonntagmorgen im Juni. Um 6.30 Uhr verständigt mich Jürgen Heinrich, unser zweiter Mann der Schweißhundestation.

Eine halbe Stunde zuvor hat ein Begehungsscheininhaber eines großen bayrischen Forstamtes auf ein Schmalreh geschossen. Von vorn spitz mit seitlich abgewandtem Träger riskierte er einen Kopfschuss. Er schießt immer so und es hat bis jetzt anscheinend immer funktioniert. Bis jetzt, doch dieses Mal bricht das Stück blitzartig zusammen, steht taumelnd auf und flüchtet mit herunterhängendem Unterkiefer.

Gehetztes Rehwild flüchtet oft in Richtung Anschuss zurück. Geschickt postierte Vorstehschützen können hier zur Beobachtung und Fangschussabgabe fungieren.

Am Anschuss ist eigenartigerweise trotz größter Sorgfalt nichts zu finden. Aber Cliff nimmt ruhig die Fährte auf. Nach 20 Metern finden wir wenige Tropfen Schweiß, die rund getropft in der Fährte liegen. Hier hat das Stück entweder gestanden oder ist langsam weitergezogen. Ab dieser Stelle ist kein Schweiß mehr sichtbar. Ein Jäger mit Funkgerät muss am Anschuss bleiben. Es wird mit hoher Wahrscheinlichkeit zur Hatz kommen. Ist diese erfolglos, stellt sich der Schweißhund mit Sicherheit wieder am Anschuss ein.

500 Meter sind wir unterwegs, als Cliff unruhig wird und mir zu verstehen gibt, dass er geschnallt werden will. Halsung ab und Cliff geht auf die Reise. Wir laufen so schnell es geht in die ungefähre Richtung der Hatz weiter. Nichts ist zu hören.

Jetzt rächt es sich bitter, dass keine Vorstehschützen zur Verfügung stehen. Insgesamt wären neun Mann, inklusive dem Beobachter am Anschuss, notwendig gewesen. Wir sind umgeben von mehreren tausend Hektar Wald und trotz hoher Temperaturen weht ein starker, jedes Geräusch verschluckender Ostwind. Ein Jäger bekommt den Auftrag, die Bewirtschaftungswege abzufahren, zu lauschen und Spaziergänger nach eventuellen Beobachtungen zu fragen. Ergebnislos kommt er nach einer Stunde zurück. Nichts, absolut nichts ist zu hören.

Bei der Hitze sind lange Hetzen für den Hund lebensgefährlich. Vielleicht liegt Cliff schon völlig verausgabt neben dem niedergezogenen Stück. Wir beschließen, die Hatzfährte mit der Nachwuchshündin Biene vom Luchsforst auszuarbeiten. Sicher arbeitet die Hündin. Zweimal finden wir an einem Graben und später in einer schlammigen Fahrspur Fährte und Spur vom Schmalreh und auch von Cliff. Über vier Kilometer und drei Stunden sind wir bereits in einem großen Bogen in Richtung Anschuss unterwegs, als wir weit entfernt Hetzlaut hören. Am Laut erkenne ich, dass der Hund dicht am Stück ist.

In der heutigen Zeit kann der hetzende Hund leicht mit einem Navi verfolgt werden.

Mit dem Funkgerät rufe ich den Beobachter an. Schweigen – keine Antwort. Der gute Mann hat wahrscheinlich das Funkgerät ausgeschaltet und hält autangeschützt Siesta. Wir benötigen eine Dreiviertelstunde, bis wir bei diesem „Jäger“ ankommen.

Tatsächlich: Das Funkgerät ist aus. Seelenruhig erzählt er in voller epischer Breite, dass er in etwa 300 bis 400 Metern Entfernung den Hund gehört habe. Danach habe er dreimal ein Reh klagen hören. Vom ersten Laut des Hundes bis zum letzten Klagen des Stückes seien etwa 10 Minuten vergangen.

Auf meine Frage, warum er sich nicht in Richtung des Tatortes bewegt habe, bekomme ich keine Antwort. Irgendwo in der bürstendichten Dickung liegt jetzt der Hund mit dem Reh und wir wissen erst einmal nicht, wie wir weiter vorgehen sollen. Dort, wo Jürgen mit der Nachwuchshündin abgebrochen hat, setzen wir nochmals auf der Hatzfährte an.

Ungefähr 200 Meter vor der Stelle, wo wir das Niederziehen des Stückes vermuten, kommt die Hündin nicht weiter. Wer das Verhalten von hart bedrängtem Rehwild kennt, weiß, dass häufig Widergang um Widergang gezogen und Haken um Haken geschlagen wird, um in höchster Not den Verfolger abzuschütteln. Diese Umstände und 30 °C im Schatten fordern bei der Nachwuchshündin ihren Tribut: Biene schafft den Abgang nicht mehr – erschöpft arbeitet sie nicht mehr weiter.

Rehwild macht in der Not der Hatz zahlreiche Widergänge und Haken, um den Hund abzuschütteln.

Ratlos ist noch zu milde ausgedrückt, um unseren Zustand zu beschreiben.

Als Jürgen zu seinem Auto geht, findet er Cliff unter dem Geländewagen. Schatten suchend und fast kollabierend hat sich der Hund dort niedergelassen. Ein Stein fällt uns vom Herzen. Der linke Behang und die linke Kopfseite des Hundes sind vom Schweiß des Schmalrehs rot gefärbt. Bei einem Äserschuss das typische Zeichen, dass der Hund das Stück mit Drosselgriff abgetan hat. Nachdem wir ihn mit frischem Wasser „wiederbelebt" haben, lege ich die Schweißhalsung an. Mit wackligen, immer wieder hinten einknickenden Läufen folgt mir der Rüde. Wir müssen abbrechen – es geht nicht mehr. Die Hatz des Rüden erstreckte sich über ca. fünf Kilometer und dauerte dreieinhalb Stunden.

Wir wollten noch mit einem Vorstehhund die infrage kommende Abteilung absuchen. Der Schütze weigerte sich aber, unserem Vorschlag Folge zu leisten. Er war der Meinung, dass das Stück aufgrund der langen Hatz ohnehin nicht mehr verwertbar ist.

Das einzig Tröstliche an dieser Nachsuche war, dass mein Schweißhund mit einer unglaublichen Energieleistung dem Schmalreh weitere unsägliche Schmerzen und Leiden erspart hat. Auf der

Heimfahrt bricht er im Wagen zusammen. Nur der tierärztlichen Kunst von Frau Dr. Haide aus Langenau ist es zu verdanken, dass er diese Nachsuche überlebt hat.

Schüsse zu tief

Verhetzt und doch gewonnen

Eines Tages steht Forstamtsleiter Oberforstrat R. kurz vor 12 Uhr in meinem Laden. Es ist Anfang August, in unserer Region die Erfolg versprechendste Zeit, um beim Blatten einen Bock zu erlegen.

Gegen 7 Uhr war ihm ein alter knuffiger Bock aufs Blatt gesprungen und hatte sichernd verhofft. Misstrauisch geworden, äugte der Alte Richtung Hochsitz. Es musste also schnell gehen und schon brach der Schuss. Deutlich zeichnend sprang das Stück ab. Revierleiter R. suchte mit seinem Wachtel nach und nach 150 Metern Riemenarbeit stand der Bock in einer Rückegasse vor dem Gespann auf. Förster R. schnallte daraufhin seinen Hund, der spurlaut den Bock hetzte. Nach einer Stunde kam der Wachtel zurück und war nicht mehr bereit, die Fährte aufzunehmen.

Am Anschuss finde ich Risshaare und einen winzigen Knochenrest. Ruhig arbeitet Cliff die Fährte bis zu der Stelle, an der der Bock aufgemüdet wurde. Hier finden wir einen handtellergroßen Schweißfleck im Wundbett. Es sieht so aus, als ob die Kugel das Brustbein des Bockes durchschlagen hat. Ab dieser Stelle ist kein Schweiß mehr in der Fährte. In einem großen Bogen geht es durch alte Buchenbestände in einem nicht allzu steilen Hang nach oben. Plötzlich stoßen wir im rechten Winkel auf einen Kulturzaun. Voller Spannung warte ich ab, für welche Richtung sich der Rüde entscheiden wird. Er geht erst 20 Meter nach links, dreht dann um und folgt dem Zaun rechts entlang. Am Zaunende überqueren wir eine Rückegasse. Jetzt wird der Hochwald etwas lichter, dafür ist der Buchenanflug sehr dicht.

Steht ein Stück vor einem auf, muss man sich erst vergewissern, dass es wirklich das kranke ist. Dazu wird das Wundbett auf Schweiß untersucht.

Ein roter Schatten geht vor uns hoch – Cliff steht im Riemen und ist kaum zu bändigen. Im Wundbett ist Schweiß, also Halsung über den Kopf und ab geht die Hatz. Wir hören Spurlaut, sich fast überschlagenden Hetzlaut und dann das heisere Klagen vom Bock. Mit eisernem Griff hält Cliff ihn an der Drossel fest, Blut- und

Luftzufuhr sind damit unterbrochen. Der Bock bemerkt uns nicht mehr, als wir herantreten. Ein Abnicken, während der Hund den Bock am Träger hält, ist jedoch kaum möglich – außerdem meines Erachtens nach nicht tierschutzgerecht. Ein tief verlaufender Schnitt entlang der Rippen hingegen lässt die Lunge zusammenfallen und das Stück augenblicklich verenden.

Oberforstrat R., der inzwischen nicht mehr unter uns weilt, war zutiefst beeindruckt von der Leistung meines Hundes. Immer wenn mich meine Wege über die Ortschaft Stubersheim führen, denke ich an diesen großartigen Menschen und Jäger und an eine hervorragende Nachsuche meines Hundes.

Die Wundfährtenlänge betrug 2 Kilometer, die Hatz 300 Meter. Insgesamt waren wir drei Stunden unterwegs. Die Kugel hatte das Brustbein hinter den Vorderläufen durchschlagen, ohne dabei den Brustkorb zu öffnen.

Cliff gibt nicht auf

Mirko ist Forstbeamter und betreut ein Staatsjagdrevier bei Altheim/Alb. Er bittet mich um eine Nachsuche, nachdem ein Begehungsscheininhaber im letzten Büchsenlicht ein weibliches Stück Rehwild beschoss und am Anschuss ein nicht einzuordnender Knochensplitter (vermutlich Brustkern) gefunden wurde. Am Anschuss und auf den ersten Metern der Wundfährte war sehr viel Schweiß zu finden, sodass erst einmal von einer Totsuche ausgegangen wurde. Mit einem Retriever, der schon einige Nachsuchen erfolgreich absolviert hatte, suchte man das Stück nach. Nach 300 Metern schräg einen Hang hinauf war jedoch kein Tröpfchen Schweiß mehr zu entdecken und der Hund wurde ins Dunkle hinein geschnallt. Erst als er ergebnislos zurückkam, wurde ich verständigt.

Solch eine Vorgeschichte macht die Nachsuche sicher nicht einfacher, doch aufgemüdete Stücke (meistens Rehwild) gehören zum täglichen Brot eines Schweißhundführers.

Am nächsten Tag stehe ich mit Cliff am Anschuss, der sich 50 Meter vom Waldrand entfernt auf einer Wiese befindet, und setze den Hund an. Cliff hat längst bemerkt, dass bereits ein anderer Hund vorgesucht hat. Laufend markiert er die deutlich zu erkennende Wundfährte. So schwierig wird es wohl doch nicht werden, denke ich daher noch, als die stark schweißende Wundfährte den Waldrand erreicht und schräg den Hang hinauf im dichten Buchenanflug weiterläuft.

10 Meter vor einem Bewirtschaftungsweg fängt Cliff das Kreisen an. Hier hatte man am Vortag den Retriever geschnallt. Cliff sucht im scharfen Winkel nach links. Mit Sicherheit hat das Stück dort vor dem hetzenden Hund einen Haken geschlagen.

300 Meter läuft Cliff mit tiefer Nase, sich ab und zu korrigierend, 10 Meter unterhalb des Weges nach links. Vor uns befinden sich drei Trestersilos. Hier überquert der Hund den Weg und läuft in einem großen Bogen nach rechts. Schweiß ist nicht zu sehen. Die Fährte ist inzwischen schon 12 Stunden alt, sodass sich der Hund nicht mehr an den Bodenverwundungen orientieren kann und daher anfängt zu kreisen, ohne den Absprung zu finden. Ich setze Cliff noch einmal am letzten Schweiß an. Wieder läuft er die gleiche Strecke und fängt an identischer Stelle wiederum zu kreisen an.

Nun löse ich den Hund von der Halsung, woraufhin Cliff mich anschaut und dann Richtung Anschuss läuft. Vom Hang aus sehen wir auf die Wiese und trauen unseren Augen nicht: Völlig selbstständig untersucht der Rüde den Anschuss und nimmt die Fährte wieder auf. Er läuft genauso wie die ersten beiden Male und kommt wiederum an der gleichen Stelle nicht weiter. Völlig selbstständig kreist er hier 10 Minuten. Ich lege dem Hund die Halsung wieder an. Er kreist unbeirrt weiter. Auf einmal geht ein Ruck durch seinen Körper und er läuft, die Rute steil nach oben gerichtet, den Hang hinunter.

Und da geht ein roter Wischer vor uns weg. Schweiß ist im Wundbett. Ich habe die Halsung noch nicht unten, da bricht schon ein Schuss. Ein als Beobachter auf einer hohen Kanzel postierter Jäger erlegt das flüchtige Stück mit sicherer Kugel.

Dass ein Schweißhund, von der Halsung gelöst, völlig selbstständig 300 Meter bis zum Anschuss zurückläuft und die Wundfährte langsam und bedächtig noch einmal bis zum schwierigen Widergang arbeitet, ist eine Leistung der Sonderklasse! Dieses Verhalten zeigt die Charakterfestigkeit dieses Ausnahmehundes: Hier vereinen sich eiserner Fährtenwille, Erfahrung und Selbstbewusstsein zu einer Hochleistungszelle.

Fährtenwille, Erfahrung und Selbstbewusstsein: Cliff vom Rieskopf im 10. Behang. © *Oliver Fischer*

Cliff Nachfolger Artus vom Mörntal: Kapital und leistungsstark!

Artus Nachfolger Erasmus vom Lärchenrot. In ihm vereinigen sich Leistung, Kraft und Schönheit

BGS Maxwell (Chapo) vom Landgraben

Hilfe, mein Hund ist weg!

Es ist Ende Mai. Ein junger Jäger beschießt einen Bock auf einer Wiese am Waldrand. Im Schuss dreht sich das Stück um 180 Grad und flüchtet in den Bestand.

Am Anschuss finden der Jäger und sein Begleiter Wildbretfetzen, Schnitt- und Risshaare. In der Fährte liegt außerdem viel Schweiß. In der Annahme, dass es sich um eine Totsuche handelt, schnallen die beiden Jäger ihren Hund, einen Retriever. Stumm verschwindet dieser im Bestand, doch auch nach langer Wartezeit kommt er nicht zurück. Inzwischen ist es dunkel geworden.

Stumm jagende Hunde sind nicht brauchbar. Am Laut erkennt man, ob der Hund hetzt, stellt oder das Stück hart bedrängt.

Ehrlich gesagt habe ich keine große Hoffnung mehr, den Bock zu erbeuten, als ich am nächsten Morgen die beiden Jäger im Revier treffe. Die Stimmung ist gedrückt, denn der Retriever ist immer noch nicht zurück. Man spielt die schlimmsten Szenarien durch: Vielleicht ist der Hund im steilen Gelände bei der Hatz abgestürzt oder er liegt neben dem niedergezogenen Bock und wartet stumm auf seinen Führer. Am Anschuss finde ich im Gras einen Knochensplitter vom Vorderlauf.

Vorläufige Diagnose: Vorderlaufschuss hoch mit Brustkernberührung.

Ich setze Cliff an. Ruhig, die Rute steil nach oben zeigend und mit etwas angehobenen Behängen nimmt er die Fährte auf. Das ist ein gutes Zeichen. Seine Körpersprache strahlt Sicherheit und Ruhe aus. Immer wieder Schweiß findend, geht es im Buchenanflug einen Hang hinunter. Nach 300 Metern bleibt der Rüde stehen und verweist ein Wundbett. Ich denke noch: Wenn man gestern Abend den Hund nicht geschnallt hätte, wäre es an dieser Stelle zur Hatz gekommen.

Ja, wenn …

Cliff kreist, dann endlich geht er entgegen der ursprünglichen Fluchtrichtung zurück. Ohne jede Bestätigung arbeitet er 400 Meter nach rechts den Hang hinunter. Plötzlich gibt er Laut und beißt wütend in den Riemen. Ich warte und beruhige ihn. 20 Meter weiter finde ich ein Rehlager mit Schweiß. Jetzt wird der Hund geschnallt. Spurlaut sucht Cliff den Hang hinunter und überquert zum Missfallen der Jäger laut jagend die Jagdgrenze.

Im Gegenhang hören wir den Bock klagen, dann ist es still. Cliff hält ihn mit eisernem Griff an der Drossel fest, bis ich bei ihm bin.

Ein entschlossener Griff ans Gehörn und mit der anderen Hand fange ich den Bock durch einen gezogenen Stich in den Brustkorb ab. Wir informieren den Jagdnachbarn. Großzügig überlässt er dem Schützen den Bock.

Wo ist nur der Retriever?

Trotz der erfolgreichen Nachsuche machen wir uns wegen des fehlenden Hundes große Sorgen und die Stimmung ist gedrückt. Eine Woche später wird er abgemagert, aber unverletzt unweit des Reviers aufgelesen. Somit nahm die Nachsuche nach einer Woche zur Freude aller Beteiligten ein unerwartetes zweites gutes Ende.

Erfolgreich! © *Tilo Pascher*

Schafscheiße und Kulturlandschaft

Wenn man oft über die Schwäbische Alb zu einer Nachsuche fährt, verknüpfen sich die Namen von Jägern, Ortschaften und Revieren mit den bunten Bildern der Erinnerung.

Es ist schon Jahre her, dass ich in ein kleines Dorf auf der Alb zu einer Nachsuche auf einen Rehbock gerufen wurde. Treffpunkt sind hier meistens Friedhof und Kirche oder die Dorfwirtschaft, weil ich mir so lästige Sucherei ersparen kann, wo dann hoffentlich pünktlich ein Geländewagen mit grün gekleideten Jägern steht.

Das Vereinbaren von leicht zu findenden Treffpunkten wie Kirchen, Friedhöfen oder Gaststätten erspart langes Suchen im fremden Revier.

Ein Bock ist am Vorabend beschossen worden. Das Stück flüchtete entlang eines Getreideschlages und bog nach 50 Metern in den Bestand ab.

Am Anschuss finden sich Riss- und Schnitthaare, winzige Wildbretstücke und ein 1 Millimeter großes Knochensplitterchen. Jedoch kein Tropfen Schweiß!

Ruhig sucht der Rüde auf der Fluchtfährte und biegt genau an der richtigen Stelle in den Bestand ab. Kein Pirschzeichen, kein beruhigender Tropfen Schweiß, aber seine Körpersprache drückt aus, dass wir uns auf der Fährte befinden. Steil geht es im dichten Unterholz bergauf. Zweimal halte ich an und suche abgestreiften oder getropften Schweiß. Nichts ist zu sehen.

Nach 300 Metern haben wir den Bergrücken erreicht. Im rechten Winkel folgt der Hund einem Bewirtschaftungsweg nach rechts, um dann nach ca. 200 Metern den rückseitigen Gegenhang mit einem rechtwinkligen linken Haken bergab anzunehmen. Schlitternd geht es bergab und kein Pirschzeichen deutet auf die Richtigkeit der Arbeit des Schweißhundes hin.

Im Tal angekommen, trennt ein schmaler Grasweg uns vom steil ansteigenden Gegenhang. Diesem nach rechts folgend, biegt Cliff nach 60 Metern rechtwinklig nach links ab. Unbeeindruckt folgt er der für uns unsichtbaren Wundfährte. Nach 30 Minuten und 1,5 Kilometern erreichen wir den zweiten Bergrücken und haben nicht einen einzigen Tropfen Schweiß markieren können.

Auf diesem Bergrücken endet der Bestand und vor uns befindet sich eine riesige Wacholderheide. Heiß brennt die Sonne auf den vor einigen Tagen von Schafen und Ziegen abgehüteten Rasen. Überall steigen Fliegen von der fast noch frischen Schafscheiße hoch. Jetzt kommen die ersten Zweifel auf. Kann der Hund hier in diesem Gestank und unter diesen Umständen die Wundfährte halten? Nur zu gern hätte ich auf die verschissene Kulturlandschaft verzichtet!

Manchmal hat man eigenartige Gedanken! Wenn Ziegen und Schafe auf diesen Flächen streng geschützte Silberdisteln abfressen, nennt man das bestandserhaltende Landschaftspflege. Steckt sich ein Wanderer eine Silberdistel an den Hut, handelt es sich um eine bußgeldbewehrte Ordnungswidrigkeit! Daraus lässt sich folgern, dass mancher Hammel in unserem Land mehr Rechte hat als ein Staatsbürger.

Cliff folgt der Fährte hangabwärts. Im Tal unten ein großer Getreideschlag. Falls der Bock das Getreide angenommen hat, müssen heruntergedrückte Halme und vielleicht abgestreifter Schweiß die Richtigkeit der Arbeit bestätigen. Wir sind etwa 20 Meter vor dem Getreide, als der Hund sich wendet und selbstständig zurückgreift. Jetzt weiß ich, dass er das erste Mal abgekommen ist.

Im dichten Getreide erkennt man die Fluchtfährte und meist abgestreiften Schweiß.

Oberhalb der Mitte des Hanges kreist er und zieht dann im stumpfen Winkel nach links. Nach 300 Metern schneiden wir das Getreidefeld im letzten Zipfel und finden endlich abgestreiften Schweiß.

Cliff folgt der Fährte über eine Wiese und dann über einen breiten geteerten Feldweg. Vor uns ein 250 Meter langer und 50 Meter breiter Gerstenschlag. Die hintere Schmalseite wird durch eine größere Hecke begrenzt. Irgendwie vermute ich hier das Finale der Nachsuche. Doch bei Nachsuchen soll man nicht denken oder etwas vermuten. Meistens kommt alles anders. Während ich diesem Gedanken folge, reißt mich der Ruck am Schweißriemen nach vorn. Etwa 30 Meter vor dem Hund geht der Bock hoch und flüchtet Richtung Hecke. Hund schnallen und warten – mehr kann ich jetzt nicht tun.

Ich sehe den Bock, der sichtlich krank in Richtung Hecke flüchtet. Wenige Meter dahinter hetzt spurlaut der Hund. In der Hecke reißt der Spurlaut ab. Nichts ist mehr zu hören. Plötzlich sehe ich den Bock schräg aus der Hecke heraus auf mich zukommen. Den 98er-Repetierer im Anschlag, lasse ich ihn 30 Meter vor mir seitlich passieren. Solange ich nicht weiß, wo mein Hund ist, darf ich nicht schießen! Im hohen Getreide sehe ich nur das Haupt des flüchtigen Bockes – vom Hund ist nichts zu sehen oder auch nur zu hören. Verdammt noch mal, was ist da los?

Solange die Position des hetzenden oder stellenden Hundes nicht klar erkennbar ist, darf kein Fangschuss abgegeben werden.

In diesem Moment steigen die Hinterläufe des Bockes, sich im Uhrzeigersinn bewegend, nach oben. Man hört kein Klagen, nur ganz kurz ein heiseres Röcheln. Im Wolfsgriff hat Cliff den Bock von unten direkt über den Drosselknopf gegriffen. Als wir zum Bock treten, ist er schon verendet. Dieser angewölfte Griff, der Blut- und Luftzufuhr mit eisernem Druck abstellt, ist sofort tödlich.

Seit dieser Nachsuche werde ich immer vor Weihnachten vom Jagdpächter angerufen. Er wünscht meinem Hund und meiner Familie (man beachte die Reihenfolge!) frohe Weihnachten und ein gutes neues Jahr. Und jedes Mal sagt er, dass er diesen Vormittag im Juli niemals vergessen wird. Mir geht es ebenso!

Übrigens: Die Schussverletzung war ein Streifschuss am Brustbein.

Laufschüsse

Der Ruf der Krähe

Bockjagdzeit!

Gegen 20.30 Uhr kommt meinem alten Jagdfreund U. ein schwacher Jährlingsbock. Der steht so dicht vor der Kanzel, dass U. die Waffe nicht aufs Ziel seines Begehrens richten kann, denn die Schießauflage ist im Weg. Langsam und äußerst vorsichtig erhebt er sich vom Sitzbrett und geht in Anschlag. Auch so schafft er es kaum, den Bock ins Absehen des Zielfernrohres zu bringen. In völlig verkrampfter Haltung bricht der Schuss. Im Knall riecht es nach verbranntem Holz und Sägemehl. Er kann es nicht glauben, aber er hat die Schießauflagestange abgeschossen.

Am Anschuss findet man Schweiß und Holzsplitter. Zusätzlich einen kleinen weichen Knochen. Mit Taschenlampen ausgerüstet, wird zu dritt noch bis zur völligen Dunkelheit nachgesucht. Einer der Nachsuchenden verirrt sich bei erlöschender Taschenlampe und kann nur durch lautes Rufen gefunden werden. Somit ist zumindest ein Teilerfolg der Nachsuche zu verbuchen.

Am nächsten Morgen stehe ich am Anschuss. Ruhig nimmt Cliff die Fährte auf. Nach 100 Metern erreichen wir eine grasbewachsene Rückegasse. Hier kreist der Rüde kurz und folgt dieser nach rechts. Nach 30 Metern biegt er wieder nach links ab. Ab dieser Stelle ist kein Schweiß mehr zu sehen.

Nach 800 Metern finde ich auf 30 Zentimeter verteilt winzige Schweißspritzer. Hier muss der Bock stehen geblieben sein. Ich erwarte eine in diesem Fall für Rehwild typische Richtungsänderung und tatsächlich folgt Cliff der Fährte nach rechts.

Verhofft Rehwild in der Wundfährte, folgt meist eine Richtungsänderung.

Nach weiteren 100 Metern im dichten Unterholz gibt Cliff Laut, beißt in den Schweißriemen und gibt unmissverständlich zu verstehen, dass er geschnallt werden will. Da sehe ich 30 Meter vor mir in einer Schneise zwei Stück Rehwild flüchten. Eines davon ist zweifellos der Bock. Ich löse die Halsung und die Hatz beginnt. Weit weg in westlicher Richtung höre ich, wie der Spurlaut sich ändert, jetzt hell und giftig klingt. Dann ist nichts mehr zu hören! Sekunden später höre ich einen Laut, der dem heiseren kurzen Ruf einer Krähe ähnelt. Verdutzt frage ich meinen Begleiter, ob er eben auch eine Krähe gehört habe. Der zuckt die Achseln. Im Alter lässt die akustische Sensorik nach. Im Schwäbischen umschreibt man diesen Zustand mit dem Spruch: Schlecht hören tun wir gut.

Oder war es vielleicht doch der Bock, der, vom Hund gegriffen, kurz geklagt hat?

Da höre ich weiter entfernt wieder Hetzlaut.

Nur Augenblicke danach ruft anscheinend wieder eine Krähe. Durch den starken Wind und das Rauschen der Blätter bin ich mir nicht sicher, ob es nicht doch der Bock war. So schnell wie möglich arbeiten wir uns durch den Buchenanflug in Richtung Hetzlaut zurück. Abermals höre ich weit außerhalb des Waldes Hetzlaut, dann ist es wiederum still. Schließlich gibt Cliff weit entfernt Laut. Er ruft mich herbei.

Als ich am Bestandsrand ankomme, sehe ich deutlich die Flucht- und Hetzfährte von Bock und Hund seitlich versetzt im Tau einer Wiese. 400 Meter weiter im Getreide sehe ich meinen Hund.

Der Bock liegt regungslos auf der Seite. Cliff hat ihn direkt über dem Drosselknopf zugreifend abgetan. Entschlossen am Gehörn zufassend, fange ich das Stück mit einem gezogenen Stich durch die Rippen ab.

Aus dem Wundbett aufgemüdetes Rehwild flüchtet häufig noch weit.

U. hatte infolge der Ablenkung des Geschosses an der Schießauflage dem Bock die Schale des rechten Vorderlaufes abgeschossen.

Die Wundfährtenlänge betrug 1 Kilometer, gehetzt wurde das Stück über 800 Meter. Wahrscheinlich hatte der Hund den Bock im dichten Unterholz zweimal gegriffen, konnte ihn aber nicht festhalten. Deshalb das zweimalige Klagen des Bockes.

Oder war es doch das zweimalige Rufen einer Krähe? Wir werden es nie erfahren.

Der Bock von Oberroth

Es ist Ende Juli. Die Blattzeit ist in vollem Gange. Da klingelt gegen 11 Uhr mein Handy. Es ist Adolf, den ich schon viele Jahre kenne und der mir sehr aufgebracht folgende Begebenheit schildert:

In den frühen Morgenstunden beschoss ein Jagdgast über eine Windwurffläche hinweg auf 130 Meter einen Bock. Im Knall sprang das Stück ab. Zu seinem Entsetzen bemerkte der Jäger, dass er zwei Meter vor dem Bock einen fingerdicken Ast abgeschossen hatte. Am Anschuss fanden sich Schweiß und Knochensplitter vom Hinterlauf. Ohne den Jagdpächter Adolf zu informieren, wurde ein Hundeführer mit einem Terrier beauftragt, die Nachsuche durchzuführen. Nach 200 Metern schnallte der Jäger den Hund, der kurz darauf spurlaut wurde und Rehwild hetzte. Nach einer Stunde kam er zurück. Dann endlich informierte man den Jagdpächter.

Wird angeschossenes Rehwild von anderen Hunden verhetzt, sind Nachsuchen sehr schwer.

Solche Nachsuchen, insbesondere bei Rehwild, gehören zu den schwierigsten Aufgaben, die einem Nachsuchengespann gestellt werden!

Gegen 13 Uhr bin ich am Anschuss und diagnostiziere einen Treffer kurz oberhalb des Kniegelenkes. Ruhig geht Cliff die Fährte an. Nach zwei Stunden Riemenarbeit liegt nur noch wenig Schweiß in der Fährte und Cliff beginnt zu kreisen. Jetzt geht die Fährte entgegengesetzt zur Fluchtrichtung zurück. Ein Zeichen dafür, dass der Bock sich möglicherweise niedergetan hat.

Plötzlich reißt mich der Hund Laut gebend am Riemen nach vorn. Im Buchenanflug sehe ich ein Reh als roten Wischer flüchten. Wir finden an dieser Stelle Schweiß und ich schnalle den Hund. Fährtenlaut beginnt die Hatz, während ich einen Funkspruch an den abgestellten Jäger abgebe.

Der Laut des Hundes ist fast nicht mehr zu hören, als per Funk die Meldung eintrifft, dass der Hund ein Schmalreh jage. Dieses lag direkt neben einem Tropfbett des Bockes und wurde vom Gespann hochgemacht. Cliff hetzt das Stück über 30 Minuten lang, bis er erschöpft zurückkommt. Ohne Funkgerät und abgestellten Jäger hätte ich den Fehler nicht bemerkt!

Wir geben dem Rüden Wasser und gönnen ihm eine Erholungspause von einer halben Stunde. Als ob er seinen Irrtum bemerkt hätte, nimmt er die Fährte wieder auf und arbeitet weiter. Nach 400 Metern geht vor uns wieder ein Stück hoch. Diesmal ist es der Bock. Der Hetzlaut überschlägt sich fast und bricht schlagartig ab. Dann hören wir das heisere Klagen des Bockes. Nach 500 Metern Hetze hat Cliff ihn niedergezogen. Ich fange das Stück ab. Die Riemenarbeit betrug 2,5 Kilometer und die Hatz 500 Meter.

Der abgeschossene Ast verursachte eine schwere Nachsuche. © A. Ahrens

In einer Gastwirtschaft unweit des Jagdreviers gibt es nach dieser erfolgreichen Nachsuche Schnitzel und Pommes Frites. Die Oma des Hauses serviert. Sie ist schlecht zu Fuß und hinkt. Jedes Mal, wenn sie Speisen und Getränke an den Tisch bringt, fängt Cliff unter dem Tisch böse zu knurren an. Sicherheitshalber binde ich den

Zur Strecke gebracht. © A. Ahrens

Hund hinten an der Eckbank an. Jetzt macht die Oma beim Servieren vor lauter Angst Widergänge um den Tisch. Jäger haben schon einen eigenen Humor: Der Hund glaubte wohl, die Oma hätte einen Laufschuss!

Die Stille

Anfang August ist in unserer Region der Höhepunkt der Blattjagdzeit erreicht. Gleichzeitig steigt in dieser Zeit die Zahl der Nachsuchen stark an.

Gegen 7 Uhr morgens sitzt ein Jäger bei Illertissen auf den roten Bock an. Vor ihm erstreckt sich ein 200 Meter breites Weizenfeld, dahinter ein steil ansteigender, mit Buschwerk bewachsener Grünstreifen. Nach diesem wiederum ein riesiger Getreideschlag, nach 15 Minuten fängt der Jäger an zu blatten. Da erkennt er im hinteren Getreidefeld eine Bewegung. Es ist der kapitale Bock, der sich bis jetzt hartnäckig und listig allen Nachstellungen der beiden Pächter entzogen hat. Noch einmal blattet der Jäger leise in Richtung Bock. Der wirft auf, sichert und strebt im Troll in Richtung Hochsitz, dem vermeintlichen Ziel seines Begehrens zu. Am Grünstreifen bleibt er stehen. Misstrauisch äugt er in Richtung Kanzel. Sehr leise ertönt noch einmal das Fiepen einer brunftigen Rehgeiß. Irgendwie traut der Bock dem Liebeswerben nicht und dreht ab. Trocken hallt der Schuss der 8 x 57 über das Getreide. Im Knall wirft es den Bock herum und er flüchtet genau in Richtung Hochsitz. Im Getreide ist nur das Haupt des flüchtigen Stückes zu sehen. Noch sind es 100 Meter bis zum Waldrand. Ein etwa 3 Meter breiter Grünstreifen trennt Wald und Weizenfeld. Als der Bock diese Stelle passiert, bricht der zweite Schuss. Wiederum zeichnet der Bock, nimmt dann aber den schützenden Bestand an.

Eine Stunde später wird mit einem Bayerischen Gebirgsschweißhund nachgesucht. Nach 200 Metern findet man im Wald ein mit Schweiß getränktes Wundbett. Ab dieser Stelle kommt man nicht weiter.

Gegen 12 Uhr stehe ich am Anschuss. Knochensplitter und Wildbretfetzen werden gefunden. Meine Diagnose: Hinterlaufschuss. Um unnötigen Jagdschaden zu vermeiden, lassen wir den Hund nicht durch das Getreide bis zum zweiten Anschuss arbeiten, sondern

Gibt es zu einem Anschuss auch noch eine Stelle, an der das Stück zum zweiten Mal beschossen wurde, kann die Nachsuche gleich hier beginnen.

setzen ihn gleich dort an. Wieder finden wir Knochensplitter. Dünner und runder als am ersten Anschuss. Mit Betroffenheit erkennen wir einen Vorderlaufschuss.

Es liegt eine Unmenge Schweiß in der Fährte. Ruhig arbeitet Cliff bis zu der Stelle, wo der BGS die Nachsuche aufgegeben hat. Hier fängt er das Bogenschlagen und Kreisen an. Als er die Anwechselfährte in entgegengesetzter Richtung annimmt, fangen meine Begleiter an, die Arbeit des Hundes infrage zu stellen. Als Schweißhundführer braucht man manchmal Nerven wie Drahtseile, um diese fachmännischen Bemerkungen zu ertragen.

Als Cliff über den zweiten Anschuss hinaus wieder das Getreide annimmt, wird bei den Beteiligten gemurmelter Protest hörbar. Ich ignoriere Bemerkungen wie „Der Hund faselt, der arbeitet in die falsche Richtung" und auch Vorschläge, mit einem Vorstehhund das hinter uns liegende Waldgebiet in Freiverlorensuche zu arbeiten.

Über 300 Meter haben wir im Weizen zurückgelegt. Immer wieder finde ich abgestreiften Schweiß, aber es ist nicht eindeutig feststellbar, ob der Schweiß von der Hin- oder von der Rückfährte stammt.

Vertraue stets dem Hund und lasse dich nicht voreilig von anderen Meinungen beeinflussen.

Plötzlich biegt der Hund im scharfen Winkel nach rechts ab und ich finde nach 20 Metern abgestreiften Schweiß an den Getreidehalmen. Ich fühle Triumph und Genugtuung, denn jetzt weiß ich, dass Cliff wieder einmal recht gehabt hat.

Auf einmal strafft sich der Riemen. Mit aller Kraft muss ich den Hund halten. Ich greife vor und sehe den Bock vor dem Hund liegen. Er hat den Träger noch oben und sieht dem Hund in die Augen. Nase des Hundes und Windfang des Bockes sind gerade einmal 10 Zentimeter voneinander entfernt. Der Schweißriemen ist zum Zerreißen gespannt und über der Szene liegt eine eigenartige Stille. Irgendwie habe ich das Gefühl, dass diese Nachsuche eine Botschaft übermittelt: „Schaut her, was ihr zu verantworten habt!"

Mein Begleiter ist 30 Meter hinter mir und hat von allem nichts bemerkt. Ich hebe den freien linken Arm und mache mit dem Zeigefinger der linken Hand die kleine Bewegung, die bei der Jagd über Leben und Tod entscheidet. Der Bock hat den Fangschuss auf den Träger nicht mehr gehört. Alt ist er und kapital, mit massigem Träger und knuffigem, zurückgesetztem Gehörn. An der Stelle des Wundbettes hatte er einen Widergang in Richtung Anschuss gemacht. Als der BGS in die Nähe des Wundbettes kam, war er unbemerkt vom Gespann in Richtung Anschuss geflüchtet.

Auf dem Nachhauseweg sehe ich im Rückspiegel meinen Schweißhund Cliff. Ein kleiner Fichtenzweig schmückt seine Halsung. Traditionell das Zeichen für eine erfolgreiche Nachsuche. „Cliff", sage ich zu ihm, „du hast deine Arbeit gut gemacht." Und dann denke ich: Wir Jäger müssen in manchen Dingen noch hart an uns arbeiten.

Schüsse im Leben oder daneben

Tinnitus und Gorbatschow

Nachsuchenführer ist ein in den Augen anderer Jäger sehr merkwürdiges Hobby. Bei Wind und Wetter ruinieren sie, durchnässt und frierend an Jagdgrenzen wartend, ihre Gesundheit. Die meisten werden von ihren Ehefrauen verlassen. Der Rest wird vom Landesjagdverband mithilfe der Nachsuchenstatistik psychologisch betreut. Das Telefon liegt immer neben dem Kopfkissen und im Pyjama wird der nächste Nachsuchenauftrag um 3 Uhr nachts angenommen. Das hat seine Folgen: Immer wenn ich mich aufrege, fängt es im Kopf laut zu pfeifen an.

Es ist ein typischer Sonntagmittag. Meine Frau serviert gerade frischen Spargel mit Flädle – urschwäbische Hausmannskost und meine Lieblingsspeise. Da klingelt plötzlich das Telefon und ein mir unbekannter Jäger bittet um meine Unterstützung.

Nach dem Schuss lag sein Bock im Knall, doch als er sich ihm mit seinem Pudelpointer näherte, sprang er auf und flüchtete. Der Hund wurde sofort geschnallt und ab ging die Hatz, aber vergeblich. Nach einiger Zeit war der Hund völlig ausgepumpt und am Ende seiner Kräfte wieder zur Stelle. Am darauffolgenden Morgen wurde noch bis 11.30 Uhr ergebnislos nachgesucht, bevor ich endlich verständigt wurde.

In meinem Schädel fängt es schrill zu pfeifen an. Das ist der Tinnitus, hat mein Hausarzt gesagt. Seine Diagnose: Solange ich lebe, geht der nicht mehr weg. Im Umkehrschluss bedeutet das, wenn ich einmal tot bin, bin ich ihn los. Deshalb habe ich mich mit ihm arrangiert und bin froh, dass ich ihn habe.

Häufig gibt die Geruchsprobe des Schweißes Aufschluss über den Sitz der Kugel. Waidwundschüsse z. B. sind nicht zu überriechen.

Irgendwie würge ich jetzt noch den Spargel hinunter, obwohl mir der Appetit gründlich vergangen ist. Vor mir liegen 50 Kilometer Fahrt an einem heißen Sommertag. Um 14 Uhr stehe ich mit Cliff am Anschuss. Was ich sehe, ist dunkler Schweiß und auch die Geruchsprobe ergibt keinen Hinweis.

Er hätte einen guten Hund, verteidigt sich der Schütze. Mit HZP im 1. Preis – jetzt fängt der Tinnitus wieder zu pfeifen an – außerdem hätte der Hund die Kanadaprüfung. Durch den Tinnitus kann ich mich auch verhört haben, aber vielleicht gibt es das wirklich. So etwa eine Naturfährte eines Grizzlys bei –40 °C. Als Richter fungieren drei Indianer … im Zeichen der Globalisierung ist ja heutzutage alles möglich.

Ich setze meinen Schweißhund an. Anscheinend bereitet ihm die Ausarbeitung der Fährte trotz der vorangegangenen Vorkommnisse keine Schwierigkeiten. Nach 300 Metern liegt ein weißes Handtuch am Boden. Der Schütze erklärt mir, dass dort sein Hund (der mit der Kanadaprüfung!) die Nachsuche aufgegeben hat. Samstagabends sehe ich mir im Fernsehen öfters Boxkämpfe an. Dass dort beim Aufgeben das Handtuch geworfen wird, war mir bekannt. Dass jetzt die Jäger das Handtuchwerfen ins jagdliche Brauchtum übernommen haben, ist mir hingegen neu. Hoffentlich setzt sich diese Methode nicht durch, sonst sehen manche Reviere bald aus wie unaufgeräumte Wäschekammern!

An der Stelle, an der der Pudelpointer wegen technischem K.O. aus der Nachsuche genommen wurde, arbeitet Cliff weiter. Steil geht es einen Hang hinunter. Auf halber Höhe verläuft ein Wechsel. Cliff folgt diesem nach rechts und verweist Schweiß, bevor es nach weiteren 200 Metern den Hang weiter hinuntergeht.

Da sehe ich den Bock liegen – vielmehr das, was die Füchse übrig gelassen haben.

Diese erfolgreiche Nachsuche lässt mich an ein Zitat denken, das Michail Gorbatschow zugeschrieben wird. „Wer zu spät kommt, den bestraft das Leben.“ Gorbatschow muss ein Jäger sein – davon bin ich seitdem felsenfest überzeugt.

Viel mehr war vom Bock nicht übrig. © Schneider

Nachsuche und schwäbischer Gruß

Ende August erreicht mich gegen 22 Uhr ein Anruf. Auf einem steil ansteigenden Wiesenhang im Lonetal wurde auf 50 Meter ein Bock beschossen. Er sei im Knall zusammengezuckt und dann im langsamen Troll an der linken Bewuchskante den Hang hinaufgezogen, um nach 80 Metern in den Bestand einzuwechseln. Am Anschuss und in der Fluchtfährte seien weder Schweiß noch andere Pirschzeichen gefunden worden. Ich kenne den Jäger. Er ist erfahren und ein guter Schütze.

An heißen Tagen verhitzt das Wildbret schnell. Es muss genau abgewogen werden, ob in der Dämmerung eine Nachsuche noch begonnen wird. Ist eine Hetze zu befürchten, wird sie aber immer auf den nächsten Morgen verschoben.

Im Augenblick herrscht eine sehr warme Witterung. Falls das Stück liegt, ist das Wildbret bis zum nächsten Morgen verhitzt.

Da das Revier in der Nähe liegt, beschließe ich deswegen, im Ausnahmefall von der eisernen Regel „nachts keine Nachsuche" abzuweichen. Ergeben die Pirschzeichen am Anschuss und in der Wundfährte, dass keine Totsuche, sondern eine schwierige Arbeit mit Hetze ansteht, kann ich die Nachsuche immer noch abbrechen.

Nach 10 Minuten Fahrt bin ich am Tatort.

Artus zeigt bei der Vorsuche kein Pirschzeichen an, obwohl immerhin aus einem Drilling mit der 7x65 geschossen wurde, was beileibe keine Spatzenlaborierung ist.

Artus arbeitet die Fluchtfährte den Hang hinauf und wechselt dann in den mit Schwarzdorn gesäumten Bestand ein. Mit der eingeschalteten Stirnlampe folge ich meinem Rüden auf allen vieren. Nach 50 Metern hat der Bock einen Wechsel angenommen.

20 Minuten krieche ich dem Hund am Riemen folgend hinterher. Noch immer haben wir keinen Schweiß gefunden. Abbrechen, aus und vorbei!

Mühsam arbeite ich mich wieder zum Hang zurück. Draußen steht der Schütze und versichert mir immer wieder, er sei „voll drauf" gewesen. Allerdings sei ihm aufgefallen, dass der Schussknall irgendwie unnatürlich laut war.

Er zeigt mir die leere Patronenhülse. Gedoppelt hat der Drilling zumindest nicht. Fremdkörper im Lauf? Eine mit der Taschenlampe durchgeführte vorläufige Inspektion des Laufes bringt auch keine Hinweise.

Ich besteige die Kanzel. Es ist die übliche Konstruktion, bei der die Leiter seitwärts an der Kanzel vorbeiführt. In Schussposition sitzend, stelle ich fest, dass es nur in gebückter, halb stehender Haltung möglich ist, Richtung Anschuss einen Schuss abzugeben. Mit Sicherheit keine günstige Voraussetzung … Außerdem ragen noch beide mit Trittsprossen versehene Leiterholme in die Schussrichtung.

Im Zweifelsfall hilft es häufig, als Nachsuchenführer am Anschuss die Blickposition des Schützen einzunehmen.

Ich steige wieder auf die Leiter hinaus und schaue mir das genauer an. Dann entdecke ich, dass die obere Sprosse durchgeschossen ist. Daher der laute Knall.

Als ich das dem Schützen zeige, kann er es nicht glauben. Mit dem mir eigenen Humor empfehle ich ihm, den durchschossenen Holm abzusägen, auf ein Trophäenschild zu montieren und im Jagdzimmer gut sichtbar aufzuhängen.

Seine Antwort: Leck mich doch am …!

Durchschossener Leiterholm, der Schuss klang unnatürlich laut.

Warum verbellt der Hund den Bach?

Ein Jagdgast von Kreisjägermeister W. aus Göppingen hat im Revier Gammelshausen am Abend einen Bock beschossen. Mit krummem Rücken sei das Stück abgesprungen, wird mir berichtet, doch inzwischen habe es zu regnen angefangen und man komme mit dem eigenen Hund nicht mehr weiter. Also mache ich mich am nächsten Morgen auf und setze Cliff am Anschuss auf einer Wiese an. Schweiß oder andere Pirschzeichen sind nicht mehr zu erkennen.

Regen wäscht für den Hundeführer sichtbaren Schweiß ab, trotzdem halten richtig eingearbeitete Hunde die Krankfährte noch sicher.

In seiner unvergleichlichen Art nimmt Cliff sicher die Fährte auf und nach 150 Metern haben wir den Bestandsrand erreicht. 400 Meter geht es leicht abschüssig im Buchenbestand weiter, als Cliff plötzlich stehen bleibt und an einer Hangkante Schweiß verweist. Fast senkrecht geht es hier hinunter, aber es hilft alles nichts. Ich befestige den Schweißriemen am Gürtel und versuche im Hang abzusteigen, während Cliff mit weit gespreizten Läufen voranrutscht. Es ist keinesfalls ein kontrollierter Abstieg! Im Gegenteil, es ist mehr ein Stürzen und Fallen, bis ich endlich unsanft unten am Hochwasser führenden Bach lande.

Cliff steht am Ufer, läuft fünf Meter nach rechts und fängt an, Laut zu geben. Schlammverschmiert stehe ich am Bachbett und frage mich, was dieses Verhalten nun bedeuten soll. Mit ausgestreckter Hand zeige ich über den Bach in die vermutliche Fluchtrichtung des Bockes, doch Cliff gibt beständig weiter Laut. Bis zu diesem Moment ist ein Bach für ihn nie ein Hindernis gewesen. Normalerweise schwimmt er durch und nimmt die Fährte an der anderen Uferseite sofort wieder auf. Was ist nur los?

„Such voran!", lautet jetzt mein in unüberhörbarer Lautstärke vorgetragener Befehl. Vorsichtig steigt Cliff in das brauntrübe, schnell fließende Wasser. Ich traue meinen Augen kaum: Er taucht mit dem Kopf unter Wasser und zieht den Bock, der sich in einem Gumpen verfangen hat, an die Oberfläche.

An der oberen Hangkante steht Kreisjägermeister W., dem nun nichts anderes übrig bleibt, als ebenfalls den Abstieg in Angriff zu nehmen, denn alleine kann ich den Bock auf keinen Fall bergen. Gemeinsam klettern wir schließlich, den Bock am Schweißriemen festgebunden, wieder nach oben. Es ist eine unsägliche Schinderei, bis wir nach getaner Arbeit endlich in einer nahe gelegenen Ausflugsgaststätte den Tag ausklingen lassen können. Wir sehen aus wie Tiefbauarbeiter kurz nach Feierabend, doch den Wirt scheint das nicht zu stören und so lassen wir uns den wohlverdienten schwäbischen Rostbraten schmecken.

Rotwild- und Gamsnachsuchen

Der folgende Beitrag zu Rotwild- und Gamsnachsuchen entstammt nicht meiner Feder, sondern ich verdanke ihn österreichischen Bracken- und Schweißhundeführern. Es wurden die Erfahrungen von erfolgreichen Praktikern auf der Wundfährte eingebracht. Mein besonderer Dank gilt Dr. Johannes Plenk, dem Zuchtwart des Österreichischen Brackenvereins, für seine Unterstützung.

Die Rotwildstrecke in Deutschland liegt bei gerade einmal 60 000 Stück, weshalb die meisten Nachsuchenführer kaum Gelegenheit haben, Rotwild nachzusuchen, doch mit der richtigen Trainingsmethode sollte auch das für den auf Schwarzwild eingearbeiteten Hund später nicht zum Problem werden.

Rotwildnachsuchen

Beim Rotwild wirkt sich die Lebensweise in einem streng hierarchischen, sozialen Verband, der große Bedarf an Lebensraum sowie die Wanderbewegungen im selben auf das Fluchtverhalten verletzter Stücke aus. Daher erfordert die Nachsuche auf Rotwild Hunde mit gewissen Eigenschaften und auch eine besondere Einarbeitung.

Die Lebensweise und das Verhalten des Rotwildes bedingt, dass der Hund sehr fährtentreu arbeiten muss.

Weibliches Rotwild und Jungtiere versuchen, auch wenn sie schwer krank sind, möglichst lange im Rudel mitzuziehen. Insbesondere bei Kälbern ist dieses Verhalten stark ausgeprägt, sie ziehen mit, bis sie vor Schwäche zusammenbrechen oder verenden.

Geht ein Kalb ins Wundbett, bleibt das zugehörige Alttier in der Nähe und wird versuchen, den folgenden Hund abzulenken. Ist das Kalb aber schwer krank oder bereits verendet, wird es, vor allem bei scharfen Hunden, in der Regel aufgeben und flüchten.

Rotalttiere und insbesondere -kälber ziehen mit dem Rudel, bis sie vor Schwäche zusammenbrechen.

Das erfordert einen höchst fährtentreuen Nachsuchenhund, der nicht changiert und imstande ist, die Krankfährte aus dem Wirrwarr an Verleitungen herauszufiltern. Um dies zu erreichen, erfolgt die Suche am Riemen bis zu einem warmen Wundbett und viele Nachsuchenführer warnen davor, den Hund auf wegbrechende Stücke zu schnallen, ohne Sicherheit zu haben, dass es das kranke Stück und nicht ein gesundes Rudelmitglied ist.

Rotwild allgemein, aber Hirsche im Besonderen, kennt sich in seinen weiten Lebensräumen gut aus, sodass in riesigen Revieren mit einer weiten Flucht auch über die Grenze hinweg zu rechnen ist.

Besonders in der Brunft kann es sein, dass ein weit herangezogener Hirsch krankgeschossen den Heimweg antritt und Suche und Hatz über Berg und Tal gehen. Da müssen Hund und Führer schon eiserne Fährtenhalter sein, um Erfolg zu haben. Platzhirsche dagegen bleiben meist – selbst schwer krank – beim Brunftrudel, versuchen sogar noch zu beschlagen und führen die Nachsuche im Kreis, oft mehrfach durch das Brunftrudel.

Da Rotwild ein Langstreckenflüchter ist, können Hetzen über mehrere Kilometer gehen.

Dass Hirsche meist zum Wasser flüchten und sich auch gern bis zum Wanst im Wasser stehend stellen, um sich gegenüber dem Hund einen Vorteil zu verschaffen, ist schon aus der ältesten Jagdliteratur bekannt und wird immer wieder durch unsere Nachsuchenführer bestätigt.

Krankes Rotwild stellt sich gern im Wasser, denn hier kann es die Angriffe des stellenden Hundes besser abwehren.

Während schon Reh- und Schwarzwild schwierige Widergänge macht, ist das Verhalten von Rotwild in dieser Beziehung häufig extrem. In vielen Fällen nutzt nicht einmal mehr ein Vor- oder Zurückgreifen. Oft ist die letzte Möglichkeit, den Einstand mit Vorstehschützen zu umstellen und zu versuchen, das Stück herauszudrücken.

Manche Hunde werden im Laufe ihres Arbeitslebens zwar so firm, dass sie fast ohne Riemen arbeiten könnten – was gelegentlich die Arbeit sehr erleichtern würde, man denke an Latschenfelder, felsiges Gelände im Gebirge, Altarme oder Brombeerdschungel in Flussauen –, aber alle Nachsuchenführer wissen von Arbeiten zu berichten, wo nur konsequente Riemenarbeit zum Erfolg geführt hat.

Schließlich gilt es, Bestätigungen wie Schweiß, Wildbretfetzen oder Wundbetten zu finden, was nur möglich ist, wenn der Hund diese verweist, genau auf der Fährte arbeitet und der Führer nahe genug am Hund ist, um das Verweisen zu bemerken. Gerade dies gelingt durch die Verbindung des Riemens am besten.

Um den ausgeprägten Jagd- und Beutetrieb einer Bracke zu beherrschen und ausnützen zu können, ist es wichtig, prägende Erfolgserlebnisse im jungen Alter zu ermöglichen. So sollten erste

Totsuchen am Hauptwild erfolgen, in diesem Fall also am Rotwild, und am Anfang nur Hetzen auf Stücke erlaubt werden, die der Junghund sicher zustande bringen kann. Daher wurde der Schweißhund früher auch stets mit einem alten und erfahrenen Hund als Helfer eingearbeitet.

Dem Junghund müssen, prägende Erfolgserlebnisse ermöglicht werden.

Die Vorsuche, z. B. nach dem Abtragen vor einer Dickung oder nach dem Umschlagen derselben mit dem Hund am Riemen, um festzustellen, ob das kranke Stück sich gesteckt hat, ist nur mit riemenfesten und auf diese Arbeitsweise eingearbeiteten Hunden möglich.

Die heutige Nachsuchenarbeit unterscheidet sich zunehmend von den klassischen Schweißarbeiten der Hirschmannschule, denn oft wird bereits sehr bald nach dem Schuss nachgesucht. Schließlich kann ein Berufsjäger, der 50 und mehr Stück Schalenwild erlegen muss, oft erst im letzten Büchsenlicht einen Schuss anbringen. Lebensmittelhygienevorschriften fordern heutzutage aber eine schnellstmögliche Nachsuche und Versorgung. Zudem sind in Revieren, die reichlich Schwarzwild beherbergen, am nächsten Tag vom verendeten Stück oft nur mehr traurige Reste zu finden, denn Sauen sind keine Kostverächter!

Lebensmittelhygienevorschriften fordern heute eine schnellstmögliche Nachsuche. Dem entgegen steht das Erfolg versprechende Einhalten von Stehzeiten der Krankfährte. Durch die geschickte Auswahl und Positionierung der Schützenstände bei einer Bewegungsjagd, sodass ein Stück mehreren Schützen kommen kann, können Risiken vermindert werden.

Dadurch hat das Stück keine Zeit, krank zu werden, und die Wahrscheinlichkeit einer Hatz steigt bei diesen frischen Suchen enorm an. Passionierte Hunde, die auf einer einmal angenommenen Fährte anhaltend und mit sicherem Laut jagen und zudem mit einer vernünftigen Wildschärfe ausgestattet sind, werden immer wichtiger.

Um Rotwild zu Stande zu hetzen und den Bail zu halten, bis der Schweißhundführer den Fangschuss anbringen kann, muss der Hund über längere Zeit schneidig stellen.

Gerade in der Brunft erschweren Brunftgeruch und die zahlreichen Verleitungen die Arbeit des Schweißhundes deutlich. Hier muss der Hund mit enormer Fährtentreue und Fährtensicherheit ausgestattet sein, der Hundeführer selbst auf die kleinsten Pirschzeichen achten, aber auch großes Vertrauen in den Hund haben, sollten diese nicht zu finden sein, um ihm nicht die Suche durch falsche Korrekturen zu erschweren.

Gamsnachsuchen

Während es beim Rotwild ebenso die Verfechter bedingungsloser Wildschärfe wie Hundeführer gibt, die schneidig stellende gegenüber packenden Bracken bevorzugen, herrscht Einigkeit darüber, dass eine Bracke mit ausgeprägter Wildschärfe auf Gams nur im äußersten Notfall geschnallt werden sollte.

Gamswild ist schusshart, geht aber recht schnell ins Wundbett.

Gamswild gilt als schusshart, ist dabei aber wehleidig, das heißt, es geht schnell ins Wundbett.

Hochgebirgsbracken müssen vom Welpenalter an ans Klettern gewöhnt werden, um gute Arbeiten leisten zu können.

Kommt es aber zum Aufmüden und der Flucht, so werden Gämsen mit relativer Sicherheit instinktiv das nächstgelegene Steilgelände aufsuchen, wohin ihnen am Riemen nicht gefolgt werden kann.

Bergerfahrene Hunde, die mit Abstand stellen und nicht auf Teufel komm raus versuchen, das Stück zu packen und abzutun, können an dieser Stelle geschnallt werden. Der aus sicherem Abstand stellende und Laut gebende Hund erregt dann beim Gams so viel Aufmerksamkeit, dass der heranpirschende Hundeführer leicht übersehen wird. Bei besonnenem Vorgehen kann der Hundeführer meist selbst den erlösenden Fangschuss abgeben. Bei übermäßig wildscharfen Hunden, die versuchen zu packen, besteht zum einen die Gefahr, dass sie gehakelt und aus der Wand geworfen werden, zum anderen stürzen sie im Steilgelände mit der abgetanen Beute allzu leicht ab.

Im Gebirge besteht für den Schweißhund immer die Gefahr abzustürzen, deshalb muss ein Schnallen gut überlegt sein.

Insgesamt stellt bei Nachsuchen auf Gams das Finden des Anschusses (gerade bei den heute leider oft extrem weiten Schüssen) im teils höchst gefährlichen Gelände sowie der häufig lange Anmarsch zum Ort des Geschehens höhere Ansprüche an das Nachsuchengespann als die Riemenarbeit selbst.

Schnee, Eis, Dornen, Gewässer, steile Grasmatten und Blockgelände müssen von Jugend an in zunehmender Schwierigkeit gemeistert werden, um später bei der Arbeit nicht zum unüberwindbaren Hindernis zu werden.

Bergige Nachsuchenregionen fordern also, genau wie jedes andere Gelände auch, eine Einarbeitung des Nachsuchengespannes. Denn wenn sich Hund und Führer an steilen Hängen entlangkämpfen müssen und dabei jeder Schritt Konzentration fordert, bleibt bei Mensch und Hund nicht viel davon für die Fährte übrig. Ebenso wird ein wasserscheuer Hund im Auwald am ersten Altarm scheitern.

So ist es bei der Nachsuche wie überall im Leben: Um zu Spitzenleistungen fähig zu sein, sind Veranlagung, Gelegenheit zum Training und auch das Quäntchen Glück nötig, das wir dem Nachsuchengespann mit einem kräftigen „Suchenheil“ wünschen sollten.

Nachsuchenberichte

Der Hirsch von Oradea

Im Laufe der Jahre hat Cliff auch einige Nachsuchen auf Rotwild durchgeführt. So begleite ich 1999 eine Gruppe befreundeter Jäger nach Westrumänien, nahe der ungarischen Grenze. Wir fahren zur Hirschjagd nach Oradea. Zur Zeit der k. u. k Monarchie hieß die Stadt noch Großwardein. An den zerbröckelnden Fassaden historischer Gebäude in der Altstadt ahnt man den Glanz vergangener Epochen. Unvorstellbar groß sind hier die Reviere der rumänischen Forstverwaltungen. Die Forstdirektion Oradea verwaltet e in Gebiet von über 100.000 Hektar.

Über Wien, Budapest und Szolnok erreichen wir den ungarisch-rumänischen Grenzübergang Artand/Bors, wo ein rumänischer Forstbeamter zusteigt, der uns in das Revier geleiten soll. Nach kurzer Fahrt verlassen wir die Hauptstraße und fahren auf schlaglochübersäten Nebenstraßen nach Norden. Drei Stunden später erreichen wir das Forsthaus. Neben dem einfachen Wohnhaus des Försters befindet sich das luxuriöse Gästehaus des vom rumänischen Volk hingerichteten Diktators Ceaușescu. Luxus pur – so lässt es sich leben! Das Abendmahl ist opulent. Ein Kellner im Frack serviert und eine große Anzahl dienstbarer Geister ist für uns zuständig. Am nächsten Morgen stehen vier knüppelhart gefederte Dacia-Geländewagen bereit, um meine Jagdfreunde in verschiedene Reviere zu fahren.

Die Vertragskonstellation bei Auslandsjagdreisen beinhaltet, dass bei Krankschießen des Wildes 50 % des geschätzten Trophäenwertes bezahlt werden müssen. Das ist auch der Grund, warum ich Auslandsjagdreisen meiner Jagdfreunde grundsätzlich mit meinem Schweißhund begleite. Im ehemaligen Ostblock war lange der Einsatz von Schweißhunden in den meisten Revieren mangels geeigneter Gespanne nicht möglich. Inzwischen hat sich auch hier einiges getan und eine durchaus positive Entwicklung ist zu beobachten.

In vielen der damaligen Ostblockstaaten war der Einsatz von Schweißhunden unbekannt. In der Zwischenzeit hat sich hier einiges zum Positiven entwickelt.

Mithilfe eines Dolmetschers haben wir schon am ersten Abend die Förster informiert, dass ein Ausgehen der Wundfährte oder der Einsatz ungeeigneter Hunde von der Jagdgruppe unerwünscht ist. Irgendwie hatte ich den Eindruck, dass man unseren Wunsch zwar freundlich registrierte, aber ansonsten nicht sehr ernst nahm. So nimmt das Schicksal am nächsten Abend seinen Lauf.

Auf eine Entfernung von 200 Metern erscheint ein Rudel Kahlwild mit einem sehr guten Hirsch. Meinem Jagdfreund, einem älteren Jäger, ist die Entfernung zu weit. Trotzdem wird er vom Förster gedrängt, dem Hirsch die Kugel anzutragen. Im Knall des Geschosses zeichnet der Hirsch und springt ab. Entgegen aller am Vorabend gemachten Absprachen läuft der Begleiter mit einer Taschenlampe bewaffnet in den Bestand. Er findet einen Tropfen Schweiß. Wird der Hirsch jetzt nicht gefunden, muss der Schütze die Hälfte des geschätzten Abschusspreises bezahlen. Man holt über Funk einen anderen rumänischen Jäger mit einem Hund undefinierbarer Rasse. An einer Art Wäscheseil geführt, wird der Vierbeiner nach wenigen Metern geschnallt. Nach geschätzten 400 Metern wird der Hund laut, kommt dann aber nach 10 Minuten zurück. Nach Schilderung dieser Vorgänge ist die Stimmung der Jagdgruppe auf dem Nullpunkt. Wir zitieren Dolmetscher und Forstamtsleiter herbei und erinnern an die am Vorabend gemachte Absprache. Achselzucken und Schweigen ist die Reaktion. Man will uns keine Nachsuche am anderen Morgen gestatten. Begründung hierfür: Es ist Brunft und das Revier würde dadurch zu stark beunruhigt.

Ist man sich anhand der Pirschzeichen über den Sitz der Kugel nicht sicher, sollte man auf eine Trefferdiagnose verzichten.

Jetzt ist das Maß voll: Wir drohen mit Abreise. Nach langem Telefonat mit einer vorgesetzten Dienststelle wird uns die Nachsuche gestattet.

Um 6.30 Uhr stehe ich am Anschuss. Ich finde die Schaleneingriffe des Hirsches und mehrere Schnitthaare. Diese sind 2 Zentimeter lang und hellbraun gefärbt. Meine Erfahrungen mit Rotwildnachsuchen und demzufolge auch Cliffs Erfahrungen sind gleich Null. Ich gebe deshalb auch lieber keine Trefferdiagnose ab. Ruhig nimmt Cliff die Fährte auf. Einige Male finden wir an hohen Gräsern abgestreiften Schweiß. Cliff liegt etwas fester im Riemen als sonst und er hat auch die Nase nicht so tief am Boden. Anscheinend macht dem Hund das Ausarbeiten der Fährte keine Probleme. Nach 400 Metern erreichen wir ein Wundbett. Hier wurde der Hirsch am Vorabend vom geschnallten Hund aufgemüdet. Nach kurzem Kreisen arbeitet Cliff weiter.

Die Bodenverwundungen durch Schaleneingriffe beim Rotwild sind aufgrund des höheren Körpergewichtes größer. Rotwildschweiß übt zudem einen sehr starken Reiz auf den Hund aus.

Nach einem weiteren Kilometer Riemenarbeit durch alte Buchenbestände geht es einen Hang hinunter. Unten angekommen, folgt Cliff im rechten Winkel einem grasbewachsenen Weg. Da spüre ich, wie der rumänische Förster meine Schulter ergreift. Er zeigt nach vorn und wirklich, kaum 30 Meter entfernt liegt der Hirsch.

Der Förster hat noch nie einen Schweißhund arbeiten sehen. Immer wieder betrachtet er Cliff und schüttelt den Kopf.

Zu diesem Hirsch hatte ein Jagdfreund am ersten Morgen bereits einen Abschusshirsch mit gutem Schuss erlegt und am Abend fällt der dritte Hirsch unserer Jagdgruppe. Die Stimmung beim Abendessen ist dank der erfolgreichen Nachsuche, dem reichlichen Genuss des rumänischen Premiumweines und einiger Runden selbst gebrannten Schnapses ausgelassen und fröhlich.

Da geht die Tür des Speisesaals auf und zwei Förster kommen herein. Die Uniformen lassen auf höhere Dienstgrade schließen. Sie sprechen mit dem Dolmetscher und ihren Blicken und Gesten nach hat das Gespräch etwas mit meiner Person zu tun.

Der Dolmetscher tritt an mich heran und sagt: „Der Forstdirektor bittet Sie, einen Hirsch, der heute Abend in einem 80 Kilometer entfernten Revierteil krankgeschossen wurde, nachzusuchen." Anscheinend hatte die Arbeit meines Schweißhundes doch Eindruck hinterlassen.

Am nächsten Morgen um 5 Uhr steige ich in den Dacia-Geländewagen der Forstverwaltung. Zwei Stunden auf schlechten Wegen werden wir in dem knüppelhart gefederten Wagen durchgeschüttelt.

Ein italienischer Jäger hatte auf 80 Meter einen Abschusshirsch beschossen. Im Schuss mit den Hinterläufen ausschlagend, flüchtete das Stück. Am Anschuss finden sich zwei kleine Spritzer Schweiß und ein kleiner Wildbretfetzen.

Cliff nimmt die Nase herunter und ohne jede Unsicherheit arbeitet er in den krüppelholzartigen Buchenbestand hinein. Nach 300 Metern biegt er im Bogen nach links ab und wir stehen nach weiteren 400 Metern vor dem verendeten Hirsch. Die Kugel hat Leber und Pansen gefasst. Das Stück liegt auf dem Ausschuss und ein schmales Rinnsal Schweiß läuft am Einschuss hinunter.

Meine Erfahrung ist, dass die Hunde stärker im Riemen liegen und den Kopf nicht so tief halten. Das kann bei Schweißprüfungen oder bei den ersten Nachsuchen auf Rotwild mit einem Hund, der nur Schwarzwild kennt, zu Fehldeutungen der Körpersprache führen.

Man sollte über die jagdlichen Zustände, was das Schweißhundwesen im damaligen Ostblock betrifft, nicht moralisierend den Finger heben. Ich habe insbesondere in Rumänien hervorragende Jagdführer und Förster erlebt. Doch aus dem Blickwinkel der damals um ihre nackte Existenz kämpfenden Jäger wiegen die Kosten der Schweißhundhaltung den Nutzen nicht auf.

Inzwischen hat sich jedoch vieles zum Guten verändert. Diese beiden Arbeiten waren vielleicht ein kleines Stück Entwicklungshilfe für den rumänischen Staatsforst.

Erfolgreiche Nachsuche in Rumänien.

Sachsen – Das Land, wo die schönen Mädchen auf den Bäumen wachsen …

Meine Großmutter war es, die mir diese Weisheit während meiner Kindheit im breitesten Sächsisch mit auf den Weg gab.

Auf dem Display meines Handys blinkt die Meldung: Unbeantwortete Anrufe. Eine mir unbekannte Nummer mit der Vorwahl 03.

Toll ist heutzutage doch die Technik. Ich drücke die grüne Anruftaste. Es meldet sich Dr. B., stellvertretender Leiter des sächsischen Staatsforstes Taura bei Leipzig. Ich werde zur Drückjagd eingeladen, soll aber meinen Schweißhund mitbringen. Anfang November reist eine kleine Gruppe Ulmer Jäger nach Taura. Bejagt wird das Naturschutzgebiet Dahlener Heide. Freigegeben sind Rot-, Schwarz- und Rehwild.

Am Abend vor der Jagd besuchen wir noch eine Hubertusmesse in einer kleinen Kirche in Eilenburg. Ein Pfarrer, der am nächsten Tag als Jäger mitwirkt, hält eine bemerkenswerte Predigt. Mit klaren, einfach gehaltenen Worten schildert er den Werdegang des Hubertus vom wilden ungezügelten Jäger zum frommen Mönch.

Einen Teil seiner Predigt widmet er dem anständigen Jagen und der viel strapazierten Waidgerechtigkeit. Am Altar ist ein kapitales Hirschgeweih aufgestellt. Dieser Hirsch ist mit einer Schussverletzung verludert in seinem Revier gefunden worden. Hochwürden richtet deshalb deutliche Worte an das grüne Auditorium.

Ich denke noch: Vielleicht ist der Unglücksschütze anwesend und sitzt mit roten Ohren in der ersten Reihe.

In historische Uniformen des sächsischen Königs August des Starken gewandet, wird die Hubertusfeier von der Parforcehorngruppe Taucha in Szene gesetzt. Eine optisch und akustisch sehr beeindruckende Vorstellung.

Am nächsten Tag beginnt im Morgengrauen die Jagd.

Vereinzelt fallen Schüsse. An meinem Stand ist nichts los und so freue ich mich, dass um 12 Uhr endlich abgeblasen wird. Am Sammelplatz angekommen, stärken wir uns beim Schüsseltreiben. Die Jagdleitung teilt mich zu einer Nachsuche auf ein Stück Rotwild ein. Begleitet werde ich vom Schützen und dem Revierleiter, einem jungen Forstbeamten. Zwei Rudel Rotwild haben den Bewirtschaftungsweg flüchtig überfallen. Das beschossene Rottier hat deutlich gezeichnet. Der Nachbarschütze meldet einen deutlichen Kugelschlag.

Hinweise auf deutlich vernehmbaren Kugelschlag müssen nicht unbedingt einen Treffer bestätigen.

Außer einer großen Anzahl von Schaleneingriffen finden wir trotz größter Sorgfalt im losen sandigen Boden nichts. Weder Schnitthaar noch Schweiß.

Es ist das fünfte Stück Rotwild, das von meinem Cliff nachgesucht wird. Ich habe nicht den Eindruck, dass die Ausarbeitung der Rotwildfährte dem Rüden Schwierigkeiten bereitet.

Sind am Anschuss viele Fährten zu sehen und arbeitet der Hund eine derselben 1000 Meter ohne Bestätigung eines Pirschzeichens, wird er noch einmal am Anschuss angesetzt.

Der Hund fällt die Fährte an, die ich immer wieder durch Schaleneingriffe bestätigen kann. Nach fast zwei Kilometern ist immer noch kein Tropfen Schweiß zu finden. Wir sind mit hoher Wahrscheinlichkeit auf einer Gesundfährte. Die Abbruchstelle wird markiert und wir beginnen am Anschuss von Neuem. Fast 30 Meter hinter dem ursprünglich vermuteten Anschuss finden wir tiefe Schaleneingriffe und danach einen Tropfen Schweiß. Cliff liegt im Riemen. Sicher, ruhig und doch zügig geht es durch lichte Bestände. Nachsuchenmäßig gleicht dieses Revier gegenüber unseren steilen und meist bürstendichten Albrevieren einem Erholungsheim. Einzige Hindernisse sind schmale, flache Wassergräben, sonst handelt es sich vorwiegend

Während Schwarzwild kaum schwierige Widergänge macht, ist das Verhalten von Reh- und Rotwild in dieser Beziehung häufig extrem. Da heißt es Nerven behalten und dem firmen Schweißhund folgen! Solange der Hund bogenschlagend den Abgang der Fährte sucht, lässt man ihn arbeiten.

Kann der Hund die Widergänge nicht entwirren, wird versucht, durch Umschlagen des Einstandes den Abgang zu finden.

um Kiefernbestände, die lückig mit Buchen unterbaut sind. Immer wieder verweist der Rüde seitlich tief abgestreiften Schweiß.

Waidwundschuss tief?

Zwei Stunden sind wir unterwegs, als der Schweißhund zu kreisen beginnt. Fast parallel zur Fluchtfährte geht es wieder zurück. Nach 200 Metern beginnt der Rüde wieder zu kreisen. Das Spiel der Widergänge hat begonnen. Fast eine Stunde löst Cliff Haken um Haken, verweist Schweiß und entwirrt die für uns Menschen unlösbaren Knoten.

Finden wir Schweiß oder ein zum Stück gehörendes Trittsiegel, kennzeichnen wir es mit Markierungsband. Kann er es nicht entwirren, bleibt als letzte Möglichkeit nur, den entsprechenden Einstand zu umschlagen, um sich den Abgang vom Hund anzeigen zu lassen.

Wir kreuzen einen Bewirtschaftungsweg, als Cliff stehen bleibt und die Behänge kurz anhebt. Ich traue meinen Augen kaum: 40 Meter vor uns steht das Stück und zeigt uns, rückwärts gewandt äugend, den Spiegel. Es gelingt mir nicht mehr, die Waffe von der Schulter zu nehmen. Das Alttier springt ab. Am Riemen zerrend, steht Cliff auf den Hinterläufen und gibt Laut. Mit Mühe streife ich Halsung samt Riemen ab und die Hatz beginnt. So schnell es nur geht, folgen wir dem Hetzlaut. Nach 400 Metern Standlaut.

Wir sind etwa 100 Meter vor dem Bail, als der Standlaut abbricht. Anscheinend hat das Stück uns bemerkt. Nach kurzer Zeit wieder Hetzlaut. Noch einmal stellt der Rüde. Wir erreichen den Bail. Ein einmaliges Bild tut sich vor unseren Augen auf: Das Alttier steht in einem tiefen Entwässerungsgraben und Cliff stellt es energisch und versucht zu fassen. Das Alttier schlägt mit den Vorderläufen nach dem Hund. Im Knall meiner 8 x 57 bricht das Stück zusammen. Nach 3 Kilometern Riemenarbeit und einer Hetze von 600 Metern kommt das Stück zur Strecke.

Förster und Schütze sind sehr beeindruckt von der Leistung meiner Steirischen Bracke. Im August des folgenden Jahres erreicht mich wieder eine Einladung zur Jagd – und ich soll bitte erneut für Nachsuchen zur Verfügung stehen. Logisch, dass Cliff und ich hinfahren.

Ja – aber wie war das mit dem Spruch meiner Großmutter? Nicht ein einziges Mädchen habe ich auf den Bäumen wachsen sehen! Es muss sich wohl um ein schlechtes Mastjahr gehandelt haben …

Hundeschicksale

Nicht immer kommt es zu einem versöhnlichen Ausgang. Die Tatsache, dass ich bisher von so vielen erfolgreichen Nachsuchen berichtet habe, sollte nicht darüber hinwegtäuschen, dass diese Arbeit durchaus gefährlich werden kann. Schon manch ein guter Jagdhund hat im Kampf gegen das wehrhafte Wild bei Nachsuche und Jagd sein Leben lassen müssen.

Kyra

Vormittags gegen 11 Uhr klingelt mein Handy und Förster H. aus W. erklärt mir in aufgeregten, kurzen Sätzen folgenden Sachverhalt:

Gegen 6 Uhr sei er zu einer Kanzel an einem Weizenfeld gepirscht. Da habe er die schmatzenden Geräusche einer im Gebräch stehenden Sau gehört. In einer Lücke im Getreide erkannte er ein starkes Stück Schwarzwild. Glatt und hellbraun war die Sommerschwarte, das Gewaff deutlich zu erkennen. Ein Keiler mit geschätzten 100 Kilogramm Gewicht! Im Knall riss es das Stück herum. Hochflüchtig suchte es über eine Wiese und dann einen Hang hinauf das Weite.

H. ist ein erfahrener Schwarzwildjäger. In aller Ruhe untersuchte er den Anschuss und war sich seiner Sache sicher: Der Treffer saß im Leben. Aus seinem Wagen holte er seine DD-Hündin Kyra. Am Anschuss schnallte er sie und spurlaut arbeitete die Hündin über die Wiese in den Bestand hinein. Immer leiser wurde der Laut, dann war nichts mehr zu hören. Jetzt kamen H. erste Zweifel. Er legte seinen Mantel am Anschuss ab und fuhr den Hund suchend stundenlang ergebnislos im Revier herum. Völlig niedergeschlagen rief er mich dann an.

Gegen 13 Uhr stehen wir gemeinsam am Anschuss. Ruhig nimmt Cliff die Fährte auf, sucht über die Wiese zum Waldrand vor, hin zu einer Schwarzdornhecke von 10 Metern Tiefe und 30 Metern Länge. Ich markiere den Einwechsel und umschlage den Verhau, denn Schwarzdornhecken sind schon manchem Nachsuchengespann zum Verhängnis geworden. Fast hilflos sind Hund und Führer in einer solchen Hecke einer angreifenden Sau ausgesetzt.

Immer wieder passieren Jagdunfälle bei der Nachsuche in Schwarzdornhecken, denn in deren Dickicht sind Führer und Hund den Angriffen vom Schwarzwild fast schutzlos ausgeliefert. Grundsätzlich müssen Schwarzdornhecken deshalb mit dem Hund umschlagen werden. Steckt die Sau drin, helfen kleine, wendige Stöberhunde oder die eigene Risikobereitschaft des Nachsuchenführers ohne seinen Hund, um die die Nachsuche zu beenden (Siehe „Der Keiler von Comana“).

Cliff zeigt mir den Auswechsel an und steil geht es den Hang hinauf. Mehrfach finden wir starke Bodenverwundungen der hochflüchtigen Sau. Auf der Hochfläche angekommen, beginnt Cliff zu kreisen. Kein Schweiß. Dann nimmt er die nach links verlaufende Fährte wieder auf. Nach weiteren 500 Metern kreuzen wir eine Rückegasse. Plötzlich bleibt Cliff wie angewurzelt stehen. Seine Nase vibriert, dann geht er langsam und fast vorsichtig nach links. Da sehe ich etwas Dunkles im Buchenanflug liegen. Es ist Kyra. Der Keiler hat den Hund furchtbar zugerichtet. Es muss ein erbitterter Kampf stattgefunden haben und Kyra hat ihren Einsatz für die Jagd letztendlich mit dem Leben bezahlt.

Cliff sucht den Hang hinunter weiter. 30 Meter vor einem Bewirtschaftungsweg wird der Riemen schlaff. Wir stehen am inzwischen verendeten Keiler. H. hatte die notwendige Wartezeit nach dem Schuss nicht eingehalten.

Gerade bei Schwarzwild ist eine Wartezeit zum Krankwerden unabdingbar.

Still bergen wir das Stück. Am Fuße eines Felsens wird Kyra begraben. Eine große Medaille mit einem Drahthaarkopf erinnert hier noch an einen mutigen tapferen Hund.

Als ich nach Hause fahre, ist in mir nur noch Trauer und mir wird bewusst, wie gefährlich Nachsuchen auf Schwarzwild doch sein können.

Rowdy

Der Plott Hound Rowdy war im Besitz von Forstdirektor Stefan Tluczykont. Bei einer großen Bewegungsjagd auf der Schwäbischen Alb sah und hörte ich diesen Hund das erste Mal jagen. Ich hatte einen Drückjagdsitz an einer Hangkante bezogen. Von Weitem hörte ich den Laut von jagenden Terriern. Und dann hörte ich den abgrundtiefen Laut eines jagenden Hundes, wie ich ihn in dieser Lautstärke und mit einem solch tiefen Bass noch niemals vernommen hatte. Im Gegenhang auf 100 Metern erkannte ich einen Überläufer, verfolgt von Rowdy. An einen Schuss war aufgrund der Entfernung und Geschwindigkeit des Wildes nicht zu denken. Nach 30 Minuten hörte ich den Laut des Hundes wiederkommen.

Rowdy hatte den Überläufer einmal um den gesamten Höhenzug gejagt. Ein im Gegenhang postierter Schütze erlegte das Stück mit sauberem Blattschuss.

Damals ahnte ich noch nicht, unter welchen Umständen sich das Schicksal dieses hervorragenden Hundes mit meinem Schweißhund Cliff verbinden würde.

Im darauffolgenden Jahr wurde ich vom Forstamt Ehingen verständigt. Rowdy war während einer Drückjagd umgekommen. Nach dem Abblasen hatte sich ein Jäger bei der Jagdleitung gemeldet und folgenden Sachverhalt berichtet: Während der Drückjagd seien schräg rechts einige hundert Meter von ihm entfernt Schüsse gefallen. Kurz darauf sei ein größerer Jagdhund aus dieser Richtung angetorkelt gekommen. Ihm war der Unterkiefer abgeschossen worden. Um ihm weitere Qualen zu ersparen, habe er den Hund mit einem gezielten Schuss getötet.

Am Sammelplatz wurden daraufhin die Jäger und Treiber befragt. Niemand konnte – oder wollte – zum Hergang etwas aussagen. Ich werde beauftragt, mit Cliff die Schweißfährte rückwärts bis zum Täter auszuarbeiten. Unter dem Hochsitz des Jägers, der Rowdy erlöst hatte, ist eine große Schweißlache zu finden. Ein Forstbeamter weist uns in die Richtung ein, aus der Rowdy gekommen sein soll. Wir finden weder Schweiß noch sonstige Hinweise. Über zwei Stunden bemühen wir uns, den Tathergang zu ergründen. Aussichtslos – wir finden nichts, was zur Aufklärung beigetragen hätte. Total frustriert fahren wir nach Hause.

Am nächsten Tag entdeckt man einen Tropfen Schweiß 50 Meter hinter dem Hochsitz des Jägers, der Rowdy erlöst hat. Ist er von Rowdy oder von einer angeschweißten Sau? Das muss geklärt werden, also beginnen wir von Neuem mit der Suche. Am besagten Schweißtropfen nimmt Cliff die Nase herunter und folgt der Rückegasse 30 Meter nach hinten. Dann biegt er nach links ab. Zweimal finden wir kleine Spritzer Schweiß. Nach 50 Metern erreichen wir eine kleine Blöße. Kniehoch ist hier der Buchenanflug und überall Schweiß auf dem Buchenlaub verspritzt. Aber ab hier finden wir keinen Tropfen mehr. Über eine Stunde versuchen wir vergeblich, den Abgang der Fährte zu finden. In uns kommt ein schrecklicher

Verdacht auf: Ist der Jäger, der den erlösenden Fangschuss auf Rowdy abgegeben hat, womöglich selbst der Unglücksschütze?

Als Beweis benötigen wir einen Kugelriss und wenn möglich Geschossreste. Irgendwo muss die Unglückskugel Zeichen hinterlassen haben. Tatsächlich entdeckt man Tage später mithilfe eines Metallsuchgerätes in Richtung des besagten ersten Schweißtropfens die Reste eines Teilmantelgeschosses. Der Schütze leugnet – aber unter der Last der Beweise gesteht er nach vier langen Wochen doch. Dass er ein Funktionär eines bedeutenden Jagdgebrauchshundvereins ist, gibt diesem Vorfall eine besondere Note. Aufgrund dieses Verhaltens wird der „Jäger" mit sofortiger Wirkung aller seiner Ämter enthoben.

Das alles konnte Rowdy nicht mehr lebendig machen. Der Verlust dieses Hundes riss eine schmerzhafte Lücke. Oft führt ein Jäger nur einmal in seinem Leben einen Spitzenhund. Rowdy war einer von ihnen.

Trixi

Am Abend zuvor hatte eine Maisdrückjagd bei Laichingen stattgefunden. Einem Schützen kam im Bestand eine starke Sau, pürzelnah verfolgt von einem Terrier.

Der Jäger backte an und erkannte deutlich den Einschlag der Kugel waidwund tief. Am Anschuss ein winziger Tropfen Schweiß. Der Terrier Trixi kam nicht mehr zurück. Mit einem Hund wurde ergebnislos vorgesucht. Man fand keinerlei Bestätigung und brach kurz vor Einbruch der Dunkelheit ab. Trixi war immer noch nicht zurück. In der Hoffnung, dass der Hund wieder auftauchen würde, stellte man eine Hundebox auf, damit Trixi witterungsgeschützt einschliefen konnte. Die ganze Nacht hindurch regnete es in Strömen und auch am Morgen ließ der wolkenbruchartige Regen nicht nach. Die Box jedoch blieb leer.

Eine im Revier aufgestellte Hundebox kann einem bis zum Abend von einer Hetze nicht zurückgekehrten Hund bei seiner Rückkehr in der Nacht Schutz und Sicherheit geben.

Man begann, das Revier abzufahren, fragte Landwirte und Forstarbeiter. Niemand hatte etwas gesehen oder gehört. Erst am späten Nachmittag entschloss man sich, einen Schweißhundführer anzurufen.

Gegen 18 Uhr stehe ich am Anschuss. Zum starken Regen gesellt sich auch noch ein heftiger eiskalter Wind.

Cliff kreist und kreist. Ich sehe dem Hund an, dass er die Fährte nicht mehr voranbringen kann. Wir greifen in Fluchtrichtung vor. Die Nachsuche gleicht einem Blindflug. Aus und vorbei. Fehlsuchen sind der Stachel im Fleisch des Nachsuchenführers. Aber extreme äußere Umstände wie Regen, Sturm oder starke Hitze lassen die Chancen auch bester Hunde gegen Null tendieren.

Terrier und Sau wären bei einer Nachsuche direkt nach dem Abblasen mit hoher Wahrscheinlichkeit von einem guten Schweißhund gefunden worden. Schwarzwild ist wehrhaft. Der schneidige Terrier hatte die Sau wahrscheinlich zu Stande gehetzt und war bei der folgenden Auseinandersetzung tödlich geschlagen worden.

Der Hundeführer hat wochenlang über Presse, Polizei und Tierheime versucht, das Schicksal seines Hundes aufzuklären. Man soll es nicht glauben, aber in seiner Verzweiflung bemühte er sogar eine Wahrsagerin. Doch alle Bemühungen waren vergeblich.

Vielleicht wird irgendwo bei Laichingen auf der Schwäbischen Alb ein Pilzsucher oder Waldarbeiter eines Tages die Warnhalsung von Trixi finden.

In diesem Fall kostete Nachlässigkeit, Schlampigkeit und Nichteinhalten gesetzlicher Vorschriften einen guten Jagdhund das Leben.

Axel

Mein Handy meldet 23 Uhr eine SMS.

Schlaftrunken öffne ich den Messenger.Eine Nachsuche am Rand des Leipheimer Naturschutzgebietes kündigt sich an.

Eine starke Sau wurde auf einer Wiese beschossen und flüchtete über den Grenzgraben der Baden/Württemberg und Bayern trennt über einen Biberdamm.

Nachsuchen über den Grenzgraben teile ich erfahrungsgemäß in zwei Kategorien ein: Flüchtet das beschossene Stück über einen Biberdamm steht eine schwere Nachsuche bevor. Watet oder schwimmt (je nach Wasserstand) durch den Graben sind die Nachsuchen meist einfach.

Dieser Graben hat seine eigene Geschichte.König Wilhelm von Württemberg hat ihn in mühevoller Arbeit errichten lassen. Er führt durch ein schier undurchdringliches Sumpf und Schilfgebiet zwischen Langenau und Leipheim.

Bei Fertigstellung ließ es sich König Wilhelm nicht nehmen von zwei Rössern gezogen in einem Kahn sitzend von Langenau bis zur Donau zu schippern.

So wurde das Moorgebiet auf der württembergischen Seite landwirtschaftlich erschlossen. Und noch heute sind auf der bayrischen Seite fast undurchdringliche Sumpfbiotope während auf der württemberischen Seite landwirtschaftlich genutzte Wiesen und Viehweiden vorherrschen.

Und auf einer solchen Wiese wurde die Sau auf große Entfernung beschossen.

Am nächsten Morgen steht Markus mit dem BGS Axel und ich mit meiner steirischen Bracke Eras am Ort des Geschehens.

Auf dem Biberdamm hat man Schweiß gefunden. Der Anschuss war nicht genau bekannt.

Markus wird mit Axel die Fährte aufnehmen.Eras wird in Richtung Anschuss vorsuchen.Falls am Anschuss Pirschzeichen festgestellt werden werde ich dem Gespann per Funk eine vermutliche Trefferdiagnose mitteilen.

Ich setze Eras an. Etwas widerwillig nimmt er die Fährte auf. Ich drehe mich um und das sehe ich Axel, Markus und den Schützen über den Biberdamm laufend das Sumpf und Schilfgebiet annehmen.

Eras arbeitet 150 Meter und verweist auf der Wiese etwas. Ich greife vor und finde einen Knochensplitter. Diagnose: Hinterlaufschuss tief. Per Handy informiere ich Markus das mit Sicherheit eine Hatz bevorsteht.

Ich gehe mit Eras zum auf der Wiese stehenden Geländewagen des Jagdpächters. Ich zeige ihm den Knochensplitter und bemerke das kann sehr schwer werden. Besonders in einem Gelände wo man beim Stellen des Hundes fast keine Sicht hat und kaum voran kommt.

Wir warten. Und endlich hören wir den tiefen Hatzlaut von Axel. Kein Fangschuss – Stille. Da stimmt was nicht. Es bleibt uns nichts anderes übrig als zu warten.

Fast eine Stunde ist vergangen als Markus und sein Begleiter über den Biberdamm kommend zu uns stoßen.

Es ergab sich folgender Sachverhalt: Axel zeigte laut gebend an das die Suchenmannschaft kurz vor der Sau war und wurde geschnallt. Danach Hetzlaut, Standlaut und Klagen des Hundes.Ein Blick auf das Navi mit schockierenden Ergebnis: Keine Positionsanzeige des Hundes. Ergebnislos suchen Markus und Bergleiter in Fluchtrichtung vor.Sie rufen den Hund aber nichts ist zu hören.Uns ist klar das Axel schwer geschlagen wurde.Jetzt kommt es auf jede Minute an. Eras wird die Fährte des Keilers ausarbeiten.Wir hoffen an den Kampfplatz zu kommen und Axel zu finden.In Fluchtrichtung befindet sich der einzige Wanderweg durch das Sumpf und Schilfgebiet. Drei Jäger werden dort als Vorstehschützen positioniert. Ruhig arbeitet mein erst 11 Monate alter Hund die Fährte aus. Jetzt zeigt sich was eine gute, frühzeitige Ausbildung ausmacht. Wir waten, kriechen durch eiskalte Wasser und Schilf und Weidendickungen. Manchmal muss Eras Wasserflächen schwimmend überwinden. Immer wieder bestätigt Schweiß seine Arbeit. In Richtung Wanderweg wird das Gelände trockener.Wir kommen besser voran und erreichen eine Schilfinsel. Da gibt Eras am Riemen laut. Wir sind kurz vor der Sau. Hund geschnallt ,wütender Standlaut und dann hören wir die Sau im Wasser platschend flüchtet. Eras folgt fährtenlaut. Vom Hund lautgebend gehetzt passiert die Sau eine vorab gestellte Jägerin. Zu schnell queren Keiler und Hund den Wanderweg.Keine Chance einen gezielten Schuss anzutragen. Über eine Stunde jagt Eras den Keiler hin und her. Endlich gelingt es uns den Hund abzufangen. Wo ist nur Axel?

Es ist November,wir sind klatschnass von oben bis unten und inzwischen ist es 15 Uhr.Wir fahren nach Hause und ziehen uns um. Wieder angekommen laufen wir am Grenzgraben hoch und da zeigt das Navi immer wieder aussetzend an. 500 Meter südlich befindet sich Axel. Drei Mann machen sich auf um den Hund zu bergen. Für 500 Meter benötigen sie eine volle Stunde. Endlich erreichen sie den Hund. Der hebt den Kopf ist aber nicht mehr in der Lage aufzustehen. Den Hund durch die Dickungs und Wasserbiotope zu bergen ist nicht möglich. Sie tragen ihn auf den Wanderweg hinaus. Deshalb müssen wir einen Umweg von 30 km fahren um den Hund in die inzwischen informierte Tierklinik zu fahren.

Wieder geht wertvolle Zeit verloren. Gleißend hell ist es im OP Raum der Tierklinik. Axel liegt auf der Chromplatte des Behandlungstisches. Ich schaue auf seinen Brustkorb und kann keinerlei Atmen erkennen. Die Tierärztin schaut auf Axel nimmt das Stetoskop, hört ihn ab, leuchtet mit der Tachenlampe in seine Augen und schüttelt den Kopf.

Viel zu früh hat Axel unsere Welt verlassen.

Schweißhundeführer vergessen ihre Hunde nicht – sie bleiben in dankbarer Erinnerung

(Für den nachfolgenden Bericht bedanke ich mich bei meinem Tierarzt Dr. Jörg Ludwig, Nersingen.)

Erste Hilfe für den Nachsuchenhund[1]

Allgemeine Voraussetzungen

Dieses Kapitel kann und soll kein tiermedizinisches Studium ersetzen, es soll den Nachsuchenführer jedoch in die Lage versetzen, im akuten Notfall Erste Hilfe in freier Wildbahn zu leisten, und dazu beitragen, Vernunftentscheidungen zu treffen, wie die Behandlung weitergeht. Ein bisschen Grundwissen wird dabei vorausgesetzt ... So sollten allgemeine Dinge bekannt sein, zum Beispiel, dass eine verschmutzte Wunde gereinigt und anschließend desinfiziert werden muss und nicht noch zusätzlich mit verdreckten Fingern verunreinigt wird. Da meist Begegnungen mit wehrhaftem Wild Ursache der Verletzungen sind und häufig zusätzlich durch das Ausweichen des Hundes vor angreifendem Wild die Wunde mit Fremdpartikeln verunreinigt wurde, muss in aller Regel eine antibiotische Behandlung erfolgen (Bagatellverletzungen wie kleine Schürfwunden ausgenommen).

Wunden stets reinigen und desinfizieren und darauf achten, sie mit unsauberen Fingern nicht weiter zu verunreinigen.

Wunden heilen unter Luft- und Lichteinfluss besser und schneller, zum Transport oder zum Schutz vor weiterer Verunreinigung – auch von oberflächlichen Wunden – ist ein Verband aber sinnvoll.

Alle größeren Verletzungen oder Herz-Kreislauf-Erkrankungen sollten beim Tierarzt vorgestellt werden.

Zwei Dinge im Voraus: Gesunder Menschenverstand mit dem – wenn auch nur rudimentären – Wissen vom letzten Erste-Hilfe-Kurs (Führerschein) und ein Erste-Hilfe-Kasten, wie er in jedem

1 Die physiologischen Daten sind dem Band „Praktikum der Hundeklinik" von Suter/Kohn/Schwarz, Enke Verlag, 11. Auflage, 2011, entnommen.
Alle Ratschläge entstammen aus dem Allgemeinfundus eines seit vielen Jahren praktizierenden Tierarztes, der in eigener Praxis Kleintiere versorgt und über einen großen chirurgischen Erfahrungsschatz verfügt. Außer dem oben aufgeführten Werk wurden wissentlich keine weiteren Literaturstellen verwendet. Dies heißt jedoch nicht, dass nicht einige der Behandlungsvorschläge bereits anderswo publiziert sein können, da es einige Erste-Hilfe-Werke auf dem literarischen Markt gibt.

Zur unabdingbaren Erste-Hilfe-Ausstattung eines Nachsuchenführers gehören:
- Wasser (Trinkwasser)
- Desinfektionsmittel (Polyhexanid)
- Mullbinde(n)
- 1–2 Packungen Papier-Taschentücher

Fahrzeug vorhanden sein sollte, sind die Dinge, über die nahezu alle Hundeführer verfügen dürften und die in aller Regel genügen, um eine vernünftige Ersthilfe zu leisten. Dazu kommt eine gewisse Kenntnis von Notbehelfsmaßnahmen in freier Wildbahn, die in den einzelnen Kapiteln genannt werden.

Sehr weit kommt man schon mit Trinkwasser, Desinfektionsmittel, Mullbinden und Papiertaschentüchern. Dies alles passt in die Jagdjacke und sollte bei jeder Nachsuche mitgeführt werden.

Verletzte Hunde beißen schneller. Vor der Behandlung sollte der Kopf durch einen Helfer fixiert oder ein Maulverband angelegt werden.

Grundvoraussetzung: Denken Sie immer an Ihre eigene Sicherheit. Ein wie auch immer verletzter, verunfallter oder halb bewusstloser Hund ist in der Regel nicht berechenbar! Da jede Hilfe zudem in der Regel Schmerzen bereitet oder für den panischen Hund eine nicht einzuschätzende Situation darstellt, muss mit einem instinktiven – und damit normalen –Verhalten des Hundes gerechnet werden: Er beißt – notfalls auch seinen Hundeführer. Um das abzuwenden, gibt es zwei Möglichkeiten: Ein weiterer Helfer fixiert den Kopf des Hundes mit beiden Händen – wenn der Hund bereits bei Annäherung schnappt, ist die Jagdjacke als Handschutz ein geeigneter Schutz vor Bissen. Oder man fertigt einen Maulverband an, z. B. aus dem ohnehin vorhandenen Nachsuchenriemen oder mit einem Stück Mullbinde.

Die normale Atemfrequenz bewegt sich beim Hund bei 10–30 Atemzügen pro Minute (in Ruhe).

Erst jetzt erfolgt die Untersuchung. Die Atmung kann über Hebe- und Senkbewegung der Rippenbögen beobachtet werden.

Ein Maulverband schützt vor instinktiven Bissen. © Dr. J. Ludwig

Flache, schnelle Atmung und Hecheln können auf Anstrengung, Verausgabung und Schockzustand hindeuten. Bei Verdacht auf größere Kreislaufprobleme sollten Sie unbedingt die Durchblutung der Schleimhäute beurteilen. Dies gelingt am einfachsten indem man den unteren Lidrand des Augen nach unten zieht. Eine blasse bis weiße Farbe zeigt eine deutlich verminderte Durchblutung an. Diese kann verschiedene Ursachen haben: Herz-Kreislauf-Probleme (z. B. durch Schock) oder Blutungen (innere oder äußere).

Einteilung akuter Erkrankungen

Akute Erkrankungen des Nachsuchenhundes können – grob gesagt – in zwei Kategorien eingeteilt werden: Erkrankungen des Herz-Kreislauf-Apparates und Erkrankungen durch äußere Traumen. Im Allgemeinen darf davon ausgegangen werden, dass nur herzkreislaufgesunde Jagdhunde zur Nachsuche eingesetzt werden. Dies wird bereits bei den ersten Tierarztbesuchen im Welpenalter überprüft.

Erworbene Erkrankungen wie Infektionserkrankungen (z. B. Anaplasmose, Borreliose oder Leishmaniose) können jedoch die Leistungsfähigkeit des Jagdhundes deutlich schwächen. Altersbedingte Herzschwäche wie Herzklappeninsuffizienz können bereits beim mittelalten Hund auftreten und für nur noch mäßige Durchblutung des Organismus ausschlaggebend sein. Während wir Menschen (manchmal) bemerken, dass uns die Luft ausgeht (wir „machen schlapp"), ist der auf „Finderwillen" abgerichtete Vierbeiner mit Adrenalin „gedopt" und kann sich unter Umständen völlig verausgaben.

Selbst gesunde Hunde können sich durch große Passion verausgaben.

Herz-Kreislauf-Problem – was tun?

Überhitzung

Zunächst sollte überlegt werden, was als Ursache des Herz-Kreislauf-Problems infrage kommt. Sicherlich sind lange Nachsuchen im Sommer durch Dickungen und Maisschläge in hügeligem Gelände eine

Herausforderung für Hund und Hundeführer. Nachsuchen an heißen Sommertagen sollten nach Möglichkeit in den frühen Morgenstunden angesetzt werden. Trotzdem ist das Ende nie abzusehen …

Immer Wasser für Hund und Hundeführer mitnehmen!

Denken Sie daran, stets Wasser mitzunehmen (für Hund und Führer), denn nicht immer ist Wasser zum Schöpfen vorhanden. Es empfiehlt sich, bei langen Nachsuchen Pausen einzulegen und den Vierbeiner saufen zu lassen.

Den Hund nie zum Trinken zwingen.

War der Hund geschnallt und kommt völlig erschöpft aus dem Maisfeld zurück, leinen Sie ihn an, legen Sie ihn im Schatten ab und bieten Sie Wasser an. Es kann einige Zeit dauern, bis das Wasser aufgenommen wird, zwingen Sie den Hund deshalb nie zum Trinken!

Bei starker Überhitzung kann dem Tier ein nasses Tuch (Hemd etc.) umgelegt werden. Und: Gönnen Sie Ihrem Vierbeiner genügend Ruhe – auf eine viertel oder halbe Stunde darf es bei der Nachsuche nicht ankommen.

Eine noch schwerwiegendere Verausgabung kann zum Schock oder zur Ohnmacht führen. Ist Ihr Vierbeiner nicht mehr ansprechbar oder liegt bereits auf der Seite, untersuchen Sie zunächst, ob die Atmung frei ist. Dazu muss der Fang weit geöffnet werden und mit den Fingern die gesamte Maulhöhle bis zum Kehlkopf untersucht werden.

Untersuchung der Maulhöhle auf Fremdkörper. *© Dr. J. Ludwig*

Sind keine Fremdkörper in der Maulhöhle zu erkennen, beobachten Sie die Atmung: Senkt und hebt sich die Brust regelmäßig? Wenn ja: für Kühlung sorgen (nasses Tuch/Decke/Hemd/evtl. Fell mit Wasser befeuchten) und abwarten. In den allermeisten Fällen wird der Hund innerhalb ein bis zwei Minuten den Kopf heben und versuchen aufzustehen. Gönnen Sie ihm Zeit und lassen Sie ihn sich erholen. Die weitere Nachsuche sollte aus Tierschutzgründen abgesagt werden.

Ist der Hund bereits stark erschöpft, ist aus Tierschutzgründen Ersatz für die weitere Nachsuche zu organisieren.

Sollte der Jagdhelfer nach zwei Minuten immer noch nicht ansprechbar sein, muss sofort die nächstgelegene diensthabende tierärztliche Praxis/Klinik aufgesucht werden. Dies gilt ebenso, wenn der Hund zwar zu sich kommt, aber weiterhin Ausfallerscheinungen, z. B. im Gangbild oder bei der Ansprechbarkeit, zeigt.

Im Zweifelsfall ist immer der Weg zum Tierarzt richtig.

Schwerste Kreislaufschädigungen können zum Aussetzen der Atmung führen. Sie stellen fest: Ihr Hund ist ohne Bewusstsein, liegt auf der Seite, die Atmung hat ausgesetzt. In diesem Fall muss der Patient beatmet werden. Vor einer Hundeführermund-zu-Hundenase-Beatmung wird zunächst die Maulhöhle wie oben beschrieben nach Fremdkörpern untersucht. Anschließend wird die Zunge so weit wie möglich herausgezogen, der Hals möglichst gestreckt und der Hund über die Nase beatmet. Dazu kann über die Hundenase ein Stofftaschentuch gelegt werden. Ein Atemstoß alle 5–8 Sekunden genügt.

Bei noch schwerwiegenderen Herz-Kreislauf-Problemen kann es zusätzlich zum Herzstillstand kommen. Der Herzschlag beim Hund kann durch Betrachten des unteren Drittels der Rippenbögen, am besten an der linken Seite, festgestellt werden. Beim dicht behaarten Hund gelingt dies allerdings nur durch Fühlen. Dazu legen Sie zwischen dem 6. und 7. Rippenbogen im unteren Drittel des Brustkörpers Zeige- und Mittelfinger auf der linken Körperhälfte. Jetzt kann der Herzschlag gespürt werden. Auch wenn der Herzschlag langsam, unregelmäßig oder nur schwach zu spüren ist: Hände weg vom Brustkorb – eine zusätzliche Hilfe ist kontraproduktiv und schadet nur. Steht fest, dass der Herzschlag ausgesetzt hat, kann mit Reanimierungsmaßnahmen begonnen werden.

Nie eine Herzdruckmassage ansetzen, wenn der Herzschlag noch spürbar ist, sondern erst, wenn er wirklich ausgesetzt hat.

Hierzu wird der Patient auf die rechte Seite gelegt. Die Brust sollte mit 80–100 Druckbewegungen pro Minute mit beiden Händen

Die Herzdruckmassage beim Hund erfolgt auf der linken Seite, der Herzseite. *© Dr. J. Ludwig*

von oben nach unten vorsichtig eingedrückt werden. Nach 15-maligem Drücken wird der Patient zweimal über die Nase beatmet, anschließend wird wieder der Brustkorb „gepumpt". Dies kann über einige Minuten versucht werden. Wenn der Patient wieder zu sich kommt, sollte er schnellstmöglich zum nächstliegenden diensthabenden Tierarzt gebracht werden.

Unterkühlung

Nachsuchen im Winterhalbjahr können zur Unterkühlung des Hundes führen, wobei dies viel seltener der Fall ist als eine sommerliche Überhitzung. Bei der anstrengenden Nachsuchenarbeit wird viel Körperwärme produziert – in den Wintermonaten fällt die Abgabe leicht und ein halbwegs trainierter Nachsuchenhund hat auch bei Minustemperaturen keine Probleme zu erwarten. Doch beim Durchqueren von Bächen/Flüssen oder anderen Möglichkeiten der Felldurchnässung ist Vorsicht geboten. Durch Wind und nasses Fell entsteht Thermosog – dem Körper wird Wärme entzogen, es wird nicht genügend Wärme produziert und das Tier beginnt auszukühlen. Das äußert sich durch Zittern am Körper. Unterkühlung und weitere Verausgabung können sich potenzieren und zum Kälteschock führen. In aller Regel wird es nicht so weit kommen, da

Winterliche Temperaturen sind für den Hund in der Regel kein Problem. Vorsicht ist aber bei Kälte und Nässe geboten.

bei Kälte jeder Nachsuchenführer seinen nassen Jagdhelfer trocken rubbeln wird, hier ist ein trockenes Handtuch das wichtigste Utensil. Dass ein frierender Hund baldmöglichst ins Warme gebracht werden soll, muss hier nicht weiter ausgeführt werden.

Ist der Hund nass geworden, wird er sofort mit einem Handtuch trocken gerubbelt.

Verletzungen durch äußere Einwirkung

Alle Geschehnisse, die von außen auf den Körper einwirken, werden als Trauma bezeichnet. Die häufigsten Verletzungen des Nachsuchenhundes sowie die möglichen Hilfsmaßnahmen sollen hier mit dem Wissen beschrieben werden, dass kaum ein Nachsuchenführer ein gesamtes OP-Besteck mit allem möglichen Verbandsmaterial mit sich führen kann. Doch im Gelände können alle möglichen Dinge zur ersten Wundversorgung Hilfe bieten, so kann z. B. ein Hosenträger einen Stauschlauch ersetzen, Äste können zur Schienung dienen, ein halbwegs sauberer Handschuh kann notfalls als Unterlage eines (Druck-)Verbandes dienen.

Im Wald sind viele Dinge zu finden, die zur Ersten Hilfe genutzt werden können.

Wieder gilt: Wenn Sie zum verunfallten Hund kommen (oder er kommt zu Ihnen), betrachten Sie zunächst die Allgemeinsituation. Das heißt:

1. Eventuellen Gefahrenbereich verlassen (Keiler lebt noch/ felsiges Gelände etc.)
2. Allgemeinzustand des Hundes beurteilen: Schock? Ansprechbarkeit? Normale Atmung? Aufgekrümmter Rücken? Schmerzäußerung? etc.
3. Offene Wunden beurteilen und notversorgen.

Dramatische, lebensbedrohliche Ereignisse spielen sich in der Regel im Körperinneren ab.

Blutungen in die großen Körperhöhlen Bauch und Brust sind immer lebensbedrohlich, die eröffnete Brustwand (Riss durch Keiler!) führt – wenn nicht rechtzeitig versorgt – zum Ableben des Hundes. Frakturen der Gliedmaßen oder **äußere** Bissverletzungen, die anfangs stark bluten können, sind erst nach einer Inspektion des Allgemeinzustandes zu versorgen.

Offene Wunden immer zuerst reinigen.

Zu allen offenen Wunden ist zu sagen: zunächst säubern! Dreck, anhaftende Erde, Grashalme, Tannennadeln etc. werden nach Möglichkeit komplett aus der Wunde entfernt. Dabei ist von einer weiteren Verschmutzung des Wundbereiches durch dreckige Handschuhe oder Hände abzusehen. Sauberes Trinkwasser ist zur Wundspülung geeignet. Ideal zur Wunddesinfektion ist

Polyhexanid eignet sich gut für die Wunddesinfektion.

Polyhexanid. In der Wirkung ist es mit Jod zu vergleichen, jedoch reizt es das Gewebe nicht, sondern fördert die Wundheilung. Außerdem brennt es bei Anwendung nicht. Bei offenen Gelenkfrakturen sollte es jedoch nicht angewendet werden, da es den Zelltod von Knorpelzellen fördert.

Verletzungen am Kopf

Behang

Riss- und Bissverletzungen des Behanges kommen beim Nachsuchenhund relativ häufig vor. Sie sind nicht lebensbedrohlich, bluten aber in aller Regel – zumindest anfangs – stark. Auch fängt die Blutung durch Schütteln des Kopfes – weil es schmerzt und juckt – immer wieder aufs Neue an und es kann Tage bis Wochen dauern, bis die Wunde heilt.

Wunden am Behang sind nicht schlimm, heilen aber wegen der häufigen Bewegung oft schlecht.

Maßnahme: Durch Abdrücken der Wundränder mit Daumen und Zeigefingern beider Hände hört die Wunde in aller Regel nach 1–2 Min auf zu bluten. Ein einfacher Kopfverband mit leichtem Druck auf den aufgerissenen Behang führt zur Ruhigstellung des Ohres. Kleine Wunden können von allein abheilen, größere Risse und vor allem Bissverletzungen sollten chirurgisch versorgt werden.

Druckverband am Behang. *© Dr. J. Ludwig*

Behandlungsablauf einer Verletzung am Behang:

- Reinigung (entweder trocken oder durch Abspülen mit Trinkwasser)
- Desinfektion
- manueller Druck auf die Wundränder bis Blutung stoppt
- Kopfverband anlegen
- nach Möglichkeit Kontrolle durch Tierarzt

➢ nicht lebensbedrohlich

Augen

Verletzungen des Auges sehen immer erschreckend aus. Die Schwere der Erkrankung kann jedoch unter Feldbedingungen meist nicht eingeschätzt werden, denn selbst ein aus der Augenhöhle herausquellender Augapfel ist unter Umständen noch zu retten.

Bei einer Verletzung der Hornhaut darf keine weitere Eigenbehandlung erfolgen, sondern es wird ein Verband angelegt und sofort der Weg zum Tierarzt angetreten.

Ist die Hornhaut verletzt, wird sofort der Weg zum Tierarzt angetreten.

Bei Hautverletzungen im Bereich der Augen oder für Lidrandverletzungen ist nach Möglichkeit eine sanfte Reinigung bzw. Befreiung von groben Partikeln (Fichtennadeln, Steinsplittern, ...) durchzuführen, allerdings keine Desinfektion! Anschließend wird ein Augenverband mit sanftem Druck auf dem verletzten Auge angelegt. Dazu wird eine saubere Kompresse, wenn nicht vorhanden ein frisches Stofftaschentuch – oder eine ganze Packung Papiertaschentücher –, auf das erkrankte Auge gelegt und mit einer Mullbinde unter sanftem Druck ein Verband angelegen.

Behandlungsablauf einer Verletzung am Auge:

- sanfte Reinigung (wenn sie toleriert wird)
- keine Desinfektion!
- Kompresse anlegen
- Verband anlegen
- sofort zum Tierarzt

➢ nicht lebensbedrohlich

Kiefer

Bei Verletzungen am Kiefer wird zwischen Zahnausrissen, Zahnfrakturen, Kieferluxation und Kieferfrakturen unterschieden. Allen gemeinsam ist die zum Teil massive Blutung aus dem Fang, eventuell mit Zungenverletzung, häufig mit Panikattacken des Hundes (oft auch gleichzeitig des Hundeführers).

Untersuchen Sie vorsichtig den Fang und befreien ihn von Fremdkörpern (Steine, Blutgerinnsel, evtl. freiliegende Zähne), soweit es der Hund toleriert. Ansonsten nehmen Sie keine weitere Manipulation vor und verhindern auch, dass der Vierbeiner selbst an die Wunde kommt. Dazu werden notfalls die Vordergliedmaßen festhalten. Der Weg geht sofort zum Tierarzt.

Versucht der Hund mit den Pfoten an die Wunde zu kommen, werden diese notfalls fixiert.

Meist ist der Hund in der Lage, selbst zu schlucken, dann wird Blut mitabgeschluckt. Bei Bewusstseinsverlust ist das Schlucken allerdings nicht mehr möglich, sodass Blut in die Lunge laufen und der Patient ersticken kann. In diesem Fall lagern Sie den bewusstlosen Hund mit dem Kopf nach unten, wobei die verletzte Seite nach oben zeigt, und entfernen das Blut in regelmäßigen Abständen.

Bei Blutungen in der Schnauze wird der bewusstlose Hund mit dem Kopf nach unten gelagert, damit er nicht erstickt.

Behandlungsablauf einer Verletzung am Kiefer:

- Fremdkörper entfernen (wenn mögl.)
- keine Desinfektion
- fehlgestellte Zähne belassen
- Vordergliedmaßen fixieren
- keine weitere Manipulation
- sofort zum Tierarzt

➢ nicht lebensbedrohlich, wenn Hund bei Bewusstsein ist

Verletzungen des Rumpfes

Oberflächliche Verletzungen und Blutergüsse

Kleine Risswunden der Haut, die nicht stark bluten, sind in der Regel unproblematisch. Sauber gehalten und mit Desinfektionsmittel behandelt, werden sie schnell ausheilen. Am besten geschieht dies unter Luft- und Lichteinfluss, also ohne Verband oder eine Verpflasterung. Der Hund sollte vom Lecken abgehalten werden, eventuell mit einem Halskragen. Auf Sprühpflaster sollte auf jeden Fall verzichtet werden.

Kleinere Schürfwunden heilen sauber gehalten unter Lichteinfluss in der Regel schnell aus.

Blutergüsse entstehen, wenn es unter der Haut zur Verletzung von Blutgefäßen kommt. Das kann entweder unterhalb von Schürfwunden oder durch äußere Traumen, die die Haut intakt lassen, passieren.

Blutergüsse erscheinen als Schwellung unter der Haut.

Sie erscheinen als plötzliche Schwellungen unter der Haut, die innerhalb kurzer Zeit entstehen und anfangs fluktuieren („wabbelig" sind).

Diese Blutergüsse sind nach Möglichkeit einzubinden, um eine weitere Ausbreitung zu verhindern und die Blutung zu stoppen. Dazu wird ein leichter Zugverband mit einer oder mehreren Mullbinden um die betreffende Stelle gelegt, jedoch ohne den Brustkorb oder Bauch allzu sehr einzuschnüren. Alsbald sollte ein Tierarzt aufgesucht werden, der die Entscheidung über eine eventuelle chirurgische Versorgung treffen muss.

Blutergüsse werden durch Einbinden der Stelle mit einem Druckverband gestoppt.

Pfähl- und Forkelverletzungen

Als Pfählwunden werden Verletzungen bezeichnet, die durch einen langen Gegenstand (z. B. Ast, Gehörn) verursacht werden, der tief in den Körper eingedrückt oder gestochen wird. Dies kann oberflächlich unter der Haut sein, aber auch die Brust- oder Bauchhöhle eröffnen. Oberflächliche Pfählwunden bluten in der Regel nur wenig und zeichnen sich meist nur durch einen kleinen Riss (dem Querschnitt des Astes oder Gehörns entsprechend) ab.

Tiefe Pfahlwunden können wie eine unscheinbare kleine Verletzung aussehen.

Tiefen Pfählverletzungen sieht man häufig wegen der scheinbar kleinen Verletzung das Unheil nicht an. Bei Verdacht auf eine Pfählverletzung wird die Wunde gesäubert, desinfiziert und verbunden. Der Hund sollte auf jeden Fall tierärztlich untersucht und zur Not gründlich chirurgisch versorgt werden, da ansonsten entlang des Einrisses Schmutzpartikel (z. B. abgesplitterte Holzteile etc.) zur massiven Vereiterung des umliegenden Gewebes führen.

Hieb-, Stich-, Riss- und Bissverletzungen des Rumpfes

Grundsätzlich muss bei Hieb-, Stich-, Riss- und Bissverletzungen des Rumpfes immer mit dem Schlimmsten gerechnet werden, nämlich mit der Eröffnung der großen Körperhöhlen.

Öffnung der Brustkammer

Eine Öffnung der Brustkammer kann bedeckt oder unbedeckt geschehen. Die unbedeckte Öffnung bedeutet einen Einriss von außen, direkt durch die Rippen, mit oder ohne Lungenverletzung. Da die Lunge kein aktiv bewegliches Organ ist, muss sie durch die Bewegungen des Brustkorbes mobilisiert werden. Ein Vakuum zwischen

Lunge und Brustkorb sorgt für ein direktes Anhaften der beiden Lungenhälften am Brustkorb. Durch Ein- und Ausatmen bewegen sich die Rippenbögen und die Lunge folgt der Bewegung. Bei einer Öffnung, wie sie durch Hieb-, Stich-, Riss- und Bissverletzungen entstehen kann, entweicht das Vakuum, die betroffene Lungenhälfte kollabiert und kann nicht mehr belüftet werden. Jedoch kann die andere Lungenhälfte weiter beatmet werden, da eine dünne Hautschicht den Brustkorb der Länge nach in zwei Hälften teilt.

Bei einer Öffnung des Brustkorbs kollabiert mindestens ein Lungenflügel.

Der verletzte Hund wird versuchen, den Verlust der halben Lungenfunktion durch schnelles, flaches Atmen auszugleichen.

Da nicht noch mehr Luft von außen in den Brustkorb eindringen soll, muss die Wunde möglichst schnell luftdicht verbunden werden. Lange, aufwendige Reinigung, Fellscheren etc. sind unnötig und sogar kontraproduktiv. Ein sinnvoller luftdichter Verschluss kann mit einer Packung Taschentücher als Wundkompresse angelegt werden. Das Päckchen wird auf die Wunde gelegt und der gesamte Brustkorb mit mehreren Lagen Mullbinde gesichert. Sollte keine Mullbinde zur Hand sein, tut es zur Not auch ein Jagdhemd, das über die Ärmel verknotet wird und u. U. mit einem Gürtel gesichert werden kann.

Bei Öffnung des Brustkorbs muss die Wunde sofort luftdicht verbunden werden.

Ein sofortiger Gang zum Tierarzt ist selbstverständlich.

Behandlungsablauf bei unbedeckter Öffnung der Brustkammer:

- nur massive Verunreinigungen entfernen
- Taschentuchpackungs-Kompresse anlegen
- leichten Zugverband anlegen

➢ sofort zum Tierarzt (lebensbedrohlich)

Die bedeckte Öffnung des Brustkorbes ist deutlich schwieriger festzustellen als die zuvor beschriebene unbedeckte Öffnung. Werden durch den Hieb oder Stoß nämlich „nur“ die Rippen auseinandergerissen, die Haut aber nicht geschädigt, ist von außen nicht viel zu sehen. Im Inneren des Brustkorbes spielt sich aber ein Drama ab.

Eine innere Verletzung des Brustkorbes ist schwerer festzustellen.

Durch den Stoß wird in aller Regel die eng am Brustkorb liegende Lunge ebenfalls geschädigt. Es weicht nun Luft vom Inneren der Lunge in den Brustkorb. Damit löst sich das Vakuum und die Lungenhälfte fällt in sich zusammen. Zusätzlich tritt Luft aus dem Brustkorb in die Wunde – es entsteht ein Emphysem. Kleine Luftbläschen sammeln sich, zunächst nur im Bereich der Austrittsstelle, am Wundbereich an. Diese können gut ertastet werden.

Bei jeder – auch noch so kleinen Verletzung der Haut (auch Schürfverletzung) oder auch nur bei Verdacht auf eine Verletzung im Brustbereich sollte auf jeden Fall der gesamte Brustkorb, vor allem der Rücken (Luft steigt nach oben), immer wieder abgetastet werden. Emphyseme können mit der Handinnenfläche gut gespürt werden, es „knistert" unter der Haut. Bei wenig behaarten oder kurzhaarigen Rassen kann man die Luftblasen sogar sehen.

Bei Verletzungen im Brustbereich den Hund immer wieder nach Luftblasen abtasten.

Diese inneren Verletzungen sind ebenfalls zu versorgen (damit nicht noch mehr Luft unter die Haut entweicht), nämlich mit einem Druckverband, nach Möglichkeit mit elastischen Mullbinden.

Behandlungsablauf bei bedeckter Öffnung der Brustkammer:

- großzügiger Verband mit elastischer Mullbinde über die gesamte Brust
- ➢ sofort zum Tierarzt (lebensbedrohlich)

Verletzungen des Bauchraumes

Oberflächliche und tiefgreifende Verletzungen sind unter jagdlichen Bedingungen kaum voneinander zu unterscheiden.

Ist ein kleiner Kratzer oder eine leichte Schürfwunde klar als solche identifiziert, werden sie gesäubert und desinfiziert. Der Patient muss unter Beobachtung bleiben, da tiefgehende Verletzungen des Bauchraumes nicht ausgeschlossen werden können.

Verletzungen des Bauchraumes ohne Öffnung der Bauchwand entstehen durch stumpfe Traumen – z. B. Stürze oder stumpfe Forkelverletzungen. Dies kann zu massiven Organschädigungen führen, die mit erheblichen Blutungen in die Bauchhöhle einhergehen können. Der Hund hat meist große Schmerzen, läuft mit aufgekrümmtem Rücken und sein Allgemeinbefinden verschlechtert sich zusehends.

Ein wachsender Bauchumfang und eine erst weiche, dann harte Bauchdecke deuten auf eine innere Verletzung hin.

Bei der Untersuchung fällt dem Hundeführer ein zunächst schwabbeliger Bauch auf, der an Umfang zunimmt und im Endstadium bretthart werden kann. Eine leichte Blutung kann mit einem Zugverband eingedämmt werden. Der Verband, nach Möglichkeit mit einer elastischen Binde, muss recht kompakt um den gesamten

Bauch gewickelt werden, ohne jedoch die Atmung zu behindern. Lose Verbände mit verknoteten Hemden etc. sind sinnlos.

Behandlungsablauf bei innerer Verletzung des Bauchraumes:

- elastischen Verband anlegen, der den gesamten Bauchraum einengt, aber die Atmung nicht behindert.
- ➢ sofort zum Tierarzt (absolut lebensbedrohlich)

Offene Bauchverletzungen sind immer lebensgefährlich.

Offene Bauchwunden gehören zu den unangenehmsten Verletzungen, die ein Nachsuchenhund erleiden kann. Sie entstehen durch Risse mit dem Keilergewaff, durch Forkelverletzungen, tiefe Pfählverletzungen etc. und sind immer lebensgefährlich.

Je nachdem, welche Bauchorgane betroffen sind und in welchem Umfang, ist die Lebensgefahr akut (z. B. bei massiven Blutungen, wenn Milz oder Leber verletzt wurden) oder chronisch (wenn z. B. Darmteile verletzt wurden und der austretende Darminhalt zu – häufig schwer zu beherrschenden – Bauchinfektionen führt).

Je nach Schwere der Verletzung kann die Bauchwunde klein sein und nur kleine Sickerblutungen festgestellt werden, die in der Regel einen wässrigen Eindruck machen und nicht aufhören wollen zu tröpfeln. Das ist der Fall, wenn vor die offene Wunde gerutschte Organe den Blut-/Sekretfluss zunächst etwas stoppen und man meinen könnte, die Blutung habe aufgehört. Bei weiterer Bewegung des Hundes verschieben sich die Organe und ein weiterer Blut-/Sekretschwall tritt aus der Öffnung.

Der Hund kann bei all diesen Verletzungen bei Bewusstsein sein, muss es aber nicht.

Oder die Bauchwunde ist so groß, dass Körperorgane nach außen fallen (meist Darm, Netz oder Milz). Diese Organe können – müssen aber nicht – verletzt sein. Sie sind aber auf jeden Fall verunreinigt, was zu einer schnellen Verkeimung des Organismus führt.

Zunächst sollte der Allgemeinzustand überprüft werden. Die Atmung muss kontrolliert werden sowie die Bindehautfärbung der Schleimhäute. Flache Atmung und kalkweiße Schleimhäute sprechen für eine starke Blutung (aber auch ein Schock kann die Ursache sein) und die Prognose ist nicht günstig. Trotzdem hat der Hund Überlebenschancen.

Die vorgefallenen Organe sollten Sie nicht wieder in die Bauchhöhle zurückschieben, da alle anhaftenden Fremdkörper so ebenfalls in die Bauchhöhle befördert werden. Besonders gerissene Darmareale sind außerhalb der Körperhöhle besser aufgehoben, damit der Darminhalt nicht weiter in die Körperhöhle fließt. Allerdings sollten die Organe nicht im Riss eingequetscht sein, da sie sonst schnell absterben. In diesem Fall kann eine Rückverlagerung der Organe in die Körperhöhle die bessere Alternative sein.

Nach grober Reinigung ohne Desinfektionsmittel sollte die Wunde feucht abgedeckt werden, um eine weitere Kontamination zu vermeiden. Hierzu ist ein großes Tuch (nichtfaserndǃ), Dreieckstuch oder ein (sauberes) Jägerhemd gut geeignet. Es wird locker um den Körper gelegt und mit Trinkwasser gut befeuchtet. Die betroffene Seite sollte nach oben gelagert werden. Ein schnellstmöglicher Gang zum nächsten, chirurgisch versierten Tierarzt ist notwendig.

Behandlungsablauf bei offener Verletzung des Bauchraumes:

- grobe Reinigung der Wunde bzw. der vorgefallenen Organe, evtl. mit Trinkwasser
- weitere Kontamination mit Fremdmaterial verhindern
- Wunde feucht halten
- lockere Abdeckung mit feuchtem Tuch/Hemd
- verletzte Seite nach oben

➢ sofort zum Tierarzt (absolut lebensbedrohlich)

Verletzungen der Wirbelsäule

Durch starke Traumen kann es zu unterschiedlichen Verletzungen der Wirbelsäule kommen. Tritt Bandscheibenmaterial in den Rückenmarkskanal, können je nach Schweregrad leichte Schmerzäußerungen bis vollständige Lähmung die Folge sein. Dabei sind Hals- und Brustwirbelsäule meist weniger betroffen, denn die Brustwirbelsäule wird durch den Rippenbogen etwas geschützt, die Halswirbelsäule ist von verhältnismäßig viel Fleisch umgeben. Frakturen der Wirbelkörper oder massive Verschiebung zweier aneinanderliegender Wirbelkörper sind prognostisch ungünstig zu beurteilen. Wenn das Rückenmark jedoch nicht zerstört ist, können sie unter Umständen heilbar sein.

Wirbelbrüche können heilbar sein, wenn das Rückenmark nicht verletzt wurde.

Bei Verdacht auf Schädigung der Wirbelsäule, egal in welchem Stadium, sollte der Patient möglichst wenig bewegt werden. Am

Bei jedem Verdacht auf eine Schädigung der Wirbelsäule sollte sich der Hund möglichst wenig bewegen.

besten transportiert man ihn auf einer Trage, wenn nicht vorhanden auf einem großen Tuch, evtl. Jagdmantel. Wenn weite Transportwege zu erwarten sind (Gebirge oder unwegsames Gelände) kann sich der Bau einer Trage lohnen. Hierzu werden zwei Hemden (T-Shirts) auf zwei genügend lange Äste gesteckt und der Patient vorsichtig auf die so entstandene Bahre gelegt. Zum Transport sind zwei Personen nötig.

Aus zwei Ästen und zwei Hemden lässt sich eine Trage bauen. © *Dr. J. Ludwig*

Auf der Trage kann ein Hund mit einer vermuteten Schädigung der Wirbelsäule durch zwei Träger transportiert werden. © *Dr. J. Ludwig*

Behandlungsablauf bei Schädigung der Wirbelsäule:

- weitere Bewegung des Patienten vermeiden
- Transport nur auf Tuch oder besser Trage

➢ schnell zum Tierarzt (i. d. R. nicht lebensbedrohlich, aber womöglich heilbar)

Verletzungen an Extremitäten und Hals

Hals

Als Ursache von Halsverletzungen kommen vornehmlich Hieb- und Stichverletzungen infrage. Kleine Riss-/Stichverletzungen werden gesäubert, desinfiziert und mit etwas Verbandsmaterial vor weiterer Verunreinigung geschützt.

Tiefe Stichverletzungen mit massiver Blutung sind problematisch: Durch den Hieb/Riss kann die Halsschlagader verletzt worden sein. In diesem Fall muss ein Druckverband angelegt werden, der jedoch nicht die Atmung einschränken darf.

Verletzungen der Halsschlagader führen zu einem hohen Blutverlust.

Zunächst wird allerdings, ohne auf weitere Wundreinigung zu achten, mit dem Daumen das betroffene Gefäß abgedrückt, damit die Blutung einigermaßen zum Stillstand kommt. Daraufhin kann eine komplette Mullbinde in die Wundhöhle gesteckt und mit einem Halsverband gesichert werden. Die weitere chirurgische Versorgung muss vom Tierarzt vorgenommen werden.

Behandlungsablauf bei Verletzungen der Halsschlagader:

- Daumendruck auf blutendes Gefäß, um Blutung zu stoppen
- eine ganze Mullbinde als Druckkompresse in die Wunde legen
- mit Verband fixieren, ohne Atmung zu behindern

➢ sofort zum Tierarzt (lebensbedrohlich)

Rute

Schürf- und Schnittverletzungen der Rute sind meist harmlos, sie müssen gereinigt und desinfiziert werden. Die Blutungen hören in der Regel von alleine auf, meist kann auf einen Verband verzichtet werden. Ist dies nicht der Fall, sollte ein Verband angelegt werden, ebenso bei größeren Schnittverletzungen, um eine weitere Verunreinigung des Wundbereiches zu verhindern.

Rutenverletzungen sind in der Regel harmlos. Ein Verband ist nur nötig, wenn die Blutung nicht aufhört.

Behandlungsablauf bei Verletzungen der Rute:

- Reinigung/Desinfektion
- evtl. Verband
- größere Wunden sollten dem Tierarzt gezeigt werden

➢ nicht lebensbedrohlich

Verletzung einer Gliedmaße

Oberflächliche Verletzungen werden entsprechend der vorangegangenen Beschreibung versorgt, d. h. gereinigt, desinfiziert und u. U. ein Verband angelegt, um weitere Verunreinigung zu vermeiden, wenn z. B. ein langer Rückweg nötig ist.

Bei allen Verletzungen von Gliedmaßen kann zur Wundabdeckung – wenn kein Verbandmaterial vorhanden ist – ein Hemd dienen. Das verwundete Bein wird so weit wie möglich in den Ärmel des Jagdhemdes gesteckt und das Hemd wieder zugeknöpft. Somit ist der Wundbereich vor weiterer Verschmutzung geschützt.

Bei tiefgreifenden Wunden durch Hieb-, Riss-, Forkelverletzungen kann es zu unangenehmen Muskelein- und -abrissen kommen. Diese Wunden bluten nur mäßig (es sei denn, größere Blutgefäße sind zusätzlich betroffen), müssen aber gut gereinigt werden. Anschließend muss die Gliedmaße möglichst ruhig gestellt werden, ohne dass der Verband einschnürt.

Sinnvollerweise wird die gesamte Gliedmaße eingebunden, da es häufig unterhalb des Verbandes zu Stauungen kommt und somit zur Schwellung und Verschlechterung der Heilsituation. Jede Art von Muskelverletzungen ist chirurgisch zu versorgen.

Bei Muskelverletzungen wird der gesamte Lauf mit einem Stützverband versorgt.

Behandlungsablauf bei Laufverletzung (mit Muskelschädigung):

- Reinigung/Desinfektion
- Ruhigstellung der gesamten Gliedmaße durch Verband
- Tierarzt aufsuchen

➢ nicht lebensbedrohlich

Knochenbrüche und Gelenkschädigungen

Gedeckte Knochenbrüche und ausgerenkte Gelenke sind prognostisch besser zu beurteilen als offene Brüche oder Gelenksverletzungen. Hunde mit gebrochenen Gliedmaßen oder massiven

Gelenkstraumen gehen hochgradig lahm, d. h. das betroffene Bein wird nicht mehr belastet.

Bei Brüchen wird das betroffene Bein nicht mehr belastet.

Es kann in einem untypischen Winkel abstehen, muss dies aber nicht. Wenn der jagdliche Helfer auf drei Beinen dahergehumpelt kommt, muss gut untersucht werden, ob eine offene Wunde vorhanden ist und ob das verletzte Bein stabil ist. Dies geschieht durch vorsichtiges Abtasten. Ist beim Tasten ein „Knackgeräusch" (Krepitation = Aneinanderreiben von Knochenteilen) zu spüren, kann auf eine weitere Untersuchung verzichtet werden und von einem Knochenbruch oder einer Gelenksverletzung ausgegangen werden.

Um weiteren Gewebeschädigungen zuvorzukommen, sollte das Bein stabilisiert werden. Dies geschieht am Besten durch eine zunächst gute und gründliche Abpolsterung. Dazu kann wiederum das Jagdhemd dienen, in mehrere Lagen gelegt, wird es um die verletzte Gliedmaße gewunden. Um dem gebrochenen Bein mehr Stabilität zu verleihen, kann der Verband mit Ästen/Zweigen oder – wenn vorhanden – einer gerollten Zeitschrift weiter gefestigt werden. Ideal ist ein Verband aus Verbandwatte, die in möglichst vielen Schichten locker um das verletzte Bein gewunden wird (Robert-Jones-Verband). Offene Wunden oder Schürfverletzungen sollten vorher mit einer fusselfreien Kompresse (sauberes Taschentuch etc.) abgedeckt werden.

Ein gebrochener Lauf wird mit einem Verband geschient, um Folgeverletzungen zu verhindern.

Behandlungsablauf bei Knochenbrüchen:

- Knochenbruch durch vorsichtiges Tasten diagnostizieren
- deutlich verdrehte Gliedmaße schonend gerade richten
- lockere Abpolsterung evtl. mit gefaltetem Hemd (ideal: Polsterverband mit Verbandwatte)
- Stabilisierung mit entlaubten Zweigen/Ästen
- mit Mullbinde fixieren
- Tierarzt aufsuchen

➢ nicht lebensbedrohlich

Wenn in unmittelbarer Nähe des Knochenbruchs offene Wunden zu sehen sind, ist die Fraktur als offene Fraktur zu bezeichnen, ebenso wenn Teile des Knochens bereits aus der Wunde ragen. In

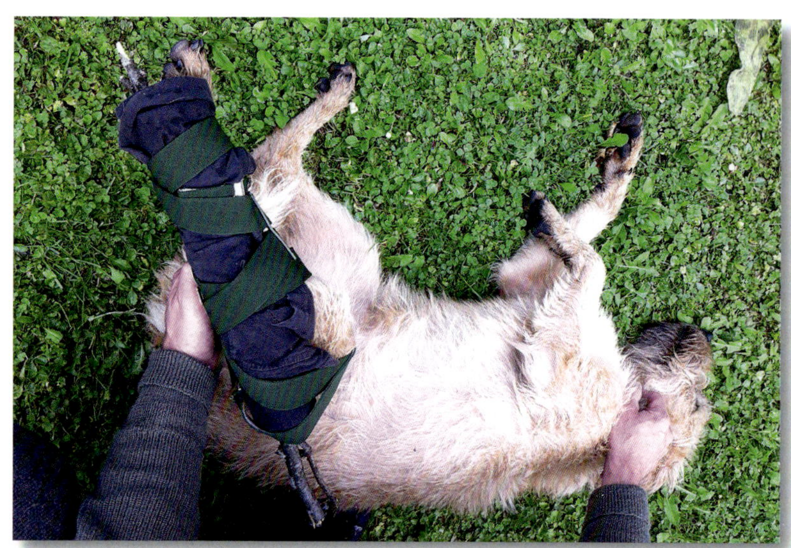

Stützverband mit Ästen an gebrochenem Lauf. © *Dr. J. Ludwig*

Offene Knochenbrüche führen schnell zu einer Infektion des Knochens und müssen schnell behandelt werden.

beiden Fällen muss von einer alsbaldigen, massiven Infektion des Knochens ausgegangen werden.

Diese unangenehme komplizierte Form von Knochenbrüchen muss sofort erstversorgt werden. Dazu wird die Wunde gut gereinigt, jedoch nicht mit Wasser oder Desinfektionsmittel behandelt (Gefahr von Keimverschleppung). Die Knochenenden können belassen werden. Ist die Gliedmaße in einem deutlichen Winkel abgebogen, kann versucht werden, durch vorsichtigen Zug am unteren Teil des verletzen Beines die Gliedmaße wieder geradezurichten. Danach wird die Wunde sauber abgedeckt. Hierzu kann eine geöffnete Mullbinde, mehrfach aufeinandergelegt, dienen. Die Abdeckung des verletzten Beines kann wiederum mit Hemd/Unterhemd erfolgen, die Abstützung mit Ästen etc.

Eine weitere Verschiebung der gebrochenen Knochenenden oder eine Kompression durch den Verband sollte möglichst vermieden werden. Der Transport erfolgt am besten auf einer Trage.

Behandlungsablauf bei einem offenen Knochenbruch:

- deutlich verdrehte Gliedmaße schonend geraderichten
- Wunde reinigen, nicht desinfizieren
- Knochenenden abdecken
- Abpolsterung mit Hemd etc.

- Stabilisierung mit Ästen/Zweigen
- Abtransport mit Trage
- sofort zum Tierarzt

➢ nicht lebensbedrohlich

Gefäßverletzungen an den Gliedmaßen

Spritzende Gefäßblutungen können zu massivem Blutverlust führen, wenn große Gefäße verletzt wurden, und sind sofort erstzuversorgen. Häufig genügt es nicht, einen Druckverband anzulegen, da die sogenannten Schlagadern die normalen Mullverbände durchbluten und die Blutung so nicht gestoppt werden kann. Dann ist es nötig, die Gefäße abzudrücken oder abzubinden. Das Abdrücken der Gefäße geschieht mit Daumendruck auf das Gefäß, am besten außerhalb des Wundbereichs.

Meist kann der Daumen nach einiger Zeit durch eine Packung Taschentücher ersetzt werden, die wiederum durch eine straffe Mullbinde (besser: elastische Binde) fixiert wird.

Eine Alternative ist, das Gefäß abzubinden (hierzu sind elastische Hosenträger ideal). Weit oberhalb der Wunde wird mit dem Hosenträger (notfalls Gürtel oder Leine) die Gliedmaße abgebunden. Bei längerem Transportweg zum Tierarzt sollte der Verband ab und zu gelockert werden, damit es nicht zum Absterben des Beines kommt.

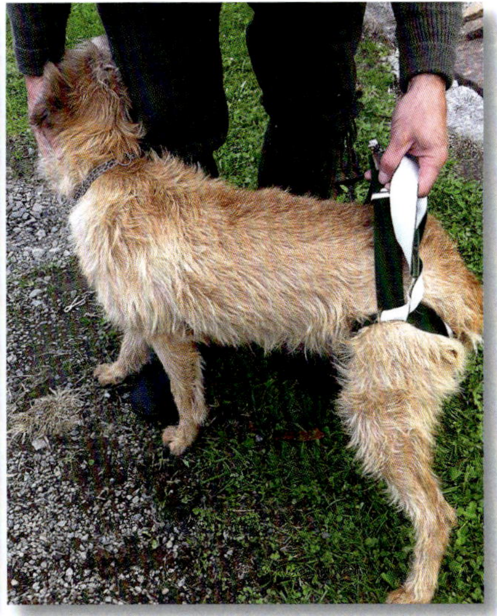

Abbinden des Vorder- bzw. des Hinterlaufs. © *Dr. J. Ludwig*

Behandlungsablauf bei stark blutender Verletzung am Lauf:

- grobe Reinigung
- Daumendruck, um Blutung zu stoppen
- Druckverband/Abbinden
- sofort zum Tierarzt

➢ lebensgefährlich bei massivem Blutverlust

Pfoten- und Ballenschnittverletzungen

Pfotenverletzungen bluten oft stark, sind in der Regel aber harmlos.

Schnittverletzungen an den Pfoten und Ballen kommen relativ häufig vor und sind meist harmlos, wenn sie richtig versorgt werden. Häufig blutet diese Art von Wunden stark, da das Ballengewebe gut durchblutet ist.

Die verletzte Pfote sollte gut gesäubert werden, da fast immer Fremdmaterial in der Wunde zu finden ist. Zunächst empfiehlt sich eine Reinigung mit einem trockenen Tuch. Anschließend kann mit Trinkwasser gespült werden, dann wird der Bereich gut desinfiziert!

Anschließend wird der Wundbereich mit einer mehrfach gefalteten Mullbinde bedeckt und die Pfote mit einem nicht zu straffen Verband versehen.

Häufig müssen Ballenschnittverletzungen chirurgisch versorgt werden.

Behandlungsablauf bei Schnittverletzungen an der Pfote:

- Wundreinigung
- Desinfektion
- Wundkompresse auflegen (gefaltete Mullbinde)
- Verband anlegen
- Tierarzt aufsuchen

➢ nicht lebensbedrohlich

Warum Schweißhundführer es oftmals schwer haben

Schweißhundführer stellen sich mit Passion und Hingabe in den Dienst der Jäger. Falsches Verhalten am Anschuss erschwert die Nachsuchen sehr. Pirschzeichen werden vertreten, mit ungeeigneten Hunden, manchmal sogar mit läufigen Hündinnen, wird vorgesucht. Bei Nacht wird mit Taschenlampen das Wild (vorwiegend Rehwild) aufgemüdet und unter Umständen noch bei Nacht der Hund in der Dunkelheit zur Hetze geschnallt. Am nächsten Morgen wird noch einmal versucht, des Stückes habhaft zu werden. Dann erst wird kurz vor der Mittagszeit der Schweißhundführer angerufen.

Viele Schweißhundführer sind berufstätig. Ist es schon schwierig genug, seine Arbeitsplanung für den nächsten Tag aufgrund einer Nachsuche zu ändern, entstehen erst recht Stresssituationen, wenn man schon voll im Tagesgeschäft steht.

Ohne Wildfolgevereinbarung steht der Schweißhundführer dann durchnässt und frierend an der Jagdgrenze, bis endlich die Genehmigung zur Fortführung der Nachsuche erfolgt. Vorbildlich ist hier die Wildfolgevereinbarung des Landesjagdverbandes Baden-Württemberg, die in vielen Jägervereinigungen sehr gut umgesetzt wurde.

Das Privat- und auch das Geschäftsleben eines passionierten Schweißhundführers leiden enorm. Nachsuchen im Sommer beginnen nicht am Vormittag, sondern bei Sonnenaufgang. Oft stehe ich deshalb nachts um 2 Uhr auf, um rechtzeitig die Nachsuche in weiter entfernten Revieren durchzuführen und damit ein Verhitzen des Wildbrets zu verhindern. In Sommermonaten kann deshalb bei mir rund um die Uhr angerufen werden. Sonst bis 23 Uhr und morgens ab 6 Uhr.

Ein Schweißhundführer ist kein Werkzeug, das man aus der Schublade holt und dann wieder weglegt. Er ist ein Mensch mit Pflichten gegenüber seiner Familie und seinem Beruf. Das sollte man bei allem bedenken, was im Vorfeld einer Nachsuche geschieht.

Er setzt seine Gesundheit und unter Umständen das Leben seines Hundes aufs Spiel, um seine Aufgabe zuverlässig und waidgerecht zu erfüllen.

Erfolgsorientiert denken und erfolgsorientiert handeln müssen der Schütze und natürlich auch der Nachsuchenführer. Vielleicht sollte man auch in der Jungjägerausbildung dem Verhalten nach dem Schuss ein größeres Gewicht einräumen.

Trotzdem: Schweißhundführer werden den um Hilfe ansuchenden Jäger niemals im Stich lassen. Denn Nachsuchen sind Leidenschaft, Passion und Verpflichtung zugleich.

Vom Umgang miteinander

Schweißhundeführer genießen bei der Jägerschaft großes Vertrauen.

Das kommt aber nicht von allein.

Bestimmte Regeln sorgen dafür .Besonders wichtig ist die ständige Erreichbarkeit.Ein Nachsuchenführer der nicht permanent zu erreichen ist verärgert den um Hilfe suchenden Jäger. Wenn ein Nachsuchenführer z.B.nachts gegen 1 Uhr einen Anruf eines Jägers bekommt muss er sofort erreichbar sein.Umgehend nach dem Anruf werden Treffpunkt und Uhrzeit vereinbart.Als Treffpunkt habe ich immer in der nächstgelegenen Ortschaft markante Punkte wie Kirche ,Rathaus oder Gastwirtschaft vorgeschlagen. Nichts ist stressiger wie einen irgendwo im Revier wartenden Jäger zu suchen oder ewig auf den Nachsuchenführer zu warten.Die Abfahrt plane ich immer so ,dass bei evtlVerzögerungen durch Umleitungen z.B. oder witterungsbedingten Schwierigkeiten ich trotzdem pünktlich am Treffpunkt erscheine.Ein Jäger der 1 Stunde auf den Nachsuchenführer wegen Verspätung wartet ist mit Sicherheit nicht gut drauf.

Am Anschuss angekommen lässt man sich in aller Ruhe die Situation schildern.

Jede Kritik am falschen Verhalten des Jägers ist zu unterlassen. Man nimmt die Schilderung zur Kenntnis und bindet den Begleiter als Nachsuchenhelfer mit ein (Markieren von Pirschzeichen und Vorgreifen wenn der Führer festhängt).

Der Nachsuchenführer ist als Helfer und nicht Kritiker und Besserwisser gerufen worden.

All diese Massnahmen führen zum gegenseitigen Stressabbau und Vertrauen.

Der Schweißriemen ist ein sensibles Band ,unsere Hunde merken unseren Stress. Deshalb sollte man ausgeglichen und ruhig die Riemenarbeit beginnen.